21世纪高等学校系列教材 | 计算机科学与技术

C语言程序设计

（第2版）

李伟光　主编

张勇　李倩　副主编

清華大学出版社

北　京

内 容 简 介

本书共 11 章，分别是程序设计和 C 语言、C 语言基本数据类型、运算符和表达式、顺序结构、选择结构、循环结构、函数、数组、指针、结构体和共用体、文件，涵盖了 C 语言程序设计的主要内容。

与第 1 版相比，本书增加了实际应用案例，读者能利用所学的知识来设计案例，从而培养系统分析与设计的能力，并形成结构化程序设计思维，即“自顶向下、逐步求精、模块化”。书中还包括一些常见的生活实例，要求读者能够运用不同的算法来灵活书写相应的代码，并养成良好的代码书写习惯，最终目标是“会使用 C 语言”。

本书面向工科学生和参加全国计算机等级考试二级 C 语言程序设计的学生，在强调语法的同时，更加注重实际应用。同时，也可以供 C 语言编程爱好者参考。

图书在版编目（CIP）数据

C 语言程序设计 / 李伟光主编. — 2版. —北京：清华大学出版社, 2023.6
21世纪高等学校系列教材. 计算机科学与技术
ISBN 978-7-302-62564-3

Ⅰ. ①C… Ⅱ. ①李… Ⅲ. ①C语言－程序设计－高等学校－教材 Ⅳ. ①TP312.8

中国国家版本馆CIP数据核字(2023)第022876号

责任编辑：贾 斌
封面设计：傅瑞学
责任校对：郝美丽
责任印制：宋 林

出版发行：清华大学出版社
网 址：http://www.tup.com.cn, http://www.wqbook.com
地 址：北京清华大学学研大厦 A 座 邮 编：100084
社 总 机：010-83470000 邮 购：010-62786544
投稿与读者服务：010-62776969，c-service@tup.tsinghua.edu.cn
质 量 反 馈：010-62772015，zhiliang@tup.tsinghua.edu.cn
课 件 下 载：http://www.tup.com.cn,010-83470236
印 装 者：三河市龙大印装有限公司
经 销：全国新华书店
开 本：185mm×260mm 印 张：16 字 数：391 千字
版 次：2014 年 1 月第 1 版 2023 年 6 月第 2 版 印 次：2023 年 6 月第 1 次印刷
印 数：1～1500
定 价：59.00 元

产品编号：095915-01

C 语言是一种计算机程序设计语言，它既有高级语言的特点，又有汇编语言的特点。自问世以来深受广大软件爱好者的喜爱，长盛不衰。

1. 编写初衷

编写本书主要有两个目的：

（1）满足学生通过全国计算机等级考试二级 C 语言程序设计（以下简称“国二”）的需要。针对“国二”C 语言考试的考点设置了一些实例，同时在每章后配备一定数量的习题。这些习题以历年“国二”考试真题为主，能够满足学生练习的需要。

（2）满足工科学生实际应用的需要。对于工科学生，在其将来的工作过程中会应用 C 语言进行一些相关的程序控制工作，因此要让学生打下坚实的程序设计基础，养成良好的代码书写习惯，并能够灵活运用 C 语言进行程序设计。因此在内容的选择上有所斟酌，以满足这部分学生的需要。

2. 本书内容

本书共 11 章，分别是程序设计和 C 语言、C 语言基本数据类型、运算符和表达式、顺序结构、选择结构、循环结构、函数、数组、指针、结构体和共用体、文件，涵盖了 C 语言程序设计的主要内容。

学生在学习的过程中一定要把概念彻底弄清楚，包括“是什么？有什么用？怎么使用？”。为了满足上面两个目的，本书精心选择了一些实例，同时尽量做到一事一例，言简意赅，力争将每个概念讲解清楚。只有在清楚理解概念的基础上才能熟练使用。

3. 本书特色

（1）首先在宏观上把 C 语言分成 5 部分：数据类型（基本类型、构造类型、指针类型、空类型）、运算符、程序设计结构（顺序、选择、循环）、函数和文件。可以理解为，将一些原料（数据类型）按照一定的加工方法（运算符），为了达到某种目的而采取一定的制作过程（程序设计结构），就生成了一个零件（函数），再将这些零件有机地组装起来就设计出了最终的产品（文件）。这样学生就比较容易理解和接受全书的内容，对于章节之间的联系也比较清楚。

（2）按照语言学习一般的规律，即符号→单词→句子→段落→文章的顺序来讲解相关内容，读者很容易理解学习的顺序。

（3）在部分章节中添加了较完整的案例，培养读者系统分析与设计的能力，并形成结构化的程序设计思维。

4. 适用范围

本书主要面向三种类型的读者：一是准备参加“全国计算机等级考试二级C语言程序设计”考试的学生；二是工科相关专业的学生；三是计算机爱好者或C语言初学者。

5. 作者分工

本书的编者为均来自教学一线，具有坚实的理论基础和丰富的实战经验。其中，第4～6章由李倩编写，第8、9章由张勇编写，其他章以及附录部分由李伟光编写。全书的统稿工作由李伟光完成，审稿由肖萍萍和张洋完成。

本书还配备了教学课件、习题答案等资源，读者可以根据封底的“资源下载提示”进行下载。

在本书的编写过程中，很多老师提出了很好的意见和建议，在此一并表示感谢。

由于编者水平有限，书中难免会有错误和纰漏，敬请读者批评指正，以期将来更加完善，让更多的读者受益。

编　者

2023年3月

目录

第1章 程序设计和C语言

程序就是一系列指令的集合，而程序设计就是设计程序的过程。设计程序可以使用不同的语言，C 语言就是其中的一种，它自从问世以来就以其独特的优点长盛不衰，成为一种经典的程序设计语言。

1.1 程序和程序设计

计算机由电路和多种电子元件组成，在程序控制之下完成相关的工作。程序规定了完成某项工作的具体操作步骤。在程序控制之下计算机完成指定任务的过程称为程序的执行过程。专业的程序设计人员称为程序员。

程序（program）是为实现特定目标或解决特定问题而用计算机语言编写的命令序列的集合，是为实现预期目的而执行的一系列语句和指令（简单地说，程序就是相关指令的集合），一般分为系统程序和应用程序两类。系统程序包括操作系统、驱动程序、图形库、数据库等；应用程序包括办公软件、财务软件、压缩软件、游戏软件等。

一个程序应该包括以下两方面的内容：

（1）对数据的描述。在程序中要指定数据的类型和数据的组织形式，即数据结构（data structure）。

（2）对操作的描述。即操作步骤，也就是算法（algorithm）。

著名计算机科学家沃思提出一个公式：

数据结构+算法=程序

实际上，一个程序除了以上两个主要的要素外，还应采用适当的程序设计方法进行设计，并且用一种计算机语言来描述。因此，一个程序员应该具备算法、数据结构、程序设计方法和语言工具 4 个方面的知识。

程序设计（programming）是设计解决特定问题程序的过程，是软件设计活动中的重要组成部分。程序设计往往以某种程序设计语言为工具，通过使用这种工具来编写程序。程序设计过程应包括以下步骤：

（1）分析问题。项目经理或程序员对于接受的任务要进行认真的分析，研究给定的条件，分析最后应达到的目标，找出解决问题的规律，选择解题的方法。

（2）确定数据结构。根据具体问题找出输入数据和相应的运行结果，确定应该使用什么数据形式来表示问题中的各种变量及其存储形式，即确定数据结构。

（3）设计算法。即设计出解题的方法和具体步骤。

（4）编写程序。将算法翻译成计算机程序设计语言，对源程序进行编辑、编译和连接。

（5）运行程序，分析结果。运行可执行程序，得到运行结果。能得到运行结果并不意味着程序正确，要对结果进行分析，看它是否合理。如果不合理要对程序进行调试，从而发现并排除程序中的存在的问题。

（6）编写程序文档。多数程序是提供给别人使用的，如同正式的产品应提供产品说明书一样。正式提供给用户使用的程序，必须向用户提供程序说明书，内容一般包括程序名称、程序功能、运行环境、程序的安装和启动方法、需要输入的数据以及使用注意事项等。

程序设计可以分为两种类型，分别是结构化程序设计和面向对象程序设计。

结构化程序设计（structured programming）以模块功能和处理过程作为详细设计的基本原则。它采用自顶向下、逐步求精、模块化的程序设计方法，如图 1-1 所示。例如辅导员通知学生扫雪，他可以先通知各班班长，班长再通知本班的每一位同学，这里采用的就是结构化程序设计方法。结构化程序设计采用的程序设计语言有 C、Pascal、QBASIC 等。

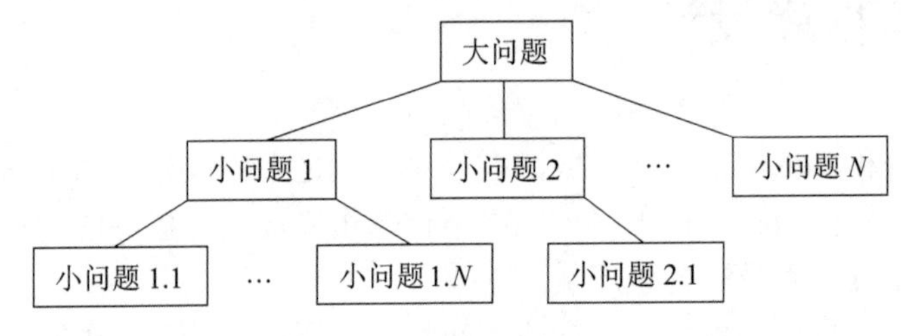

图 1-1 结构化程序设计

面向对象程序设计（object-oriented programming）使用类（例如人类、书类、计算机类等）的实例即对象（例如人类的某个个体张三）进行程序设计，每一个对象都能够接收数据、处理数据并将数据传递给其他对象。例如对于上面辅导员通知学生扫雪的例子，可以设计一个辅导员类，再设计一个学生类，通过辅导员类的一个实例（如张三）将消息发送给学生类的一个实例（如李四班长），李四班长再将消息发送给其他的学生实例，这样就通过消息传递机制完成了该任务。面向对象程序设计的三个特性分别是封装性、继承性和多态性。面向对象程序设计采用的程序设计语言有 Java、C++等。

1.2 算法

1.2.1 算法的概念

一个程序一般应该包括两方面内容：数据结构和算法。

数据是操作的对象，操作的目的是对数据进行加工处理，得到期望的结果。

算法是指对解题方案的准确而完整的描述，是一组有穷的、严谨地定义执行顺序的规则，并且每一个规则都是有效且明确的。

生活中做任何事情都要有一定的步骤。例如，要从上海去北京，首先要买火车票，然后按时到达火车站，登上火车，到达北京等。这些步骤都是按照一定的顺序进行的。广义地说，为了解决一个问题而采取的方法和步骤就可以说是算法。

一个算法，一般应具有如下一些基本特征：

（1）确定性（definiteness）。一个算法无论运行多少次都会得到一个确定的结果。

（2）可行性（effectiveness）。算法中的任何步骤都可以被分解为基本的可执行的操作步骤，即每个计算步骤都可以在有限时间内完成（也称为有效性）。

（3）有穷性（finiteness）。算法必须在有限个步骤之内运行完毕。

（4）输入项（input）。一个算法有 0 个或多个输入，以描述运算对象的初始情况，0 个输入是指算法本身给出了初始条件。

（5）输出项（output）。一个算法有一个或多个输出，以反映对输入数据加工后的结果。

常见的算法有穷举法、递推法、贪心算法、回溯法、分治法、迭代法、动态规划法、分枝限界法等。

1.2.2　算法的描述和设计

可以使用不同的方法来描述一个算法，常用的方法有自然语言、流程图、N-S 图、伪代码等。

1. 自然语言

自然语言是人们日常使用的语言，可以是汉语、英语或其他语言。用自然语言来表示算法通俗易懂，但文字冗长，容易出现“歧义性”，要根据上下文才能判断其正确含义。另外，用自然语言描述包含分支和循环的算法也不是很方便。因此，除了描述很简单的问题以外，一般不用自然语言描述算法。

下面通过例子介绍如何使用自然语言来描述算法。

【例 1-1】 输入三个数，然后输出其中的最大数。

首先要考虑，三个数怎样存放在计算机中，可以定义三个变量 A、B、C，将三个数依次输入这三个变量中，此外，再定义一个 MAX 变量来存放最大数。因为计算机一次只能比较两个数，所以先将 A 与 B 进行比较，大的数放在 MAX 中，再把 MAX 与 C 比较，又把大的数放在 MAX 中，这样 MAX 中就存放了三个数中的最大数，最后输出 MAX。算法可以表示如下。

步骤 1：输入 A、B、C。

步骤 2：A 与 B 中大的数放入 MAX 中。

步骤 3：把 C 与 MAX 中大的数放入 MAX 中。

步骤 4：输出 MAX，MAX 即为最大数。

其中的步骤 2 和步骤 3 仍然不够明确，无法直接转化为程序语句，可以继续细化。

步骤 2：若 A>B，则 MAX←A，否则 MAX←B。

步骤 3：若 C>MAX，则 MAX←C。

也可以用 S1，S2，…代表步骤 1，步骤 2，…，S 是 step（步）的缩写，是一种写算法的习惯用法。于是算法最后可以表示如下。

S1：输入 A，B，C。

S2：若 A>B，则 MAX←A，否则 MAX←B。

S3：若 C>MAX，则 MAX←C。

S4：输出 MAX，MAX 即为最大数。

【例 1-2】 求 5!。

可以使用原始的方法表示如下。

S1：先求 1×2，得到结果 2。

S2：将 S1 得到的乘积 2 再乘以 3，得到结果 6。

S3：将 6 再乘以 4，得 24。

S4：将 24 再乘以 5，得 120，即为最终结果。

这种算法显然是正确的，但是太烦琐。如果要求 1000!，那么就要写出 999 个步骤，显然是不科学的，也是不方便的，应尝试找到一种通用的表示方法。

可以设定两个变量，一个代表被乘数，另一个代表乘数。不再另外设定变量存储乘积的结果，而是直接将每一步骤的乘积放在被乘数变量中。设 a 为被乘数，i 为乘数，用循环算法来求结果，可以将算法修改如下。

S1：设 a=1。

S2：设 i=2。

S3：计算 a×i，将乘积仍放在变量 a 中，可以表示为 a←a×i。

S4：i 的值加 1，即 i←i+1。

S5：如果 i 不大于 5，返回重新执行 S3 以及其后的 S4、S5；否则，算法结束。最后得到 a 的值就是结果。

2．流程图

流程图是由一些图框和流程线组成的，其中图框表示各种操作的类型，图框中的文字和符号表示操作的内容，流程线表示操作的先后次序。用流程图来表示算法直观形象、易于理解，因此得到广泛应用。美国国家标准学会（American National Standards Institute，ANSI）规定了一些常用的流程图符号，如图 1-2 所示。

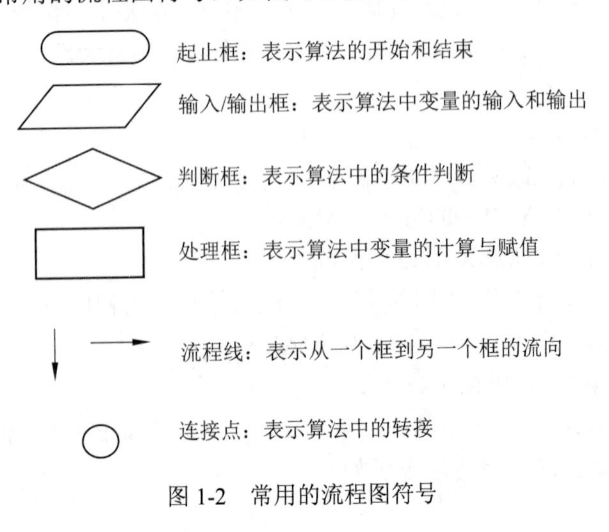

图 1-2　常用的流程图符号

使用流程图表示算法的三种基本单元如图 1-3～图 1-5 所示，分别代表了顺序结构、选择结构和循环结构。

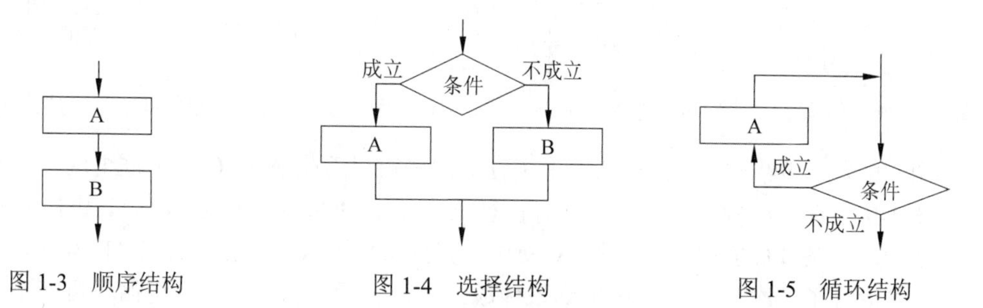

图 1-3　顺序结构　　图 1-4　选择结构　　图 1-5　循环结构

下面对之前的两个算法的例子改用流程图表示。

【例 1-3】 将例 1-1 求三个数中的最大数算法用流程图表示，如图 1-6 所示。

【例 1-4】 将例 1-2 求 5！算法用流程图表示，如图 1-7 所示。

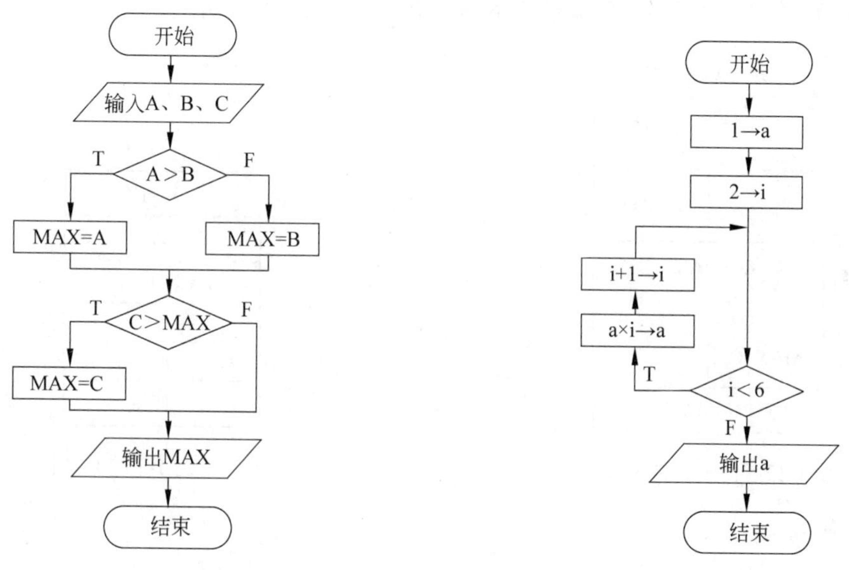

图 1-6　例 1-1 的流程图　　图 1-7　例 1-2 的流程图

在流程图中，判断框左右两侧分别标注“真”、“假”或 T、F 或 Y、N。另外还规定，流程线是从上往下或从左往右时可以省略箭头，反之就必须带箭头。

通过例题可以看到，用流程图表示算法直观形象，比较清楚地显示出各个框之间的逻辑关系。但是这种方法占用篇幅比较多，尤其当算法比较复杂时，画流程图既费时又不方便。

3. N-S 图

N-S 图是另一种流程图，由美国人 I.Nassi 和 B.Shneiderman 提出，以两人名字首字母命名。N-S 图中全部算法写在一个矩形框内，该框内还可以包含其他从属于它的框，或者说，由一些基本的框组成一个大的框，图中省略了算法的流程线。N-S 图如同一个多层的盒子，又称盒图，适用于结构化程序设计，因而很受大家欢迎。

N-S 图用如图 1-8～图 1-11 所示的流程图符号来表示。

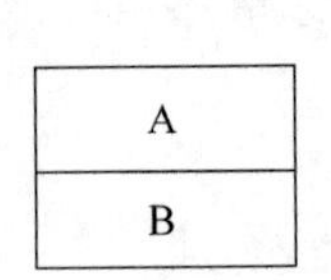

图 1-8 顺序结构

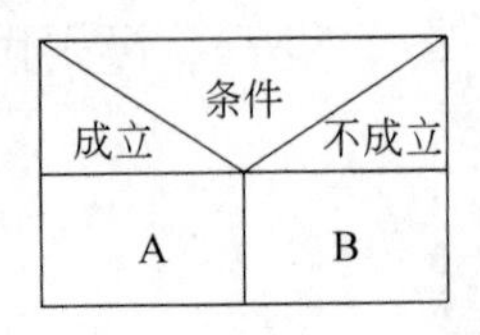

图 1-9 选择结构

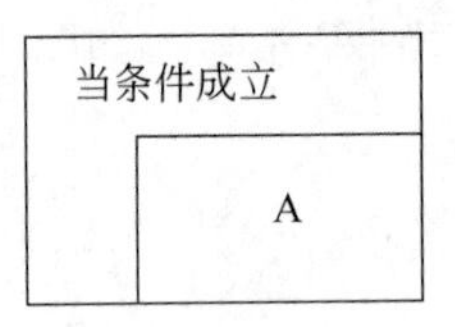

图 1-10 当型循环结构

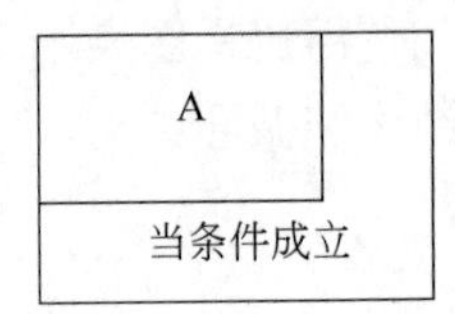

图 1-11 直到型循环结构

图 1-8 为顺序结构，先执行 A 再执行 B，图中可以看出 A 和 B 两个框组成一个顺序结构。图 1-9 为选择结构，当条件成立时执行 A 操作，不成立执行 B 操作。图 1-10 为当型循环结构，当条件成立时反复执行 A 操作，直到条件不成立为止。图 1-11 为直到型循环结构，先运行了一次 A 操作，检测到条件成立时接着反复执行 A。当型循环可能不运行 A 操作，而直到型循环至少运行一次 A 操作。

下面将之前的两个例子改用 N-S 图来表示。

【例 1-5】 将例 1-1 求三个数中最大数的算法用 N-S 图表示，如图 1-12 所示。

【例 1-6】 将例 1-2 求 5！的算法用 N-S 图表示，如图 1-13 所示。

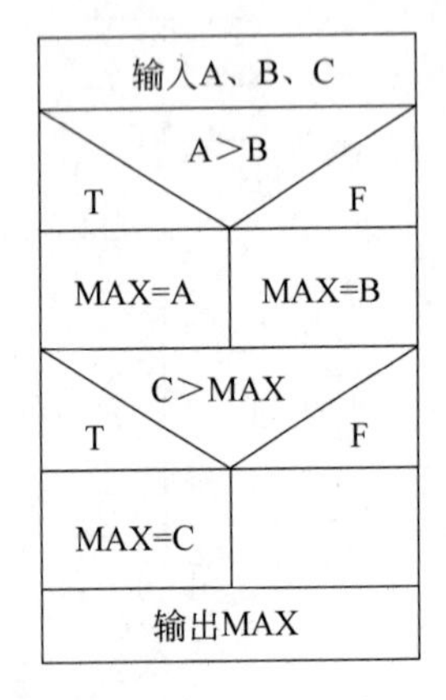

图 1-12 例 1-1 的 N-S 图

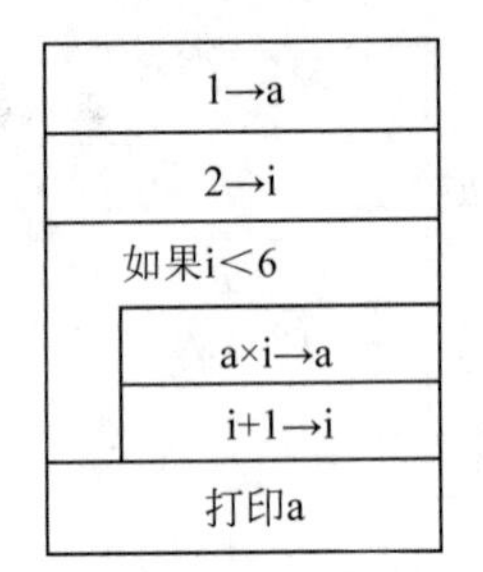

图 1-13 例 1-2 的 N-S 图

4. 伪代码

伪代码使用介于自然语言和计算机语言之间的文字和符号来描述算法。它如同一篇文章自上而下写下来，每一行（或几行）表示一个基本操作。它不用图形符号，因此书写方便、格式紧凑，由于类似自然语言，因此比较好懂，也便于被计算机语言实现。

之前的两个例子用伪代码表示如下。

【例 1-7】 将例 1-1 中求三个数中的最大数的算法用伪代码表示。

```
BEGIN
Input A、B、C
If A>B
     MAX=A
Else
     MAX=B
If C>MAX
     MAX=B
Output MAX
```

```
END
```

【**例 1-8**】将例 1-2 求 5！算法用伪代码表示。

```
BEGIN
a=1
i=2
While i<6
     { a=a×i
       i=i+1 }
Output a
END
```

本例中使用当型循环，while 意思为“当”，表示当 i<6 时执行循环体（大括号中的两行）的操作。

以上介绍了几种常用的表示算法的方法，可以根据实际需要和习惯任意选用。

1.3 计算机语言

计算机语言（computer language）指用于人与计算机之间通信的语言，是人与计算机之间传递信息的媒介。

计算机语言总体来说可以分成机器语言、汇编语言和高级语言三类。

计算机只能识别二进制数，因此由二进制数据构成的指令序列就称为机器语言。机器语言是计算机能直接识别的程序语言或指令代码，无须经过翻译，每一个操作码在计算机内部都有相应的电路来完成。用机器语言编写程序，编程人员要熟记所用计算机的全部指令代码和代码的含义。编写程序时，编程人员需要自己处理每条指令和每一个数据的存储分配与输入/输出，还得记住编程过程中每步所使用的工作单元处在何种状态，这是一项十分烦琐的工作。

为了减轻使用机器语言编程的痛苦，人们进行了一种有益的改进：用一些简洁的英文字母、符号串来替代一个特定指令的二进制串。例如，用 ADD 代表加法、用 MOV 代表数据传递等，这样人们很容易读懂并理解程序在干什么，纠错和维护都变得方便了，这种程序设计语言就称为汇编语言。然而计算机并不认识这些符号，因此需要一个专门的程序负责将这些符号翻译成机器语言，这种翻译程序称为汇编程序。

高级语言是一种独立于机器，面向过程或对象的语言。高级语言是参照数学语言而设计的类似人类日常会话的语言，因此称为高级语言。例如“c=a+b;”就是计算两个变量和的语句，简单易懂。常用的高级语言有 Java、C、C++、Python、C#等。

1.4 C 语言简介

C 语言是一种计算机程序设计语言，是目前流行的、使用广泛的一种高级语言。

C 语言的原型为 ALGOL 60 语言（也称为 A 语言）。1963 年，剑桥大学将 ALGOL 60

语言发展为 CPL（Combined Programming Language）语言。CPL 在 ALGOL 60 的基础上接近硬件，但规模比较大，难以实现。1967 年，剑桥大学的 Matin Richards 对 CPL 语言进行了简化，于是产生了 BCPL。1970 年，美国贝尔实验室的 Ken Thompson 将 BCPL 进行了修改，取名为 B 语言（取 BCPL 的第一个字母），并且他用 B 语言编写了第一个 UNIX 操作系统。但是 B 语言过于简单，功能有限，并且和 BCPL 都是"无类型"的语言。1972—1973 年，贝尔实验室的 Dennis Ritchie 在 B 语言的基础上设计出了 C 语言（取 BCPL 的第二个字母）。C 语言既保持了 BCPL 和 B 语言的优点（精练、接近硬件），又克服了它们的缺点（过于简单、数据无类型等）。最初的 C 语言只是为描述和实现 UNIX 操作系统提供一种工具语言而设计的。1973 年，K.Thompson 和 D.M.Ritchie 合作把 90%以上的 UNIX 操作系统用 C 语言改写，即 UNIX 第 5 版。为了使 UNIX 操作系统推广，1977 年 D.M. Ritchie 发表了不依赖具体机器系统的 C 语言编译文本《可移植的 C 语言编译程序》。1978 年 Brian W.Kernighian 和 D.M.Ritchie 出版了 *The C Programming Language*，从而使 C 语言成为目前世界上使用广泛的一种高级程序设计语言。1988 年，随着微型计算机的日益普及，出现了许多 C 语言版本。由于没有统一的标准，使得这些 C 语言之间出现了一些不一致的地方。为了改变这种情况，美国国家标准学会（ANSI）为 C 语言制定了一套 ANSI 标准，成为现行的 C 语言标准。

C 语言之所以能够成为使用广泛的语言，主要由于其自身有许多不同于其他语言的特点，具体如下：

（1）简洁紧凑。C 语言一共只有 32 个关键字，9 种控制语句，因而程序书写相当简洁、紧凑。

（2）运算符丰富。C 语言的运算符包含的范围很广泛，共有 34 种运算符。C 语言把括号、赋值、强制类型转换等都作为运算符处理，从而使 C 语言的运算符极其丰富，表达式类型多样化。灵活使用各种运算符可以实现在其他高级语言中难以实现的运算。

（3）数据类型丰富。C 语言的数据类型有整型、实型、字符型、数组类型、指针类型、结构体类型、共用体类型等，能用来实现各种复杂的数据结构的运算。

（4）表达方式灵活实用。C 语言提供多种运算符和表达式，对问题的表达可通过多种途径获得，其程序设计更加主动、灵活。它的语法限制不太严格，程序设计自由度大。

（5）允许直接访问物理地址，对硬件进行操作。由于 C 语言允许直接访问物理地址，可以直接对硬件进行操作，因此它既具有高级语言的功能，又具有低级语言的许多功能，能够像汇编语言一样对位、字节和地址进行操作，而这三者是计算机最基本的工作单元，可用来编写系统软件。

（6）生成目标代码质量高，程序执行效率高。C 语言描述问题比汇编语言直观，工作量小、可读性好，易于调试、修改和移植，而代码质量与汇编语言相当。

（7）可移植性好。在不同的编译环境中使用的大部分 C 语言代码是相同的，所以在一个编译环境中用 C 语言编写的程序，不改动或稍加改动，就可以移植到另一个完全不同的环境中运行。

1.5 Dev-C++开发环境

C 语言是一种人类很容易理解的高级语言，而计算机只能识别机器语言（二进制），那么如何将程序员写出的C 语言程序变成计算机能够理解的机器语言呢？这需要通过编译程序进行编译，再通过连接程序进行连接，整个过程如图 1-14 所示。

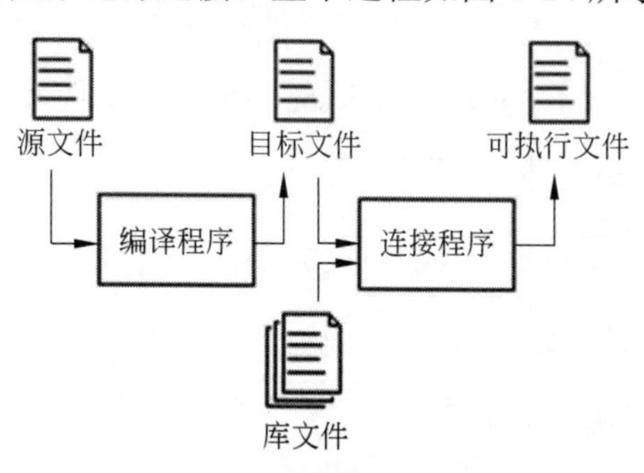

图 1-14　C 语言编译连接过程

从图 1-14 中可以看出，使用 C 语言进行程序设计，首先要编辑源程序，这需要一个文本编辑器；然后要对源程序进行编译，主要依靠编译程序来完成，生成目标文件（一种二进制程序）；目标文件不能独立运行，还需要通过连接程序将 C 语言提供的各种库函数连接起来，才能形成最后的可执行文件。

在 DOS 或者 Windows 环境下，C 语言源程序文件的扩展名为.C，目标文件的扩展名为.obj，可执行文件扩展名为.exe。

集成开发环境（Integrated Development Environment，IDE）是用于提供程序开发环境的应用程序，一般包括代码编辑器、编译器、调试器和图形用户界面等工具，集成了代码编写功能、分析功能、编译功能、调试功能等一体化的开发软件服务套件。

常用的 C 语言集成开发环境有很多，例如 Turbo C、Dev-C++、Code::Blocks、C-Free、Visual Studio 等。

本书以 Dev-C++5.11（5.11 是版本号）作为集成开发环境来进行 C 语言程序的开发，这是因为它是一款轻量级的 C/C++集成开发环境，遵循 C++ 11 标准，有中文界面及技巧提示，对于初学者，使用非常简单、友好。它是一款自由软件，遵守 GPL 许可协议分发源代码。同时目前国内多项基于 C/C++语言的程序设计竞赛选用 Dev-C++作为 IDE。

1.5.1　安装 Dev-C++

在官网下载了 Dev-C++ 5.11 之后，就可以双击 Dev-Cpp 5.11 TDM-GCC 4.9.2 Setup.exe 文件进行安装了。

安装过程首先弹出 Installer Language（选择语言）对话框，这里选择 English（英语），如图 1-15 所示。

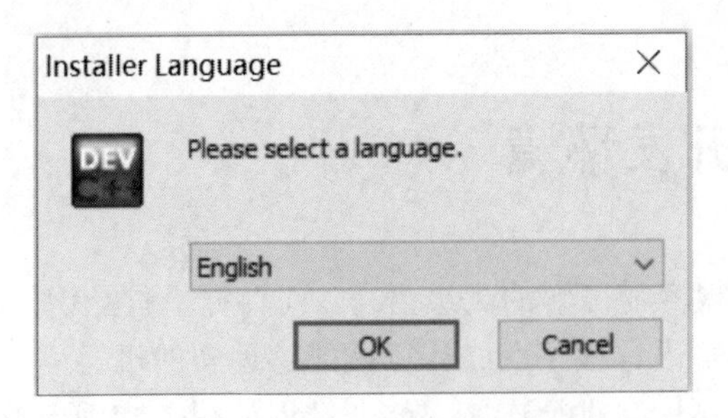

图 1-15　Dev-C++安装语言界面

单击 OK 按钮之后会出现 License Agreement（许可协议）对话框，如图 1-16 所示。

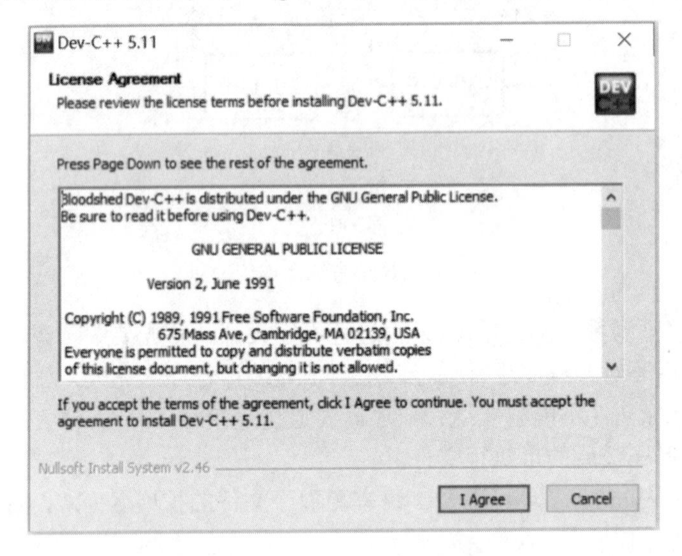

图 1-16　“许可协议”对话框

单击 I Agree 按钮会弹出 Choose Components（选择组件）对话框，如图 1-17 所示。

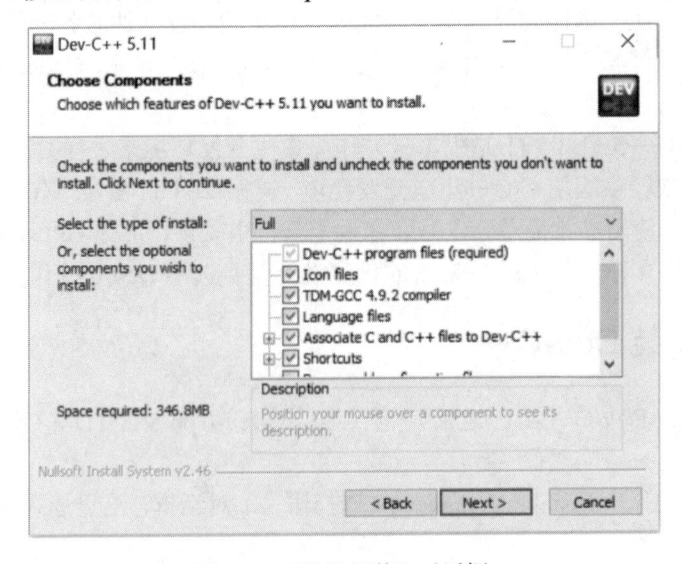

图 1-17　“选择组件”对话框

安装类型默认为 Full（全部组件），单击 Next 按钮会弹出 Choose Install Location（选择安装位置）对话框，如图 1-18 所示。

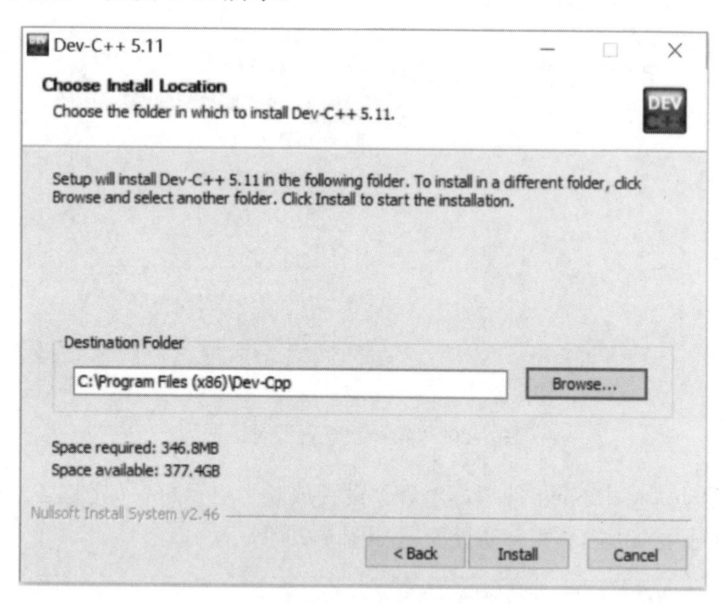

图 1-18　“选择安装位置”对话框

在“选择安装位置”对话框中单击 Browse 按钮，会弹出“浏览文件夹”对话框选择安装位置，这里不更改安装位置，单击 Install（安装）按钮会出现“安装中”对话框，安装结束之后会弹出“安装完成”对话框，如图 1-19 所示。

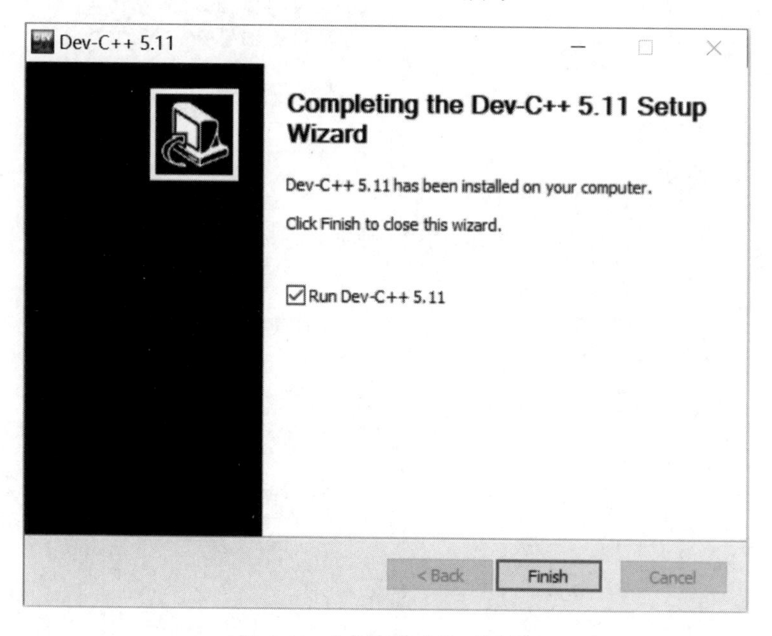

图 1-19　“安装完成”对话框

“安装完成”对话框默认选择运行 Dev-C++ 5.11，单击 Finish 按钮会弹出“第一次配置”对话框，如图 1-20 所示。此时选择“简体中文/Chinese”，单击 Next 按钮，会出现设置字体、颜色、图标的对话框，如图 1-21 所示。

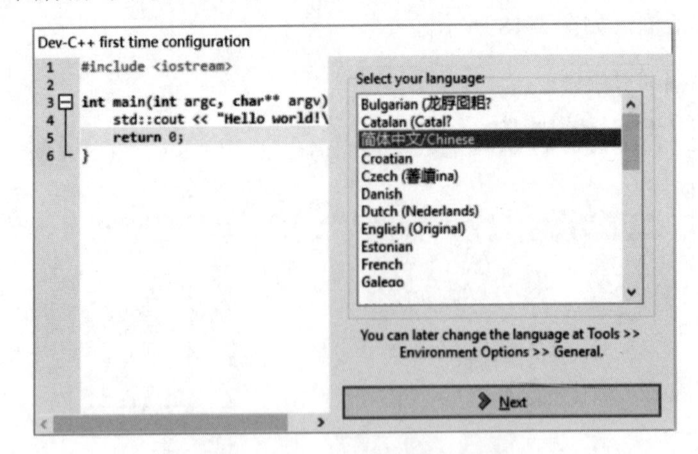

图 1-20 “第一次配置”对话框

这里不作改动，单击 Next 按钮，出现“设置成功”对话框，如图 1-22 所示。单击 OK 按钮，会弹出 Dev-C++ 5.11 的启动界面，如图 1-23 所示。

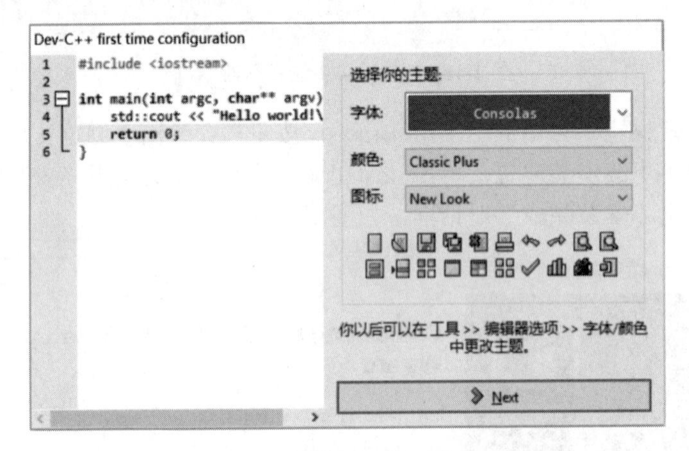

图 1-21 选择“字体、颜色、图标”对话框

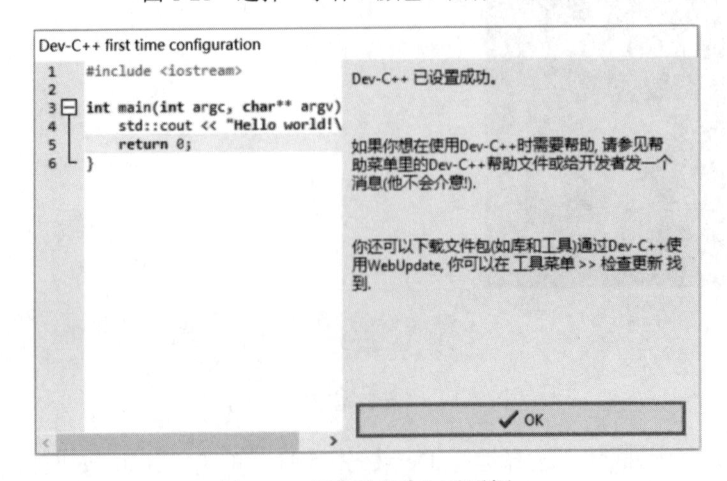

图 1-22 “设置成功”对话框

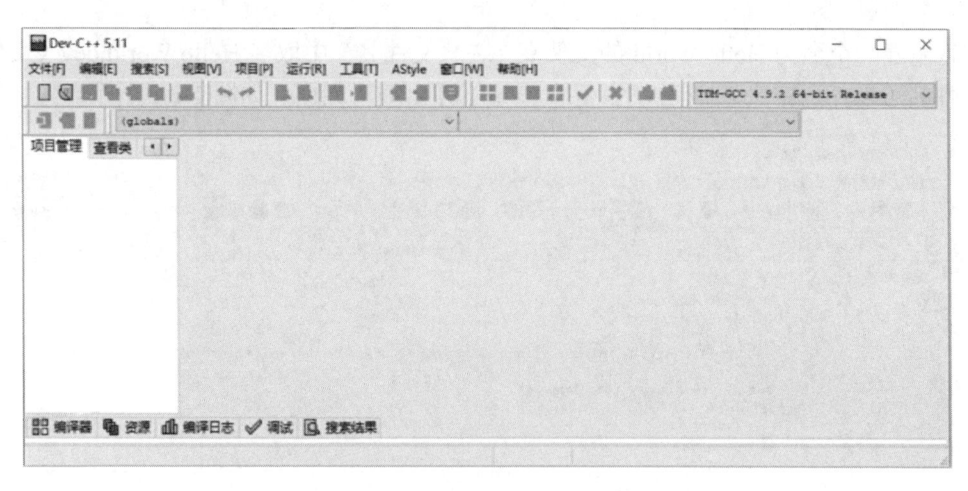

图 1-23　Dev-C++ 5.11 的启动界面

1.5.2　使用 Dev-C++编译程序

在 Dev-C++ 5.11 的启动界面中单击“文件”→“新建”→“项目”，弹出“新项目”对话框，如图 1-24 所示。选择 Console Application（控制台应用程序）→“C 项目”，单击“确定”按钮，弹出“另存为”对话框，如图 1-25 所示。在“另存为”对话框中选择一个

图 1-24　“新项目”对话框

图 1-25　“另存为”对话框

位置，新建一个名为 Hello World 的文件夹，在“文件名”中取名 Hello World.dev（文件夹和文件名可以任意定义），单击“保存”按钮就弹出编辑界面，如图 1-26 所示。

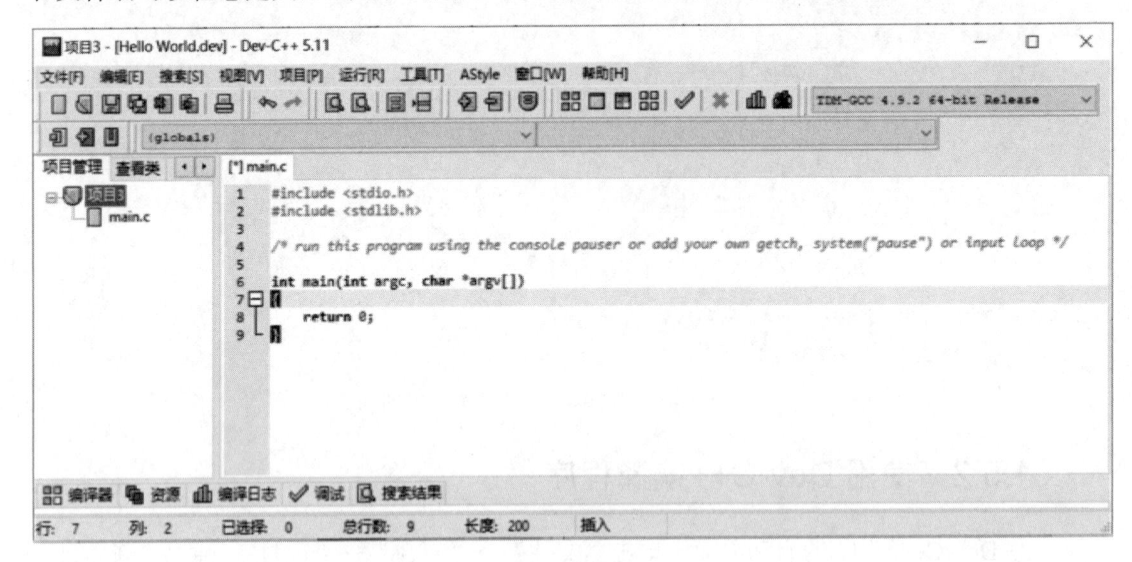

图 1-26 编辑界面

在 main 函数中进行如下编辑：

```
int main(int argc, char *argv[])
{
   printf("Hello world!");
   return 0;
}
```

然后单击“保存”工具图标，就会弹出“保存为”对话框，如图 1-27 所示。此处将 main.c 更名为 hello.c，单击“保存”按钮，则源文件保存完毕。

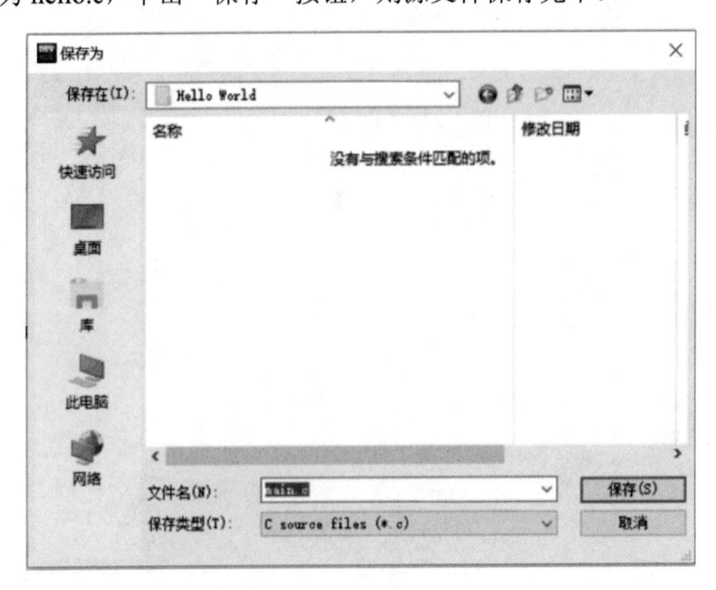

图 1-27 “保存为”对话框

在编辑界面中单击工具栏图标（编译），或在“运行”菜单中选择“编译”，开始编译，编译结果如图 1-28 所示。

```
编译结果...
--------
- 错误: 0
- 警告: 0
- 输出文件名: G:\C语言程序\Hello World\Hello World.exe
- 输出大小: 127.931640625 KiB
- 编译时间: 4.20s
```

图 1-28　编译结果

此时没有出现错误，再在编辑界面中单击工具栏图标（运行），或在“运行”菜单中选择“运行”，就会在弹出的窗口中看到输出了 Hello world!，如图 1-29 所示。此时 hello.c 的源文件已经被编译连接成了 Hello World.exe 的可执行程序。

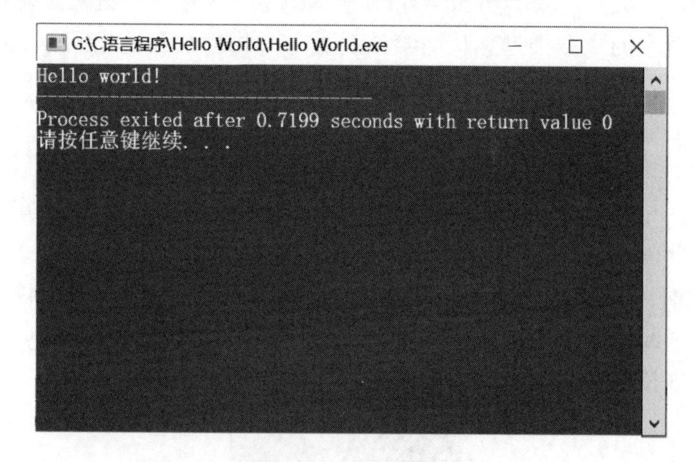

图 1-29　运行结果

1.6　C 语言程序的结构和格式

下面通过求和的例子来介绍 C 语言程序的基本结构，通过这个例子读者可以了解 C 语言源程序的基本结构和书写格式。

【例 1-9】 计算两个整数的和。

```
#include<stdio.h>                        //载入头文件
/*该程序用来计算两个数的和*/
int main(int argc,char *argv[])          //主函数 main
{   //主函数开始
    int x,y,z;                           //定义变量
    printf("请输入两个整数:\n");         //在显示器中输出提示信息
    scanf("%d%d",&x,&y);                 //输入
    z=x+y;                               //处理
    printf("%d+%d=%d\n",x,y,z);          //输出
    return 0;
}                                        //主函数结束
```

程序第一行#include<stdio.h>是一个编译预处理命令，告诉编译器在编译时把 stdio.h 文件包含进来。这个文件是 C 编译系统提供的一个文件（stdio 是 standard input & output 的缩写，即标准输入/输出），里面定义了 C 语言中标准输入函数和输出函数。在程序中要用到系统提供的标准函数库中的输入/输出函数时，应在程序的开头加上这行代码。在 C 语言中把这些以.h 为扩展名的文件统称为头文件，相关的使用方法将在第 7 章中介绍。

程序中有且只有一个 main 函数，叫作主函数，它是整个程序的入口。

在程序中用/**/括起来的内容为注释部分，它是一个段注释，也叫块注释，即在/**/中的内容全是注释，可以包括多行。另外//也是注释，它叫作行注释，即该注释从//开始到该行结束起作用，只注释了一行。注释只给用户看，对编译和运行不起作用，程序不执行注释部分。

主函数中的内容大体上可以分成 4 个部分，即定义、输入、处理、输出。定义用来说明程序中用到的变量的数据类型，从而给该变量分配相应的存储空间。遇到未知数则需要给它录入数据，这就要用到输入。计算的过程称为处理，它用来处理数据。最后把结果进行输出，让用户能够看到该程序的处理结果，从而验证程序是否正确。

上例中程序的执行过程是，首先定义了三个整型变量 x、y、z。然后在屏幕上显示提示信息“请输入两个整数：”（否则执行时看到的是一个黑色的屏幕，用户此时不清楚接下来要做什么，因此加上一个提示信息可以让用户知道接下来要如何操作），接着执行 scanf（输入）语句，此时用户通过键盘输入两个整数存入内存变量 x 和 y 中，注意两个整数输入时用空格、回车键或者 Tab 键分隔开。再次按回车键后，程序计算 x 与 y 的和并存储在变量 z 中。最后在屏幕上输出 z 的值，从而验证程序是否正确，如图 1-30 所示。

图 1-30　例 1-9 的运行结果

在该例中用到的输入函数 scanf 和输出函数 printf，在第 4 章中还会详细介绍。这里先简单介绍一下它们的格式，以便下面使用。scanf 和 printf 这两个函数分别称为格式输入函数和格式输出函数，其意义是按指定的格式输入/输出数据。这两个函数的参数由以下两部分组成：格式控制串和参数表。格式控制串是一个字符串，必须用双引号括起来，表示输入/输出量的数据类型。在 printf 函数中还可以在格式控制串内出现非格式控制字符，这时在屏幕上将原样输出。参数表中给出了输入/输出的量。当有多个量时，用逗号间隔。

例如：

```
printf("%d+%d=%d\n",x,y,z);
```

其中，%d 为格式字符，表示按十进制整数输出。它在格式串中三次出现，对应了 x、y 和 z 三个变量。其余字符为非格式字符则照原样输出在屏幕上。

该例中只包含一个主函数，实际上一个 C 语言源程序可以包含多个函数，函数之间可以相互调用（详见第 7 章）。一个完整的 C 语言源程序的格式可以表示如下：

```
编译预处理命令
主函数()
函数1()
函数2()
⋮
函数n()
```

一个 C 语言的源程序实际上就是若干函数的集合，但只有一个主函数，任何 C 语言的源程序执行时，都从主函数开始执行。除主函数需取名 main()外，其他函数可任意取名，但需要符合标识符命名规则（详见第 2 章），且不能与关键字重名。

由以上例子可以看出，C 语言源程序具有如下几个结构特点：

（1）每个 C 语言源程序都是由函数构成的。

（2）一个源程序不论由多少个文件组成，都有一个且只能有一个 main 函数，即主函数。

（3）每个程序体（主程序和每个子函数，如例子中的 main 函数）必须用一对大括号{}括起来，分别表示该程序体的开始和结束。

（4）源程序中可以有编译预处理命令（include 命令仅为其中的一种），预处理命令通常应放在源文件或源程序的最前面。

（5）每一个说明、每一个语句都必须以分号结尾，但编译预处理命令、函数头和大括号{}之后不能加分号。

（6）标识符、关键字之间必须至少加一个空格以示间隔。若已有明显的间隔符，也可不再加空格来间隔。

（7）可以用/* */或//对 C 语言程序中的任何部分作注释，/* */叫段注释或者块注释，//叫行注释。一个好的有实用价值的源程序都应该加上必要的注释来增加程序的可读性。

（8）通过增加缩进可以更清晰地看出程序之间的关系。

从书写清晰，便于阅读、理解、维护的角度出发，在书写程序时应遵循以下规则：

（1）一个说明或一条语句占一行。

（2）用{}括起来的部分，通常表示程序的某一层次结构。{}一般与该结构语句的第一个字母对齐，并单独占一行。

（3）低一层次的语句或说明比高一层次的语句或说明缩进若干空格后书写，以便看起来更加清晰，增加程序的可读性。

在编程时要遵循这些规则，从而形成良好的编程风格。

1.7　小结

本章主要介绍了以下内容。

（1）程序（program）是为实现特定目标或解决特定问题而用计算机语言编写的命令序列集合，一般分为系统程序和应用程序两类。

（2）程序设计（programming）是设计解决特定问题程序的过程，一般包括 6 个步骤，分别是分析问题、确定数据结构、设计算法、编写程序、运行程序和编写文档。程序设计可以分为结构化程序设计和面向对象程序设计两类。

（3）算法（algorithm）是指对解题方案的准确而完整的描述，具有以下 5 个特征，分别是确定性、可行性、有穷性、有 0 个或多个输入、有一个或多个输出。算法可以通过流程图、N-S 图、伪代码等进行描述。

（4）计算机语言（computer language）是指用于人与计算机之间通信的语言，是人与计算机之间传递信息的媒介。计算机语言可以分成机器语言、汇编语言和高级语言三类。

（5）C 语言是一种计算机程序设计语言，是世界上流行、使用广泛的一种高级语言。它的特点包括简洁紧凑、运算符丰富、数据类型丰富、表达方式灵活实用、允许直接访问物理地址、生成目标代码质量高、可移植性好等。

（6）C 语言是一种高级语言，用 C 语言写的源文件需要通过编译程序进行编译，生成目标文件（一种二进制程序，即机器语言），再通过连接程序将 C 语言提供的各种库函数连接起来，才能形成最后的可执行文件。

（7）C 语言源程序中有且只有一个 main 函数，叫作主函数，它是整个程序的入口。在程序中可以通过/**/或//进行段注释或者行注释，注释并不执行。可以通过缩进来增加 C 语言源程序的可读性，易于维护。

习题 1

1．选择题

（1）以下叙述中正确的是（　　）。

A．C 语言程序将从源程序中第一个函数开始执行

B．可以在程序中由用户指定任意一个函数作为主函数，程序将从此开始执行

C．C 语言规定必须用 main 作为主函数名，程序将从此开始执行

D．main 可作为用户标识符，用以命名任意一个函数作为主函数

（2）C 语言源程序名的后缀名是（　　）。

A．exe　　B．C　　C．obj　　D．cp

（3）计算机能直接执行的程序是（　　）。

A．源程序　　B．目标程序　　C．汇编程序　　D．可执行程序

（4）算法具有 5 个特性，以下选项中不属于算法特性的是（　　）。

A．有穷性　　B．简洁性　　C．可行性　　D．确定性

2．程序设计题

请编写一个程序，用来计算两个整数的差。

第2章 C语言基本数据类型

语言的学习一般遵循符号→单词→句子→段落→文章的顺序，C 语言的学习也不例外。

C 语言中可以使用的符号包括英文字母、数字字符和一些特别符号（详见 2.1 节）；这些符号可以构成标识符（包括关键字、预定义标识符和用户自定义标识符三种，详见 2.2 节），可以理解为单词；这些单词和相关符号（如；）就可以构成 C 语言的语句（顺序语句、选择语句、循环语句等，详见第 4～6 章）；这些语句有机地组织在一起完成某个功能就构成了一个段落（即函数，详见第 7 章）；这些函数加上编译预处理命令就构成了文章（即文件，如源文件或头文件，详见第 11 章）。

按照这样的脉络学习 C 语言，更易理解和掌握相关知识，当然 C 语言的学习也可以有其他的脉络，这里就不再一一列举了。

2.1 C 语言的字符集

C 语言定义了两个字符集（character set）：源代码字符集与运行字符集。源代码字符集（source character set）是用于组成 C 语言源代码的字符集合；而运行字符集（execution character set）是可以被执行程序解释的字符集合。

在许多 C 语言的实现版本中，这两个字符集是一样的。如果不一样，编译器会把源代码中的字符常量和字符串中的字面量转换成运行字符集中的对应元素。

这两个字符集都包含基本字符集（basic character set）和扩展字符（extended character），C 语言没有指定扩展字符，这通常由本地语言所决定。扩展字符加上基本字符集，组成扩展字符集（extended character set）。

基本源代码字符集和基本运行字符集都包含下列字符。

（1）大小写英文字母：A~Z，a~z。

（2）数字字符：0~9。

（3）特别符号：! " # % & ' () * + ， —. / :; < = > ? [\ ] ^ _ { | } ~。

（4）空白符：水平制表符（Tab）、空格符（Space）、回车符（Enter）等。

2.2　标识符

2.2.1　标识符

标识符用来对变量、函数、标号和其他各种用户定义对象进行命名。所有标识符必须使用 C 语言字符集中的英文字母、数字字符和下画线，并且标识符的第一个字符必须是英文字母或下画线。标识符中的英文字母区分大小写。不同的编译器对标识符长度的支持也各不相同，如 Visual C++ 6.0 标识符最长为 247 个字符，而 Turbo C 2.0 则只有前 8 个字符有效。

C 语言的标识符可以分成三种：关键字、预定义标识符和用户自定义标识符。

1．关键字

ANSI C 标准是由美国国家标准学会（American National Standards Institute）于 1989 年推出的关于 C 语言的标准，也称为 C89 标准，共定义了 32 个关键字，如表 2-1 所示。

表 2-1　C 语言的关键字

auto	break	case	char	const	continue	default	do
double	else	enum	extern	float	for	goto	if
int	long	register	short	signed	sizeof	static	return
struct	switch	typedef	union	unsigned	void	volatile	while

1999 年 12 月 16 日，ISO（International Organization for Standardization，国际标准化组织）推出了 C99 标准，该标准新增了 5 个 C 语言关键字：inline、restrict、_Bool、_Complex、_Imaginary。

2011 年 12 月 8 日，ISO 发布 C 语言的新标准 C11，这也是目前 C 语言的最新国际标准。不同的编译器对 C 语言国际标准的支持和扩展各不相同，在使用的时候可以查阅相关的使用说明书。

2．预定义标识符

预定义标识符一般包括库函数（如 scanf、printf 等）和编译预处理命令（如 include、define 等），这些标识符有特定的含义，如 scanf 是输入函数，printf 是输出函数，include 是文件包含命令，define 是宏定义命令。

用户可以使用预定义标识符作为用户自定义标识符，但是这个自定义标识符将不再代表原来的含义，如：

```
int printf=4;      //无语法错误
printf("%d",3);   //不执行输出，因为此时 printf 是一个值为 4 的变量，不再代表输出函数
```

因此，用户自定义标识符不要使用预定义标识符。

3. 用户自定义标识符

用户自定义标识符就是用户自己定义的常量、变量、函数等的名字，它需要满足以下三个条件：

（1）以字母或下画线开头；

（2）后边只能接字母、数字或下画线；

（3）不能使用关键字。

下面是一些正确或错误标识符命名的实例。

正确形式：sum，_sum，sum1sum。

错误形式：1sum，－sum，int。

用户在使用自定义标识符时尽量遵照“见名知意”的原则，即使用有实际含义的单词作为用户自定义标识符，这样使用者可以很容易明白该标识符的作用。

2.2.2　常量

在程序执行过程中，其值不发生改变的量称为常量。常量分为不同的类型，如 68、0、−12 为整型常量，3.14、9.8 为实型常量，'a'、'b'、'c'则为字符常量。常量即常数，一般从其字面即可判别。有时为了使程序更加清晰和便于修改，用一个标识符来代表常量，即给某个常量取个有意义的名字，这种常量称为符号常量。

【例 2-1】 求圆的面积。

```
#include<stdio.h>
#define PI 3.14
int main(int argc,char *argv[])
{
    double area;
    area=PI*5*5;
    printf("area=%lf\n",area);
    return 0;
}
```

程序中用 define 命令行定义 PI 代表圆周率常数 3.14，此后凡在程序中出现的 PI 都代表圆周率 3.14，可以和常量一样进行运算，程序运行结果如下：

```
area=78.500000
```

有关 define 命令的详细用法参见第 7 章。

这种用一个标识符代表的一个常量，称为符号常量。注意，符号常量也是常量，它的值在其作用域内不能改变，也不能再被赋值。例如，再用以下语句给 PI 赋值：

```
PI=4.14;
```

会出现程序错误，因为左边是常量，不能被重新赋值。

习惯上符号常量名用大写字母来表示，变量名用小写，以示区别。

2.2.3 变量

在程序执行过程中，取值可变的量称为变量。一个变量必须有一个名字，在内存中占据一定的存储单元，在该存储单元中存放变量的值。请注意变量名和变量值是两个不同的概念。变量名在程序运行中不会改变，而变量值会变化，在不同时期可以取不同的值。

变量的名字是一种标识符，它必须遵守标识符的命名规则。习惯上变量名用小写字母表示，以增加程序的可读性。必须注意的是大写字符和小写字符被认为是两个不同的字符，因此，sum 和 Sum 是两个不同的变量名，代表两个完全不同的变量。

在程序中，常量可以不经定义而直接引用，而变量则必须作强制定义，即“先定义，后使用”，这样做的目的如下：

（1）事先未定义的变量在程序中都不能使用，这就能保证程序中变量能被正确使用。例如，如果在定义部分写了

```
int  count;
```

而在程序中错写成 conut。例如：

```
conut=5;
```

在编译时会检查出 conut 未经定义，不能作为变量名，因此输出“变量 conut 未定义”的信息，便于用户发现错误，避免变量名使用时出错。

（2）每一个变量被指定为某一确定的变量类型，在编译时就能为其分配相应的存储单元。如指定 a 和 b 为整型变量，则为 a 和 b 各分配 4 字节（32 位操作系统），并按整数方式存储数据。

（3）每一变量属于一个类型，以便于在编译时据此检查所进行的运算是否合法。例如整型变量 a 和 b 可以进行求余运算：

```
a%b
```

%是求余运算符（详见第 3 章），得到 a/b 的整余数。如果将 a 和 b 指定为实型变量，则不允许进行“求余”运算，编译时会指出有关出错信息。

2.3 C 语言的数据类型

一个完整的计算机程序，至少应包含两方面的内容：一方面对数据进行描述；另一方面对操作进行描述。数据是程序加工的对象，数据描述是通过数据类型来完成的，操作描述则通过语句来完成。

C 语言不仅提供了多种数据类型，还提供了构造更加复杂的用户自定义数据结构的机制。

C 语言的数据类型如图 2-1 所示。

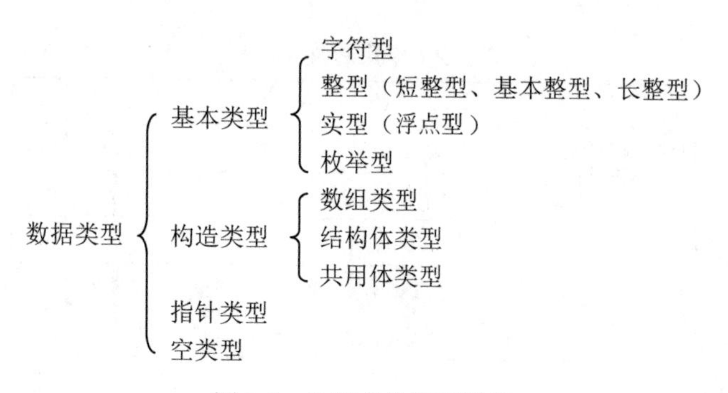

图 2-1　C 语言的数据类型

其中，字符型、整型、实型（浮点型）和空类型由系统预先定义，又称标准类型。

基本类型的数据又可分为常量和变量，它们可与数据类型结合起来分类，即整型常量、整型变量、实型（浮点型）常量、实型（浮点型）变量、字符常量、字符变量、枚举常量、枚举变量。本章主要介绍基本数据类型，其他数据类型在后续章节中再详细介绍。

在程序中对用到的所有变量都必须指定其数据类型，从而为该变量分配存储空间。

2.4　字符型数据

字符型数据包括字符常量、字符变量，字符型数据可以构成字符串。

2.4.1　字符常量

字符常量是用单引号括起来的一个字符。例如'a'、'b'、'A'、'+'、'?' 都是合法字符常量。在 C 语言中，字符常量有以下特点：

（1）字符常量只能用单引号括起来，不能用双引号或其他符号。

（2）字符常量只能是单个字符，不能是多个字符（字符串）。

注意，数字字符和数字是不同的值，如'5'和 5 是不同的量。'5'是字符常量，它所对应的 ASCII 码值（详见附录 A）是 53，而 5 是整型常量，就是数值 5。

2.4.2　转义字符

除了以上形式的字符常量外，C 语言还允许用一种特殊形式的字符常量，即转义字符。转义字符以反斜线“\”开头，后跟一个或几个字符。转义字符具有特定的含义，不同于字符原有的意义，故称“转义”字符。例如，在前面各例题中 printf 函数的格式串中用到的“\n”就是一个转义字符（这里\n 放在一起代表换行，它与字母 n 不同，因此称为转义字符），其意义是“换行”。转义字符主要用来表示那些 ASCII 码字符集中不可打印的控制代码和特定功能的字符。常用的转义字符及其含义如表 2-2 所示。

广义地讲，C 语言字符集中的任何一个字符均可用转义字符来表示。表 2-2 中的\ddd 和\xhh 正是为此而提出的。ddd 和 hh 分别为八进制和十六进制数。

表 2-2 常用转义字符表

转义字符	含 义	功 能	ASCII 码（16/10 进制）
\0	空字符(NULL)	用作字符串结束标识	00H/0
\n	换行符(LF)	光标跳到下一行的行首	0AH/10
\r	回车符(CR)	光标跳到当前行的行首	0DH/13
\t	水平制表符(HT)	光标跳到下一个 Tab 位，通常一个 Tab 位占 8 列	09H/9
\v	垂直制表(VT)	输出位置跳到下一行的同一列，仅打印时可见	0BH/11
\a	响铃(BEL)	产生警告	07H/7
\b	退格符(BS)	光标后退一列	08H/8
\f	换页符(FF)	输出位置跳到下一页的首行首列，仅打印时可见	0CH/12
\'	单引号	输出单个引号	27H/39
\"	双引号	输出单个双引号	22H/34
\\	反斜杠	输出单个反斜线	5CH/92
\?	问号字符	输出单个问号	3FH/63
\ddd	任意字符	输出任意字符	一到三位八进制数
\xhh	任意字符	输出任意字符	一到二位十六进制数

例如，\101 表示 ASCII 码为八进制 101 的字符，也就是十进制的 65，即字符'A'。与此类似，\102 表示字符'B'，\134 表示反斜线'\'。

例如，\x41 表示 ASCII 码为十六进制 41 的字符，也是十进制的 65，同样代表字符'A'。同样\x0A 表示换行，\x0D 表示回车。

【例 2-2】 转义字符的使用。

```
#include<stdio.h>
int main(int argc,char *argv[])
{
    printf("123\n45\n");  //123 之后换行输出 45 再换行
    printf("123\r45\n");  //输出 123 之后光标回到当前行行首，再输出 45 会覆盖掉 12
    printf("123\t45\n");  //输出 123 之后光标跳到下一个制表位（第 9 列）继续输出 45
    printf("123\b45\n");  //输出 123 之后光标退一列继续输出 45，因此覆盖掉了 3
    printf("123\'45\n");  //输出 123 之后输出单引号再输出 45
    printf("123\"45\n");  //输出 123 之后输出双引号再输出 45
    printf("C:\\a.txt\n");//输出 C:\a.txt，即 C 盘根路径下的 a.txt 文件
    printf("123\?45\n");  //输出 123 之后输出问号再输出 45
    printf("123\101\n");  //输出 123 之后输出字母 A，因为 101 是八进制数，相当于十
                          //进制的 65，对应的字符就是字母 A
    printf("123\x41\n");  //输出 123 之后输出字母 A，因为 41 是十六进制数，相当于
                          //十进制的 65，对应的字符就是字母 A
    return 0;
}
```

程序运行结果如图 2-2 所示。

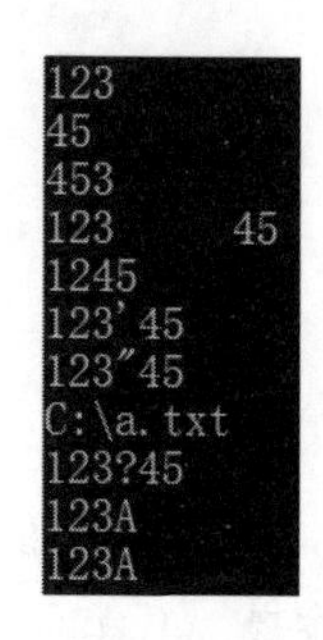
```
123
45
453
123      45
1245
123'45
123"45
C:\a.txt
123?45
123A
123A
```

图 2-2　例 2-2 的运行结果

其他转义字符请读者自行测试，掌握其含义，从而在程序中准确使用。

2.4.3　字符变量

字符型变量用来存放单个字符，每个字符变量被分配 1 字节的内存空间，因此只能存放一个字符，不可以存放一个字符串。

字符变量的类型说明符是 char。

例如：

```
char a,b;            /* 定义字符变量 a 和 b */
a='x'; b='y';        /* 给字符变量 a 和 b 分别赋值'x'和'y'*/
```

将一个字符常量存放到一个变量中，并不是把该字符本身放到变量内存单元中，而是将该字符相应的 ASCII 码放到存储单元中。例如，字符'x'的十进制 ASCII 码是 120，字符'y'的十进制 ASCII 码是 121。对字符变量 a、b 赋予'x'和'y'值“a='x';b='y';”实际上是在 a 和 b 两个单元内存放 120 和 121 的二进制代码：

```
a  0 1 1 1 1 0 0 0      (ASCII 值为 120)
b  0 1 1 1 1 0 0 1      (ASCII 值为 121)
```

既然在内存中，字符数据以 ASCII 码存储，它的存储形式与整数的存储形式类似，所以也可以把它们看作整型量。C 语言允许对整型变量赋以字符值，也允许对字符变量赋以整型值。在输出时，允许把字符数据按整数形式输出，也允许把整型数据按字符形式输出。以字符形式输出时，需要先将存储单元中的 ASCII 码转换成相应字符，然后输出。以整数形式输出时，直接将 ASCII 码当作整数输出。也可以对字符数据进行算术运算，此时是对它们的 ASCII 码进行算术运算。

整型数据为 4 字节，字符数据为 1 字节，当整型数据按字符型量处理时，只有低 8 位字节参与处理。

【例 2-3】 使用 ASCII 码值给字符变量赋值。

```
#include<stdio.h>
int main(int argc,char *argv[])
{
   char a,b;
   a=120;
   b=121;
```

```
    printf("%c,%c\n%d,%d\n",a,b,a,b);
    return 0;
}
```

程序运行结果如下：

```
x,y
120,121
```

在本程序中，定义 a、b 为字符型变量，但在赋值语句中赋以整型值。即将整数对应的 ASCII 码所代表的字符赋值给了 a、b。从结果看，a 和 b 的输出形式取决于 printf 函数格式串中的格式控制符，当格式控制符为"%c"时，对应输出的变量值为字符，当格式控制符为"%d"时，对应输出的变量值为整数。

【例 2-4】 大小写字符的变换。

```
#include<stdio.h>
int main(int argc,char *argv[])
{
   char a,b;
   a='x';
   b='y';
   a=a-32;          /* 把小写字母换成大写字母*/
   b=b-32;          /* 把小写字母换成大写字母*/
   printf("%c,%c\n%d,%d\n",a,b,a,b);        /* 以字符型和整型输出 */
   return 0;
}
```

程序运行结果如下：

```
X,Y
88,89
```

本例中，a 和 b 被定义为字符变量并赋予字符值，C 语言允许字符变量参与数值运算，即用字符的 ASCII 码参与运算。由于大小写字母的 ASCII 码相差 32，即每个小写字母比它相应的大写字母的 ASCII 码值大 32，如'a'='A'+32,'b'='B'+32，因此，程序运算后把小写字母转换成大写字母，然后分别以字符型和整型输出。

2.4.4 字符串常量

前面已经提到，字符常量是由一对单引号括起来的单个字符。C 语言除了允许使用字符常量外，还允许使用字符串常量。

字符串常量是由一对双引号括起来的字符序列。例如"CHINA"、"C program"、"$12.5"等都是合法的字符串常量。用下面语句可以输出一个字符串：

```
printf("Hello world!");
```

初学者容易将字符常量与字符串常量混淆。'a'是字符常量，"a"是字符串常量，两者不同。假设 c 被指定为字符变量即“char c;”，则 c='a'是正确的，而 c="a"是错误的，不能把一个字符串赋值给一个字符变量。

那么，'a'和"a"究竟有什么区别呢？C 语言规定，在每一个字符串的结尾加一个字符串结束标记，以便系统据此判断字符串是否结束；以字符'\0'作为字符串结束标记，'\0'是一个 ASCII 码为 0 的字符，也就是空操作字符 NULL，即它不引起任何控制动作，也不是一个可显示的字符。"a"实际包含两个字符，即'a'和'\0'，因此，把它赋值给一个字符变量 c 显然是不行的。

例如，如果有一个字符串"WORLD"，它在内存中实际存储的是

W	O	R	L	D	\0

它的存储长度不是 5 个字符，而是 6 个字符，最后一个字符为'\0'，但在输出时不输出'\0'。例如在“printf("WORLD");”中，输出时一个一个字符输出，直到遇到最后的'\0'字符，就知道字符串结束了，停止输出。注意，在写字符串时不必加'\0'，因为'\0'是系统自动加上的。

在 C 语言中，没有专门的字符串变量，字符串如果需要存放在变量中，则需要用字符数组来存放（详见第 8 章）。

一般来说，字符串常量和字符常量之间有如下的主要区别。

（1）字符常量由单引号括起来，字符串常量由双引号括起来。

（2）字符常量只能是单个字符，字符串常量可以含一个或多个字符。

（3）可以把一个字符常量赋予一个字符变量，但不能把一个字符串常量赋予一个字符变量，在 C 语言中没有字符串变量这种数据类型。

（4）字符常量占 1 字节的内存空间，字符串常量占的内存字节数等于字符串中字符个数加 1，增加的 1 字节中存放字符 '\0'（ASCII 码为 0），这是字符串结束的标志。

（5）字符常量' '（两个单引号中间有一个空格）代表空格字符，连续两个单引号在 C 语言中是不能使用的。连续两个双引号" "代表存储一个空字符串。

2.5　整型数据

C 语言中的整型数据包括整型常量和整型变量，描述的是整数的一个子集。

2.5.1　整型常量

整型常量就是整常数。在 C 语言中，使用的整常数有八进制、十六进制和十进制 3 种，使用不同的前缀来相互区分。除了前缀外，C 语言中还使用后缀来区分不同长度的整数。

1. 不同进制的整型常量

1）八进制整常数

八进制整常数必须以 0 开头，即以 0 作为八进制数的前缀。数码取值为 0～7。例如，0123 表示八进制数 123，即$(123)_8$，等于十进制数 83，即 $1\times8^2+2\times8^1+3\times8^0=83$；−011 表

示八进制数-11，即$(-11)_8$，等于十进制数-9。

以下各数是合法的八进制数：

015(十进制为 13)　　0101(十进制为 65)　　0177777(十进制为 65535)

以下各数不是合法的八进制数：

256(无前缀 0)　　0382(包含了非八进制数码 8)

2）十六进制整常数

十六进制整常数的前缀为 0X 或 0x（区别在于输出时 a～f 以大写字符或者小写字符输出）。其数码取值为 0～9、A～F 或 a～f。如 0x123 表示十六进制数 123，即$(123)_{16}$，等于十进制数 291，即 $1\times16^2+2\times16^1+3\times16^0=291$；-0x11 表示十六进制数-11，即$(-11)_{16}$，等于十进制数-17。

以下各数是合法的十六进制整常数：

0X2A(十进制为 42)　　0XA0 (十进制为 160)　　0XFFFF (十进制为 65535)

以下各数不是合法的十六进制整常数：

5A (无前缀 0X)　　0X3H (含有非十六进制数码)

3）十进制整常数

十进制整常数没有前缀，数码取值为 0～9。

以下各数是合法的十进制整常数：

237　　-568　　1627

以下各数不是合法的十进制整常数：

023 (不能有前导 0)　　23D (含有非十进制数码)

在程序中是根据前缀来区分各种进制数的，因此在书写常数时不要把前缀弄错，造成结果不正确。

2. 整型常数的后缀

在 16 位字长的机器上，基本整型的长度也为 16 位，因此表示的数的范围也是有限定的。十进制无符号整常数的范围为 0～65 535，有符号数为-32 768～+32 767。八进制无符号数的表示范围为 0～0177777。十六进制无符号数的表示范围为 0X0～0XFFFF 或 0x0～0xffff。如果使用的数超过了上述范围，就必须用长整型数来表示。长整型数是用后缀 L 或 l 来表示的（注意，字母 L 的小写形式 l 与数字 1 看上去很相似）。

例如：

十进制长整常数 158L (十进制为 158)、358000L (十进制为 358000)。

八进制长整常数 012L (十进制为 10)、0200000L (十进制为 65536)。

十六进制长整常数 0X15L (十进制为 21)、0XA5L (十进制为 165)、0X10000L (十进制为 65536)。

无符号数也可用后缀表示，整型常数的无符号数的后缀为 U 或 u，如 358u、0x38Au。整型常量还可以是 L 和 U 的组合，表示 unsigned long 即无符号常整数类型的常量。例如，0XA5Lu 表示十六进制无符号长整数 A5，其十进制为 165。

2.5.2　整型变量

整型变量可分为短整型、基本型、长整型 3 种，默认是有符号数据（有负数）。以上 3 种结合无符号型说明符，又产生 3 种对应的无符号型数据（无负数）。

1. 短整型

类型说明符为 short int 或 short，占 2 字节。

2. 基本型

类型说明符为 int，在 32 位编译器如 Visual C++ 6.0 环境中，基本型占 4 字节，其取值为基本整常数。

3. 长整型

类型说明符为 long int 或 long，在内存中占 4 字节，其取值为长整常数。

4. 无符号型

类型说明符为 unsigned，无符号型又可与上述三种类型匹配而构成：

（1）无符号短整型，类型说明符为 unsigned short。

（2）无符号基本型，类型说明符为 unsigned int 或 unsigned。

（3）无符号长整型，类型说明符为 unsigned long。

各种无符号类型量所占的内存空间字节数与相应的有符号类型量相同。但由于省去了符号位，故不能表示负数，但可存放的数的范围比一般整型变量中数的范围扩大一倍。表 2-3 列出了各类整型量所分配的内存字节数及数的表示范围。方括号内的内容在使用时可以省略。

表 2-3　整型变量的字节数及表示范围

类型说明符	分配字节数	数 的 范 围
[signed] short [int]	2	-32768～32767
[signed] int	4	-2147483648～2147483647
[signed] long [int]	4	-2147483648～2147483647
unsigned short [int]	2	0～65535
unsigned [int]	4	0～4294967295
unsigned long [int]	4	0～4294967295

变量的说明，即变量的定义，一般形式为

类型说明符　变量名标识符 1，变量名标识符 2，…；

例如：

```
int a,b,c;            /* a,b,c 为整型变量*/
```

```
long m,n;           /* m,n 为长整型变量*/
unsigned p,q;       /* p,q 为无符号整型变量*/
```

在书写变量说明时，应注意以下几点：

（1）允许在一个类型说明符后，说明多个相同类型的变量。各变量名之间用逗号间隔。类型说明符与变量名之间至少用一个空格间隔。

（2）最后一个变量名之后必须以“；”号结尾。

（3）变量说明必须放在变量使用之前，一般放在函数体的开头部分。

另外，也可在说明变量为整型的同时，给出变量的初值。其格式为

类型说明符 变量名标识符 1=初值 1，变量名标识符 2=初值 2，…;

通常若有初值时，往往采用这种方法，例 2-5 就是用了这种方法。

【例 2-5】 给变量赋初值。

```
#include<stdio.h>
int main(int argc,char *argv[])
{
   int a=3,b=5;
   printf("a+b=%d\n",a+b);
   return 0;
}
```

程序也可改为

```
#include<stdio.h>
int main(int argc,char *argv[])
{
   int a,b;
   a=3; b=5;
   printf("a+b=%d\n",a+b);
   return 0;
}
```

程序的运行结果如下：

```
a+b=8
```

2.6 实型数据

2.6.1 实型常量

实型也称为浮点型。实型常量也称为实数或者浮点数。在 C 语言中，实数只采用十进制。它有两种形式，即十进制数形式和指数形式。

1. 十进制数形式

由数码 0～9 和小数点组成。例如，0.0、.25、5.789、0.13、5.0、300.、−267.8230 等

均为合法的实数。

2．指数形式

由十进制数加阶码标志 e 或 E 以及阶码（只能为整数，可以带符号）组成。其一般形式为 a E n（a 为十进制数，n 为十进制整数），其值为 $a*10^{n}$，如 2.1E5（等于 2.1×10^{5}）、3.7E−2（等于 3.7×10^{-2}），−2.8E×2（等于-2.8×10^{2}）。

以下不是合法的实数：

345（无小数点），E7（阶码标志 E 之前无数字），−5（无阶码标志），53.−E3（负号位置不对），2.7E（无阶码）。

标准 C 允许浮点数使用后缀，分为单精度（float）、双精度（double）和长双精度（long double）3 类实型常量。默认情况下，都为 double 型，假如要定义 float 型常量，则必须在实数后加 f（F）。表示 long double 则必须在实数后加 l（L），例如 1.5f、5.6e4f、8.65e−3、9.78L。

通常 float 型占 4 字节，提供 7 位有效数字；double 型占 8 字节，提供 15~16 位有效数字；long double 型占 10 字节，提供 19 位有效数字。

2.6.2 实型变量

实型变量分为单精度型和双精度型两类。

1．单精度型

类型说明符为 float，在 Dev-C++中单精度型占 4 字节内存空间，其数值范围为−3.4E+38～3.4E+38，只能提供 7 位有效数字。

2．双精度型

类型说明符为 double，在 Dev-C++中双精度型占 8 字节内存空间，其数值范围为−1.7E+308～1.7E+308，可提供 15～16 位有效数字。

实型变量说明的格式和书写规则与整型相同。

例如：

```
float m,n;            /*m,n 为单精度实型变量*/
double a,b,c;         /*a,b,c 为双精度实型变量*/
```

也可在说明变量为实型的同时，给出变量的初值。

例如：

```
float m=3.2, n=5.3;              /* m,n 为单精度实型变量，且有初值 */
double a=0.2, b=1.3, c=5.1;      /* a,b,c 为双精度实型变量，且有初值*/
```

注意，实型常量都按双精度数处理，而一个实型常量可以赋给一个 float 或 double 型变量，根据变量的类型截取实型常量中相应的有效位数字。

例 2-6 说明了 float 和 double 的不同。

【例 2-6】 float 类型与 double 类型的精度。

```
#include<stdio.h>
int main(int argc,char *argv[])
{
      float a;
      double b;
      a=55555.55555;
      b=55555.5555555555555;
      printf("a=%f\nb=%f\n",a,b);      /* 用格式化输出函数输出 a 和 b 的值 */
      return 0;
}
```

程序运行结果如下：

```
a=55555.554688
b=55555.555556
```

本例中，由于 a 是单精度浮点型，有效位数只有 7 位。而整数已占 5 位，故小数 2 位后均不能准确存储。b 是双精度型，有效位为 15 位，但规定小数后最多保留 6 位，其余部分四舍五入。

注意，实型常量默认为 double 型，当把一个实型常量赋值给一个 float 型变量时，系统会截取对应的有效位数。

【例 2-7】 float 类型的精度。

```
#include<stdio.h>
int main(int argc,char *argv[])
{
    float m;
    m=6666.666666;
    printf("%f\n",m);
    return 0;
}
```

运行结果为

```
6666.666504
```

由于 float 型变量只能接收 7 位有效数字，因此最后 3 位小数不能准确存储。如果将 m 定义为 double 型，则能全部接收上述 10 位数字并存储在变量 m 中。

2.7 各种数值型数据间的混合运算

整型、单精度型、双精度型数据可以混合运算。前已述及，字符型数据可以和整型数据通用，因此，整型、实型（包括单、双精度）、字符型数据间可以混合运算。例如，8+8.5−'a'是合法的。

在进行运算时，不同类型的数据要转换成同一类型，然后进行运算。这种运算是由系统自动完成的，因此称为自动转换。

自动转换发生在不同类型的数据混合运算时，由编译系统自动完成。自动转换遵循以下规则：

（1）若参与运算量的类型不同，则先转换成同一类型，然后进行运算。

（2）转换按数据长度增加的方向进行，以保证精度不降低，如 int 型和 long 型运算时，先把 int 量转换成 long 型后再进行运算。

（3）所有的浮点数运算都是以双精度进行的，即使仅含 float 单精度量运算的表达式，也要先转换成 double 型，再作运算。

（4）char 型和 short 型参与运算时，必须先转换成 int 型。

（5）在赋值运算中，赋值号两边量的数据类型不同时，赋值号右边量的类型将转换为左边量的类型。如果右边量的数据类型长度比左边长，则将丢失一部分数据，这样会降低精度，丢失的部分按四舍五入向前舍入。

图 2-3 所示为类型自动转换的规则。图中横向向左的箭头表示必定发生的转换，如字符型数据必先转换成整型，单精度数据必先转换成双精度数据。

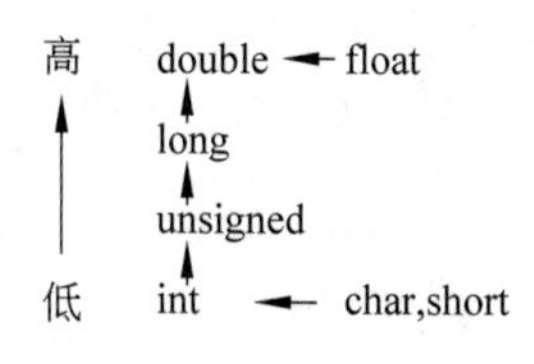

图 2-3　类型转换方向

图 2-3 中纵向的箭头表示当运算对象为不同类型时转换的方向。例如，整型与双精度型数据进行运算，先将整型数据转换成双精度型数据，然后在两个同类型数据（双精度）间进行运算，结果为双精度型。注意箭头方向只表示数据类型级别的高低，由低向高转换。不要理解为整型先转换成无符号型，再转换成长整型，最后转换成双精度型。一个整型数据与一个双精度型数据运算时，编译系统直接将整型转换成双精度型再进行计算。同理，一个整型数据与一个长整型数据进行运算时，编译系统先将整型数据转换成长整型数据再进行计算。

换言之，如果有一个数据是单精度型或双精度型，则另一数据要先转换成双精度型，结果为双精度型。如果两个数据中最高级别为长整型，则另一数据转换成长整型，结果为长整型。其他以此类推。

2.8　枚举类型

在实际问题中，有些变量的取值被限定在一个有限的范围内。例如，一个星期内只有 7 天，一年只有 12 个月，性别只有男和女。如果把这些量说明为整型、字符型或其他类型显然是不妥的。为此，C 语言提供了一种称为“枚举”的数据类型。在枚举类型的定义中列举出所有可能的取值，被说明为该枚举类型的变量取值不能超过定义的范围。应该说明的是，枚举类型是一种基本数据类型，而不是一种构造类型，因为它不能再分解为任何基本类型。

2.8.1 枚举类型的定义和枚举变量的说明

1. 枚举类型的定义

枚举类型定义的一般形式如下：

```
enum 枚举名{ 枚举值表 };
```

在枚举值表中应罗列出所有可用值，这些值也称为枚举元素。例如：

```
enum weekday{ sun,mon,tue,wed,thu,fri,sat };
```

该枚举名为 weekday，枚举值共有 7 个，即一周中的 7 天。凡被说明为 weekday 类型的变量只能取值 7 天中的某一天。

2. 枚举变量的说明

枚举变量也要先定义后使用。如有 weekday 类型的变量 a、b、c，可采用下述任意一种方式进行说明：

```
enum weekday{ sun, mon,tue,wed,thu,fri,sat };
enum weekday a,b,c;
```

或为

```
enum weekday{ sun, mon,tue,wed,thu,fri,sat }a,b,c;
```

或为

```
enum { sun, mon,tue,wed,thu,fri,sat }a,b,c;
```

2.8.2 枚举类型变量的赋值和使用

枚举类型在使用中有以下规定：

（1）枚举元素本身由系统定义了一个表示序号的数值，从 0 开始顺序定义为 0，1，2，…。例如，在枚举 weekday 中，sun 的值为 0，mon 的值为 1，…，sat 的值为 6。

（2）枚举值是常量，不是变量。不能在程序中用赋值语句再对它赋值。例如，对 weekday 的元素再作以下赋值：

```
sun=5;
mon=2;
sun=mon;
```

都是错误的。

【例 2-8】 枚举类型变量的定义和使用。

```
#include<stdio.h>
```

```
int main(int argc,char *argv[])
{
  enum weekday {sun,mon,tue,wed,thu,fri,sat } a,b,c;
  a=sun;
  b=mon;
  c=tue;
  printf("%d,%d,%d",a,b,c);
  return 0;
}
```

运行结果为

```
0, 1, 2
```

说明：只能把枚举值赋予枚举变量，不能把元素的数值直接赋予枚举变量。

例如：

```
a=sum;
b=mon;
```

是正确的。而

```
a=0;
b=1;
```

是错误的。因为 a 和 b 不是整型变量，而是枚举类型变量。

如果一定要把数值赋予枚举变量，则必须用强制类型转换。

例如：

```
a=(enum weekday)2;
```

其意义是将顺序号为 2 的枚举元素赋予枚举变量 a，相当于

```
a=tue;
```

应该说明的是，枚举元素不是字符常量也不是字符串常量，使用时不要加单、双引号。

2.9 小结

本章主要介绍了以下内容：

（1）C 语言的字符集包括大小写英文字母、数字字符、一些特别符号和空白符。

（2）C 语言的标识符可以分成三种：关键字、预定义标识符和用户自定义标识符。用户自定义标识符需要以字母或下画线开头，后面可以接字母、数字或下画线，不能使用关键字。

（3）在程序执行过程中，其值不发生改变的量称为常量。在程序执行过程中，取值可以发生变化的量称为变量。

（4）C 语言的数据类型可以分为基本类型、构造类型、指针类型和空类型四类。其中，基本类型包括字符型、整型、实型和枚举型；构造类型包括数组、结构体和共用体。

（5）用单引号括起来的一个字符是字符型数据，用双引号括起来的一串字符是字符串，字符串以“\0”作为结束标志。

（6）整型数据包括整型常量和整型变量。整型常量就是整常数，在 C 语言中，使用的整常数有八进制、十六进制和十进制三种。整型变量可分为基本整型、短整型和长整型三种，结合无符号型说明符，就又产生三种对应的无符号整型数据，即无符号整型、无符号短整型和无符号长整型，分别对应不同范围内的整数。

（7）实型也称为浮点型。实型常量也称为实数或者浮点数。实型变量分为单精度型和双精度型，运算时都按照双精度型数据进行计算。

（8）不同基本类型的数据之间可以进行相互运算，但是必须统一成相同类型的数据进行运算。转换按数据长度增加的方向进行。

（9）在实际问题中，有些变量的取值被限定在一个有限的范围内，则可以把这种类型的变量定义为枚举类型，在枚举类型的定义中列举出所有可能的取值（这些取值是常量），该类型的变量可以取这些取值中的某个数据。

习题 2

1. 填空题

（1）设 char c='A'，则语句“printf("%c",c+3);”的结果是________。

（2）若有语句：

```
char w;
int a;
float y;
double z;
```

则表达式 w*x+z−y 的结果类型为________。

2. 判断题

下列哪些符号是 C 语言合法的标识符？如不是，指明原因。

sum　aver　M.D.John　$abc　mon　_above　a>b　shoort　int　1_abc

3. 选择题

（1）若有以下定义：

```
char   a;    int   b;
float  c;    double  d;
```

则表达式 a*b+d－c 值的类型为（　　）。

A．float　　B．int　　C．char　　D．double

（2）以下选项中，（　　）是不正确的 C 语言字符型常量。

A．'a'　　B．'\x41'　　C．'\101'　　D．"a"

（3）在 C 语言中，字符型数据在计算机内存中，以字符的（　　）形式存储。

A．原码　　B．反码　　C．ASCII 码　　D．BCD 码

（4）字符串"ABC"在内存占用的字节数是（　　）。

A．3　　B．4　　C．6　　D．8

第3章 运算符和表达式

C 语言中运算符和表达式数量之多，在高级语言中是少见的。正是丰富的运算符和表达式使 C 语言的功能非常强大，这也是 C 语言的主要特点之一。

C 语言的运算符可分为算术运算符、关系运算符、逻辑运算符、位运算符、赋值运算符以及特殊运算符等。

表达式由运算符和操作数构成，操作数可以是常量、变量、函数调用或是它们的组合。由不同运算符构成对应的表达式，例如由算术运算符和操作数构成算术表达式，由关系运算符和操作数构成关系表达式等。不同的表达式进行不同的运算，有各自不同的规则和作用。

在表达式中，根据运算符的优先级和结合性确定运算顺序。优先级高的先运算，优先级低的后运算。对于优先级相同的运算符要看其结合性，以确定自左向右进行运算还是自右向左进行运算。

3.1 算术运算符和算术表达式

3.1.1 算术运算符

算术运算符用来进行算术运算，包括+、-、*、/、%，分别执行加、减、乘、除和求余操作。

（1）加法运算符+。加法运算符为双目运算符（这里的目指操作数，单目就是一个操作数，双目就是两个操作数，三目就是三个操作数），如 a+b、4+8 等。它具有左结合性即自左向右运算。+号也可以作为正值运算符，代表一个数是正数，此时为单目运算符，如+2、+9 等，当+号为单目运算符时具有右结合性即自右向左运算。

（2）减法运算符-。减法运算符为双目运算符，可以用来计算两个值的差，此时具有左结合性。－也可作负值运算符，此时为单目运算符，如-x、-5 等具有右结合性。

（3）乘法运算符*。乘法运算符是双目运算符，具有左结合性。

（4）除法运算符/。除法运算符是双目运算符，具有左结合性。

注意，相同类型的数据进行四则运算时，结果与运算数的类型相同。不同类型的数据进行四则运算时，按照 2.7 节中所讲的不同类型的数据进行运算的转换规则进行计算。

【例 3-1】 算术运算符的使用。

```
#include<stdio.h>
int main(int argc,char *argv[])
{
   printf("%d,%d\n",20/7,-20/7);         //整数常量相除的结果为整数
   printf("%f,%f\n",20.0/7,-20.0/7);     //整数与实数相除结果为double类型的实数
   return 0;
}
```

运行结果如下：

```
2, −2
2.857143, −2.857143
```

本例中，20/7 和−20/7 的结果均为整型数据，小数部分全部舍去。20.0/7 和−20.0/7 由于有实数参与运算，因此结果也为实型。

（5）求余运算符（模运算符）%。求余运算符是双目运算符，具有左结合性。该运算符要求参与运算的操作数均为整型，其结果等于两个整数相除后剩余的余数。

【例 3-2】 求余运算符的使用。

```
#include<stdio.h>
int main(int argc,char *argv[])
{
    printf("%d,%d\n",3/2,3%2);
    printf("%d,%d\n",2/2,2%2);
    printf("%d,%d\n",1/2,1%2);
    printf("%d,%d\n",0/2,0%2);
    printf("%d,%d\n",-1/2,-1%2);
    printf("%d,%d\n",-2/2,-2%2);
    printf("%d,%d\n",-3/2,-3%2);
    return 0;
}
```

运行结果如下：

```
1,1
1,0
0,1
0,0
0,-1
-1,0
-1,-1
```

由于被除数=商×除数+余数，因此余数=被除数−商×除数，同时余数的符号由被除数的符号决定。

3.1.2 算术运算符的优先级和结合性

1. 优先级

*、/、%的优先级别相同，高于+、-；+、-优先级相同；同一优先级的运算符同时出现时按从左到右顺序计算（左结合性）。

当+、-为单目运算符时（正号、负号）按从右到左的顺序进行计算（右结合性，即先计算表达式的值，再给表达式加上正号或者负号），优先级要高于*、/、%。

因为括号的优先级更高，因此要改变运算顺序只要加括号就可以了。括号全部为圆括号，必须注意括号的配对。算术运算符同括号结合的优先级如图 3-1 所示。

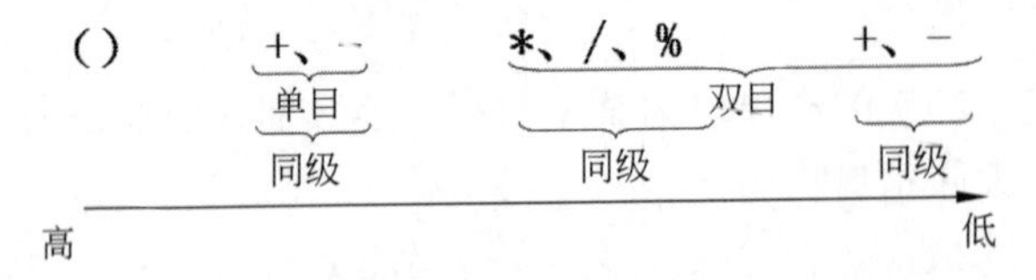

图 3-1　算术运算符同括号结合的优先级

例如，计算 3+8%－3－2，注意－3 中的－为单目运算符，表示 3 是负的；然后计算 8%－3 即 8 除以－3 取余，结果为 2；再计算 3+2－2，按从左到右的顺序计算结果为 3。

2. 结合性

结合性是指当一个操作数两侧的运算符具有相同的优先级时，该操作数是先与左边的运算符结合，还是先与右边的运算符结合。

自左至右的结合方向称为左结合性；反之，称为右结合性。

除单目运算符、赋值运算符和条件运算符（三目运算符）采用右结合性外，其他运算符均采用左结合性。

在算术运算符中，只有单目运算符+和－的结合性是右结合（从右到左），其他运算符的结合性都是左结合（从左到右）。

3.1.3 算术表达式

用算术运算符和一对圆括号将操作数连接起来的、符合 C 语言语法规范的表达式称为算术表达式。操作数可以是变量、常量或函数等。

例如：

```
3 + pow(7, 3) / d, 3 + 6 * 9,(x + y) / 2-1
```

在表达式中，在双目运算符的左右两侧各加一个空格，可以增强程序的可读性。

在计算机语言中，对于表达式求值，就是按照表达式中各运算符的运算规则和优先级来获取运算结果的过程。算术表达式的运算规则和要求如下：

（1）在算术表达式中，可以使用多层圆括号，但左右括号必须配对。运算时从内层圆括号开始，由内向外计算表达式的值。

（2）按运算符的优先级次序执行。即先乘除后加减，如果有圆括号，则先计算括号。

（3）如果一个运算对象两侧运算符的优先级相同，则按 C 语言规定的结合性进行。

【例 3-3】 求表达式 15 / (8 % (2 + 1))* 6 +8 – 5 的值。

求值顺序如下：

```
15  / (8  % (2 + 1)) *  6 + 8 - 5
15  / (8  %   3 ) *  6 + 8 - 5
15  /  2  *  6 + 8 - 5
7  * 6  + 8 - 5
42 + 8  - 5
50 - 5
45
```

3.2 关系运算符和关系表达式

3.2.1 关系运算符

在程序中经常需要比较两个量的大小关系，以决定程序的下一步工作。比较两个量的运算符称为关系运算符。在 C 语言中有以下关系运算符：

< 小于

<= 小于或等于

> 大于

>= 大于或等于

== 等于

!= 不等于

关系运算符都是双目运算符，因此都采用左结合性。关系运算符的优先级低于算术运算符，高于赋值运算符。在 6 个关系运算符中，<、<=、>、>=的优先级相同，高于==和!=，==和!=的优先级相同。

3.2.2 关系表达式

关系表达式的一般形式如下：

表达式 关系运算符 表达式

例如，a+b>c−d，x>3/2，'a'+1<c，−i−5*j==k+1 都是合法的关系表达式。

关系表达式也允许出现嵌套的情况，如 a>(b>c)，a!=(c==d)等。

注意，关系表达式的结果是“真”和“假”，是布尔类型的值，但是 C 语言中没有布尔类型数据，因此 C 语言使用 1 和 0 表示结果的“真”和“假”。而关系运算符两边的操作数可以是任意类型的合法数据，只要这两个数据可以比较即可。

例如，5>0 的结果为“真”，因此该表达式的值为 1；3>5 的结果为“假”，因此该表达式的值为 0。

【例 3-4】 关系运算符的使用。

```
#include<stdio.h>
int main(int argc,char *argv[])
{
    if('A'==65) printf("结果成立\n");         //判断相等用两个等号
    else printf("结果不成立\n");
    if(1=='B'>65)  printf("结果成立\n");      //>的优先级高于==，因此先计算>
    else printf("结果不成立\n");
    if(3>2>1) printf("结果成立\n");           //两个>的优先级相同,因此从前向后算
    else printf("结果不成立\n");      //先计算 3>2, 结果为 1, 再计算 1>1,结果为 0
    return 0;
}
```

注意，不同的运算符在一起运算时一定要根据优先级和结合性的顺序进行计算。

3.3 逻辑运算符和逻辑表达式

3.3.1 逻辑运算符

C 语言中提供了三种逻辑运算符，优先级从高到低为

! 非运算　　&&与运算　　|| 或运算

与运算符&&和或运算符||均为双目运算符，具有左结合性。非运算符!为单目运算符，具有右结合性。例如，a>b&&c>d 等价于(a>b) && (c>d)；!b==c||d<a 等价于((!b)==c)||(d<a)；a+b>c &&x+y<b 等价于((a+b)>c) && ((x+y)<b)。

因此例 3-4 中若想表示 2<3 且 2>1 可以表示为（2<3）&&（2>1），同样表示成绩 score 在 [0,100]上可以表示为 score>=0 && score<=100。

与前面两种运算符的优先级关系如下：

!→算术运算符→关系运算符→&&→||

在关系运算符和逻辑运算符组成的表达式中，也可以用圆括号来改变运算的优先顺序。

逻辑运算的结果也为“真”和“假”两种，用 1 和 0 来表示。其求值规则如下：

（1）与运算&&参与运算的两个量都为真时，结果才为真，否则为假。例如，5>0 && 4>2，由于 5>0 为真，4>2 也为真，因此相与的结果也为真，其值为 1。

（2）或运算||参与运算的两个量只要有一个为真，结果就为真。两个量都为假时，结果为假。例如，5>0||5>8，由于 5>0 为真，相或的结果也就为真。

（3）非运算!后面的运算量为真时，结果为假；后面的运算量为假时，结果为真。例如，!(5>0)的结果为假，其值为 0。

逻辑运算符的操作数可以是任意类型的值，其中 0 表示“假”，所有非 0 的数值均表

示“真”。逻辑运算的结果以 1 代表“真”，以 0 代表“假”。例如，由于 5 和 3 均为非 0，因此 5&&3 的值为“真”，即为 1。又如，5||0 的值为“真”，即为 1。

3.3.2　逻辑表达式

逻辑运算符加上操作数就构成了逻辑表达式，使用时要注意以下几点：

（1）逻辑运算符的优先级都低于算术运算符和关系运算符（逻辑非!除外）。例如，10>1+12&&5>4 等价于(10>(1+12))&&(5>4)，其结果当然是假（即 0）。

（2）在逻辑运算符组成的表达式中，也可以像算术表达式一样，用圆括号来改变运算的优先次序。

（3）进行 a||b 运算时，当 a 为真时则不再求 b 的值，因为 a 为真则 a||b 的值一定为真，与 b 无关，因此不再求 b 的值。

（4）进行 a&&b 运算时，当 a 为假时则不再求 b 的值，因为 a 为假则 a&&b 的值一定为假，与 b 无关，因此不再求 b 的值。

3.4　赋值运算符和赋值表达式

3.4.1　赋值运算符和表达式

一个等号=构成赋值运算符，它的作用是将一个表达式的值赋给一个变量。

用赋值运算符连接起来的式子称为赋值表达式。

赋值运算符的一般形式如下：

```
变量 = 赋值表达式
```

功能：先计算赋值符右边表达式的值，然后将该值赋给赋值号左边的变量，即存入由赋值号左边的变量所代表的存储单元中。整个赋值表达式的值为右边表达式的值。

例如：

```
x = 8
y = (float)7 / 3
```

注意：

（1）赋值号的左边必须是变量，不能是常量或者表达式，这是因为右边表达式的结果要存储在左边变量所在的存储单元中，而常量或表达式并不对应存储单元，因此无法存储右边表达式的值。

例如：

```
a+b=9          不合法
9=a+b          不合法
a=b=7+8        合法，变量 a 和 b 的值都是 15
```

（2）在所有的 C 语言运算符中，赋值运算符的优先级只高于逗号运算符，结合性为自右至左。

例如表达式 a=b=7+8，按照运算符的优先级，先计算 7+8 的值为 15；按照赋值运算符自右至左的结合性，先将 15 赋给变量 b，然后再把变量 b 的值赋给变量 a。

（3）赋值号 = 是一个运算符，x = 8 是一个表达式，而表达式应该有一个值，C 语言规定最左边变量所得到的值就是赋值表达式的值。

（4）在赋值表达式后面加上分号，就构成了赋值语句，赋值语句是 C 程序中常见的语句。

x＝8 是一个赋值表达式，而“x＝8;”是一条赋值语句。

【例 3-5】 ==与=的区别。

```
#include<stdio.h>
int main(int argc,char *argv[])
{   int a=0;
    if(a==0) printf("%d\n",a);  //0
    if(a=1) printf("%d\n",a);   //1
    return 0;
}
```

第一个 if 语句中的 a==0 中的两个等号是关系运算符，用来判断 a 是否等于 0，此时成立，因此运行结果为 0。

第二个 if 语句中的 a=1 中的一个等号是赋值运算符，用来将 1 赋值给 a，因此运行结果为 1。

注意：初学者经常将关系运算符==写成=，这是一个常见的错误。

3.4.2 复合赋值表达式

1. 复合赋值运算符

在赋值运算符之前加上其他运算符就可以构成复合赋值运算符。C 语言规定的 10 种复合赋值运算符如下：

+=，－=，*=， /=，%=，这 5 个是复合算术运算符。

&=，^=，|=，<<=，>>=，这 5 个是复合位运算符，详见 3.8 节。

2. 复合算术运算符的运算规则

复合算术运算符的运算规则为先计算复合赋值运算符右边表达式的值，然后再使用复合赋值号左边变量和表达式的值进行双目运算，最后得出的结果赋值给左边的变量。各运算符运算规则如表 3-1 所示。

3. 复合赋值表达式

用复合赋值运算符连接起来的式子称为复合赋值表达式。

复合赋值表达式的一般格式如下：

变量　复合赋值运算符　表达式

表 3-1　复合赋值运算符的运算规则

运　算　符	名　　称	例　　子	等　价　于	结　合　性
+=	加赋值	a+=b	a=a+(b)	自右至左
—=	减赋值	a—=b	a=a—(b)	
*=	乘赋值	a*=b	a=a*(b)	
/=	除赋值	a/=b	a=a/(b)	
%=	求余赋值	a%=b	a=a%(b)	

它等价于

变量 = 变量　运算符 (表达式)

注意：当表达式为简单表达式时，表达式外的一对圆括号才可缺省，否则可能出错。例如，x += 5 等价于 x = x+5，而 y *= x + 5 等价于 y = y*(x+5)，而不是 y = y*x+5。

3.5　自加、自减运算符

自加、自减运算符（增量运算符）的作用是使变量的值增加或减少 1。自加运算符记为++，其功能是使变量的值增 1。自减运算符记为--，其功能是使变量值减 1。自加、自减运算符均为单目运算符，都具有右结合性。自加、自减运算符可以放在运算对象的前面也可以放在后面，放在前面称为前置运算符，放在后面称为后置运算符。前置运算符先使变量的值增（或减）1，然后再以变化后的值参与其他运算，即先增减、后运算。后置运算规则为变量先参与其他运算，然后再使变量的值增（或减）1，即先运算、后增减。其表达式与变量变化的规则如表 3-2 所示。

表 3-2　自加、自减运算符的运算规则

原始变量 i 的值	运　　算	表达式的值	运算后变量 i 的值
3	i++;	i++的值为 3	4
3	++i;	++i 的值为 4	4
3	i--;	i--的值为 3	2
3	--i;	--i 的值为 2	2

在理解和使用自加、自减运算符的时候很容易出错。特别是当它们出现在较复杂的表达式或语句中时，常常难以弄清，因此应仔细分析。

【例 3-6】 增量运算符的使用。

```
#include<stdio.h>
int main(int argc,char *argv[])
{
    int i=3;
    printf("%d,%d\n",++i,i);
    i=3;
    printf("%d,%d\n",i++,i);
```

```
    i=3;
    printf("%d,%d\n",--i,i);
    i=3;
    printf("%d,%d\n",i--,i);
    return 0;
}
```

运算结果如下：

```
4,4
3,4
2,2
3,2
```

【例 3-7】 增量运算符的使用。

```
#include<stdio.h>
int main(int argc,char *argv[])
{
    int i=3;
    printf("%d,%d\n",++i,i);
    printf("%d,%d\n",i++,i);
    printf("%d,%d\n",--i,i);
    printf("%d,%d\n",i--,i);
    return 0;
}
```

运算结果如下：

```
4,4
4,5
4,4
4,3
```

注意：

（1）自增运算符和自减运算符只能作用于变量，而不能作用于常量和表达式，如 6++、(x-y)--都是不合法的。这是因为增量运算符本质上也是赋值运算，因此同赋值运算符左边必须是变量的原理相同。

（2）++和--结合方向是“自右至左”的，而其他算术运算符的结合方向是“自左至右”的。

（3）自增运算符（++）和自减运算符（--）常用于数组下标改变和循环次数的控制。

（4）不要在一个表达式中对同一个变量进行多次自加、自减运算。例如，写成 a++*--a+a--/++a，这种表达式不仅可读性差，而且不同的编译系统对这样的表达式将有不同的解释，进行不同的处理，因此所得到的结果也是各不相同的。又如表达式 i+++++j 在编译时是无法通过的，应写成（i++）+（++j）。

C 语言中有的运算符是由一个字符构成的，有的是由两个字符组成的，C 编译器处理这种表达式时会尽可能地自左向右进行处理（在处理标识符、关键字时也按照同样的原则处理），例如 i+++j 会被解释为（i++）+j。

3.6 逗号运算符和逗号表达式

C 语言中逗号“,”也是一种运算符，称为逗号运算符。其功能是把两个表达式连接起来组成一个表达式，称为逗号表达式。

其一般形式如下：

表达式 1，表达式 2,…，表达式 n

其求值过程是从前向后求这 n 个表达式的值，然后以表达式 n 的值作为整个逗号表达式的值。

【例 3-8】 逗号运算符的使用。

```
#include<stdio.h>
int main(int argc,char *argv[])
{
   int a=2,b=4,c=6,x,y;
   y=(x=a+b, b+c);
   printf("y=%d,x=%d\n",y,x);
   return 0;
}
```

运行结果为

```
y=10, x=6
```

在此例中 y 等于整个逗号表达式的值，也就是等于表达式 b+c 的值。若改为

```
y=(x=a+b),(b+c);
```

则运行结果为

```
y=6, x=6
```

程序先计算 x=a+b，结果为 6，然后 y=x 即 y 的值为 6。本例中，x 是第一个表达式的值；由于赋值符号“=”优先级别高于逗号运算符，因此 y 等于 x 的值。

对于逗号表达式还要说明几点：

（1）逗号表达式一般形式中的表达式 1、表达式 2 等也可以又是一个逗号表达式。例如，表达式 1,（表达式 2，表达式 3），这就形成了逗号表达式的嵌套。因此可以把逗号表达式扩展为以下形式：表达式 1，表达式 2，…，表达式 n。整个逗号表达式的值等于表达式 n 的值。

（2）程序中使用逗号表达式，通常是要分别求逗号表达式内各表达式的值，而并不一定求解整个逗号表达式的值。

（3）并不是在所有出现逗号的地方都组成逗号表达式，如在变量说明中，函数参数表中逗号只是用作各变量之间的间隔符。

（4）逗号运算符的结合性是从左到右，因此逗号表达式将从左到右进行运算。

（5）在所有运算符中，逗号运算符的优先级最低。

3.7 条件运算符和条件表达式

3.7.1 条件运算符和表达式

条件运算符是 C 语言中唯一一个具有三个操作数的运算符（三目运算符），它的一般形式为

表达式 1 ?表达式 2：表达式 3

其运算规则如下：先求解表达式 1 的值，如果值为真（非零），则求解表达式 2 的值，并把它作为整个表达式的结果；如表达式 1 的值为假（零），则求解表达式 3 的值，并把它作为整个表达式的结果。

例如：

```
x>y?x:y
```

在这个表达式中有两个运算符，一个是大于运算符，另一个是条件运算符。因为大于运算符的优先级高于条件运算符，因此先计算 x>y 是否成立，若成立则结果是 x，若不成立则结果是 y。

注意：

（1）在整个条件表达式中，表达式 1 一般是关系表达式，表达式 2 和表达式 3 可以是任意表达式，当然也可以是条件表达式。

例如：

```
x >0?1:x<0?-1:0
```

由于条件表达式的结合性是从右至左，因此上述表达式相当于 x >0?1: (x<0? - 1:0)。

（2）在程序中，常将条件表达式的结果赋值给一个变量。

例如：

```
int a,b,max;
scanf("%d%d",&a,&b);
max=(a>b)?a:b;
```

该程序用来将 a 和 b 的最大值赋值给变量 max。

3.7.2 条件运算符的优先级和结合性

条件运算符的结合性为“从右到左”（即右结合性）。条件运算符的优先级高于赋值运算符，但是低于逻辑运算符、关系运算符、算术运算符。

例如：

```
m = n >15 ? 1:0
```

在这个表达式中，先计算 n>15 是否成立，若成立则条件表达式的值为 1，若不成立则条件表达式的值为 0，最后将条件表达式的结果赋值给变量 m。

3.8 位运算符和位运算表达式

3.8.1 位运算符

位运算符的作用是按位（二进制位）对变量进行运算，但是并不改变参与运算的变量的值。如果要求按位改变变量的值，则要利用相应的赋值运算。另外，位运算符不能用来对浮点型数据进行操作。C 语言中共有 6 种位运算符，分别是~、<<、>>、&、^、|。位运算一般的表达形式如下：

变量 1　位运算符　变量 2

位运算符有不同的优先级，从高到低依次是：~（按位取反）→<<（左移）、>>（右移）→&（按位与）→^（按位异或）→|（按位或）。位运算是指按照二进制位进行的运算。

表 3-3 是位运算符按位取反、与、或和异或的逻辑真值表，X、Y 分别表示两个变量。

表 3-3　位运算符真值表

X	Y	～X	～Y	X&Y	X^Y	X|Y
0	0	1	1	0	0	0
0	1	1	0	0	1	1
1	0	0	1	0	1	1
1	1	0	0	1	0	1

~运算符是单目运算符，结合性为自右至左；其他位运算符都是双目运算符，结合性为自左至右。位运算符也可以与赋值运算符一起构成复合位运算符。就是在赋值运算符=的前面加上其他运算符。

以下是 C 语言中的复合位运算符：

（1）<<=（左移位赋值）；

（2）>>=（右移位赋值）；

（3）&=（逻辑与赋值）；

（4）^=（逻辑异或赋值）；

（5）|=（逻辑或赋值）。

复合位运算符的运算规则与复合算术运算符的运算规则相似。复合位运算符的运算规则如表 3-4 所示。

表 3-4　复合位运算符的运算规则

运 算 符	名　称	例　子	等 价 于	结 合 性
<<=	左移赋值	a<<=3	a=a<<(3)	自右至左
>>=	右移赋值	a>>=n	a=a>>(n)	
&=	按位与赋值	a&=b	a=a&(b)	
^=	按位异或赋值	a^=b	a=a^(b)	
|=	按位或赋值	a|=b	a=a|(b)	

很明显采用复合赋值运算符会降低程序的可读性，但这样却可以使程序代码简单化，并能提高编译的效率。对于 C 语言的初学者在编程时最好还是根据自己的理解和习惯去使用程序表达的方式，不要一味追求程序代码的短小。

3.8.2　位运算符的运算功能

1．按位与——&

按位与是指参加运算的两个数据，按二进制位进行“与”运算。如果两个相应的二进制位都为 1，则该位的结果值为 1；否则为 0。

例如：3&5

```
   00000011
&  00000101
   00000001
```

由此可知 3&5=1。

按位与的用途如下。

（1）清零。若想对一个存储单元清零，即使其全部二进制位置 0，只要找一个二进制数，其中各个位符合以下条件：

原来的数中为 1 的位，新数中相应位为 0。然后使二者进行&运算，即可达到清零的目的。

例如，原数为 43，即 $(00101011)_2$，另找一个数，设它为 148，即 $(10010100)_2$，将两者按位与运算：

```
   00101011
&  10010100
   00000000
```

当然，最简单就是将原数据与 0 进行按位与运算，即可达到将原数据清零的目的。

（2）取一个数中某些指定位。若有一个整数 a（假设占 2 字节），想要取其中的低字节，只需要将 a 与 8 个 1 按位与即可。

例如：

```
   00101100 10101100
&  00000000 11111111
   00000000 10101100
```

（3）保留指定位。

与一个数进行“按位与”运算，此数在该位取1。

例如，有一个数84，即（01010100）$_2$，想把其中从左边算起的第3、4、5、7、8位保留下来，运算如下：

```
   01010100
&  00111011
-----------
   00010000
```

2．按位或——|

两个相应的二进制位中只要有一个为 1，该位的结果就为 1。借用逻辑学中或运算的定义来说就是，一真即真。

例如，48|15，将48与15进行按位或运算。

```
   00110000
|  00001111
-----------
   00111111
```

按位或运算常用来对一个数据的某些位取值为1。例如，如果想使一个数a的低4位改为1，则只需要将a与（00001111）$_2$进行按位或运算即可。

3．按位异或——^

异或运算符^，也称 XOR 运算符。它的运算规则是若参加运算的两个二进制位相同，则结果为0，不同时则结果为1。

例如，3^5=6。

```
   00000011
^  00000101
-----------
   00000110
```

按位异或有如下3个特点：

（1）0^0=0，0^1=1，即0异或任何数其值不变；

（2）1^0=1，1^1=0，即1异或任何数该数取反；

（3）任何数异或自己相当于把自己置0。

因此异或运算符的作用如下：

（1）使某些特定的位翻转。例如，对数10100001的第6位和第7位翻转，则可以将该数与00000110进行按位异或运算。

```
10100001^00000110 = 10100111
```

（2）实现两个值的交换，而不必使用临时变量。例如，交换两个整数 a=10100001，b=00000110的值，可通过下列语句实现：

```
a = a^b;   //a=10100111
b = b^a;   //b=10100001
a = a^b;   //a=00000110
```

4. 按位取反—— ~

按位取反运算符是单目运算符，用于求整数的二进制反码，即分别将操作数各二进制位上的 1 变为 0，0 变为 1。

例如：

```
~63=-64
```

$$\frac{\sim \quad 00111111}{11000000}$$

按位取反主要用于间接地构造一个数，以增强程序的可移植性。

5. 按位左移—— <<

左移运算符是双目运算符，用来将一个数的各二进制位左移若干位，移动的位数由右操作数指定（右操作数必须是非负值），其右边空出的位用 0 填补，高位左移溢出则舍弃该高位。

例如：

```
a=a<<2
```

此示例的目的是将 a 的二进制数左移 2 位，右边空出的位补 0，左边溢出的位舍弃。若 a=15，即 $(00001111)_2$，则左移 2 位得 $(00111100)_2$。

左移 1 位相当于该数乘以 2，左移 2 位相当于该数乘以 2×2=4，15＜＜2=60，即将 15 乘以 4。但此结论只适用于该数左移时被溢出舍弃的高位中不包含 1 的情况。

假设以 1 字节（8 位）存一个整数，若 a 为无符号整型变量，则当 a 取值为十进制数 64 即二进制数 $(01000000)_2$ 时，左移一位时溢出的是 0，而左移 2 位时，溢出的高位中包含 1，从而使变量 a 的值变为 0。

6. 按位右移——>>

右移运算符为双目运算符，用来将一个数的各二进制位右移若干位，移动的位数由右操作数指定（右操作数必须是非负值），移到右端的低位被舍弃，对于无符号数，高位补 0。和左移相对应，右移时，若右端移出的部分不包含有效数字 1，则每右移一位相当于移位对象除以 2。

注意：对于无符号数，右移时左边高位移入 0；对于有符号数，如果原来符号位为 0（该数为正），则左边也是移入 0。如果符号位原来为 1（即负数），则左边移入 0 还是 1 取决于所用的计算机系统。有的系统移入 0，有的系统移入 1。移入 0 的称为“逻辑移位”，即简单移位；移入 1 的称为“算术移位”。

例如：

```
5>>2=1
5       00000101
5>>2   00000001
```

3.8.3　不同长度的数据进行位运算

如果两个数据长度不同（例如 short 型和 int 型）进行位运算时（如 a&b，而 a 为 short 型，b 为 int 型），系统会将两者按右端对齐。如果 b 为正数，则左侧补满 0。若 b 为负，则左端应补满 1。如果 b 为无符号整数型，则左端补满 0。

3.8.4　位运算举例

【例 3-9】 将两个整数进行交换。

```
#include<stdio.h>
int main(int argc,char *argv[])
{
    int  a,b;
    scanf("%d%d",&a,&b);
    a=a^b;
    b=a^b;
    a=a^b;
    printf("%d,%d\n",a,b);
    return 0;
}
```

输入：3 5↙

输出：5，3

具体过程请读者自行展开，进行验证。

位运算有很多具体的应用，这里不再进行过多讨论。

3.9　强制类型转换运算符

不同类型的数据在进行计算时会按照从短到长的格式进行自动转换，但是有时候需要的结果却是短的格式的数据，这时候就需要对数据进行强制转换。

强制类型转换是通过类型转换运算来实现的，其一般形式如下：

（类型说明符）（表达式）

其功能是把表达式的运算结果强制转换成类型说明符所表示的类型。例如，(float) a 把 a 转换为实型，(int)(x+y) 把 x+y 的结果转换为整型。

在使用强制转换时应注意以下问题：

类型说明符和表达式都必须加括号（单个变量可以不加括号），如把(int)(x+y)写成(int)x+y 则成了把 x 转换成 int 型之后再与 y 相加了。

无论是强制转换或是自动转换，都只是为了本次运算的需要而对变量的数据长度进行的临时性转换，这并不改变数据说明时对该变量定义的类型。

【例 3-10】 强制转换运算符的使用。

```
#include<stdio.h>
int main(int argc,char *argv[])
{
   float f=5.75;
   printf("(int)f=%d,f=%f\n",(int)f,f);
   return 0;
}
```

运行结果为

```
(int)f=5,f=5.750000
```

本例表明，f 虽强制转换为 int 型，但只在运算中起作用，是临时的，而 f 本身的类型并不改变。因此，(int)f 的值为 5（删去了小数），而 f 的值仍为 5.75。

3.10 优先级和结合性

C 语言中的单目运算符、赋值运算符（包括复合赋值运算符）和三目运算符都具有自右至左的结合性，其他的运算符都具有自左至右的结合性。各种运算符的优先级以及结合性如表 3-5 所示。

表 3-5 各种运算符的优先级以及结合性

优先级	运算符	含义	运算对象	结合性
最高 15	()	圆括号或函数参数表	—	自左至右
	[]	数组元素下标		
	→	指向结构体成员		
	.	结构体成员		
14	! ~	非、按位取反	单目	自右至左
	++ --	自加、自减		
	+ −	正、负		
	*	间接运算符		
	&	取址运算符		
	(类型名)	强制类型转换		
	sizeof	求所占字节数		
13	* / %	乘、除、求余	双目	自左至右
12	+ −	加、减		
11	<< >>	左移、右移		
10	< <=	小于、小于或等于		
	> >=	大于、大于或等于		
9	== !=	等于、不等于		

续表

<table>
<tr><th>优先级</th><th>运算符</th><th>含义</th><th>运算对象</th><th>结合性</th></tr>
<tr><td>8</td><td>&</td><td>按位与</td><td rowspan="5">双目</td><td rowspan="5">自左至右</td></tr>
<tr><td>7</td><td>^</td><td>按位异或</td></tr>
<tr><td>6</td><td>|</td><td>按位或</td></tr>
<tr><td>5</td><td>&&</td><td>与</td></tr>
<tr><td>4</td><td>||</td><td>或</td></tr>
<tr><td>3</td><td>?:</td><td>条件运算符</td><td>三目</td><td>自右至左</td></tr>
<tr><td rowspan="3">2</td><td>=</td><td>赋值运算符</td><td rowspan="3">—</td><td rowspan="3">自右至左</td></tr>
<tr><td>+=　-=　*=　/=　%=</td><td>复合算术运算赋值</td></tr>
<tr><td><<=　>>=　&=　^=　!=</td><td>复合位运算赋值</td></tr>
<tr><td>最低 1</td><td>,</td><td>逗号运算符</td><td>—</td><td>自左至右</td></tr>
</table>

3.11　小结

（1）C 语言的运算符非常丰富，使 C 语言的运算非常方便，这也是 C 语言的主要特点之一。

C 语言的运算符可分为算术运算符、关系运算符、逻辑运算符、位运算符、赋值运算符以及特殊运算符等。不同的运算符有不同的运算规则。

（2）由运算符和操作数构成表达式，其中操作数可以是常量、变量、函数调用或者是它们的组合。

（3）在表达式中，根据运算符的优先级和结合性确定运算顺序。优先级高的先运算，优先级低的后运算。对于优先级相同的运算符要看其结合性，以确定自左向右进行运算还是自右向左进行运算。

习题 3

1. 给出下列程序的运行结果

（1）程序如下：

```
int main(int argc,char *argv[])
{
   int a=10,b=3;
   printf("%d\n",a%b);
   printf("%d\n",a/b*b);
   printf("%d\n",-a%b);
   printf("%d\n",a-=b+++1);
   return 0 ;
}
```

（2）程序如下：

```
int main(int argc,char *argv[])
{
   int i,j,m,n;
   i=8;j=10;
   m=++i;
   n=j++;
   printf("%d,%d,%d,%d\n",i,j,m,n);
   return 0 ;
}
```

（3）程序如下：

```
int main(int argc,char *argv[])
{
    int a=0,b=1;
    a++&&b++;
    printf("%d,%d\n",a,b);
    a=1,b=0;
    a++||b++;
    printf("%d,%d\n",a,b);
    return 0 ;
}
```

2．程序设计题

（1）设长方形的高为 1.5，宽为 2.3，编程求该长方形的周长和面积。

（2）编写一个程序，将大写字母 A 转换为小写字母 a。

第4章 顺序结构

第 2 章介绍了 C 语言学习的一种规律，即符号→单词→句子→段落→文章。第 3 章介绍了 C 语言中可以使用的符号和标识符（单词）等概念，第 4～6 章主要介绍 C 语言中的句子，也就是程序设计的三种基本结构，即顺序结构、选择结构和循环结构。

如果程序中语句的出场顺序和它的执行顺序相同，就把这种程序设计结构叫作顺序结构。本章主要介绍顺序结构的基本语句：赋值语句、输入语句和输出语句。

4.1 赋值语句

在赋值表达式的末尾加上一个“;”，就构成了赋值语句。其一般形式为

变量=表达式;

赋值语句的功能和特点都与赋值表达式相同，它是程序中使用最多的语句之一。

C 语言中可由形式多样的赋值表达式构成赋值语句，用法灵活。例如，“x＝7”是赋值表达式，而“x＝7;”则是赋值语句；“m＝11，n=8”是逗号表达式，而“m＝11，n=8;”是一条赋值语句；“a=b=c=d=e=5;”也是一条赋值语句，根据赋值运算符右结合性规则，该语句等效于“e=5；d=e；c=d；b=c；a=b;”；“++i；j--;”也是赋值语句，相当于“i=i+1；j=j-1;”。

赋值语句是一种可执行语句，应当出现在函数的可执行部分。

4.2 数据输出

从内存向输出设备（如显示器、打印机等）输出数据称为“输出”，即“从内向外”。

C 语言本身不提供输入输出语句，输入和输出操作由 C 语言提供的函数来实现。在 C 标准函数库中提供了输入输出函数来实现数据的输入和输出。C 语言中的标准输出函数有 putchar（输出字符）、puts（输出字符串）、printf（格式输出）等。这些函数都包含在标准输入输出头文件 stdio.h 中，因此在程序首部一定要加上“#include<stdio.h>”命令。

4.2.1 格式输出函数 printf

【例 4-1】 输出 Hello World。

```
#include<stdio.h>
int main(int argc,char *argv[])
{   printf("Hello World!\n");
      return 0;
}
```

运行结果如图 4-1 所示。

```
Hello World!
```

图 4-1 例 4-1 的运行结果

运行结果和程序中的输出内容完全一致，这是因为 printf 是 C 语言标准库提供的输出函数，其作用是控制输出项的格式和输出一些提示信息。

1. printf 函数的格式与功能

printf 函数称为格式输出函数，是 C 语言提供的标准输出函数，最后一个字母 f 是“格式”（format）的首字母。其功能是按用户指定的格式将指定的数据输出到显示器上。

printf 函数的一般调用格式如下：

printf(“格式控制字符串”[,输出项列表])

功能：首先计算输出项列表中表达式的值，再将输出项列表中各项的值按格式控制字符串中对应的指定格式输出，其中[ ]括起来的为可选项。

如果在 printf 函数调用之后加上“;”，就构成了输出语句。

【例 4-2】 已知圆的半径 r=1.5，求圆的周长和面积。

```
#include<stdio.h>
int main(int argc,char *argv[])
{
   double r=1.5,c,a;
   //变量 r 用来表示圆的半径, c 用来表示圆的周长, a 用来表示圆的面积
   double pi=3.14;                      //变量 pi 用来表示圆周率
   c=2*pi*r;                            //求圆的周长
   a=pi*r*r;                            //求圆的面积
   printf("圆的周长为: %.2f\n",c);      //输出圆的周长
   printf("圆的面积为: %.2f\n",a);      //输出圆的周长
   return 0;
}
```

运行结果如图 4-2 所示。

```
圆的周长为: 9.42
圆的面积为: 7.06
```

图 4-2 例 4-2 的运行结果

printf 的格式控制字符串包括以下类型：

（1）格式指示符，用来说明输出数据的类型、形式、长度、小数位数等，本例中为“%.2f”。

（2）转义字符，用来表示特定的操作。本例中的“\n”就是转义字符，输出时产生一个“换行”操作。

（3）普通字符，除格式指示符和转义字符之外的其他字符。格式控制字符串中的普通字符按原样输出，本例为“圆的周长为：”和“圆的面积为：”。

2．printf 函数中常用的格式控制字符串

格式控制字符串是用双引号括起来的字符串，用来确定输出项的格式和需要原样输出的字符串。其组成形式为

[普通字符串] % [附加格式] [输出最小宽度] [.精度] [长度] 格式字符

其中[ ]中的项为可选项，下面分别介绍各项。

1）格式字符

格式字符用来表示输出数据的类型，格式字符所代表的意义如表 4-1 所示。

表 4-1　格式字符

格式字符	说　明
d 或 i	以带符号的十进制数形式输出数据（正数不输出符号）
u	以无符号十进制数形式输出数据
o	以无符号八进制数形式输出数据（不输出前导符 0）
x 或 X	以无符号十六进制数形式输出数据（不输出前导符 0x 或 0X）。用 x 输出十六进制数的 a～f 时以小写形式输出，用 X 时以大写形式输出
c	输出一个字符
s	输出一个字符串，直到遇到“\0”或输出有精度指定的字符数
f	以小数形式输出单、双精度数，默认输出六位小数
e 或 E	以标准指数形式输出单、双精度数，多数编译器对数字部分均保留六位小数。用 e 时指数以 e 表示，用 E 时指数以 E 表示，后接正号或者负号（表示正指数或者负指数），后面接 3 位指数。如 314 表示成 3.140000e+002 或者 3.140000E+002
g 或 G	系统选用%f 或%e 格式中输出宽度较短的一种格式输出，不输出无意义的 0
p	输出变量的内存地址
%	打印一个%

【例 4-3】 输出常用的格式字符。

```
#include<stdio.h>
int main(int argc,char *argv[])
{    int a=65;
    float b=31.4;
    printf("%d\n",a);
    printf("%o\n",a);
    printf("%x\n",a);
```

```
    printf("%c\n",a);
    printf("%s\n","65");
    printf("%f\n",b);
    printf("%e\n",b);
    printf("%g\n",b);
    printf("%p\n",&b);
    printf("%g%%\n",b);
    return 0;
}
```

运行结果如图 4-3 所示。其中倒数第 2 行输出的是变量 b 的内存地址。

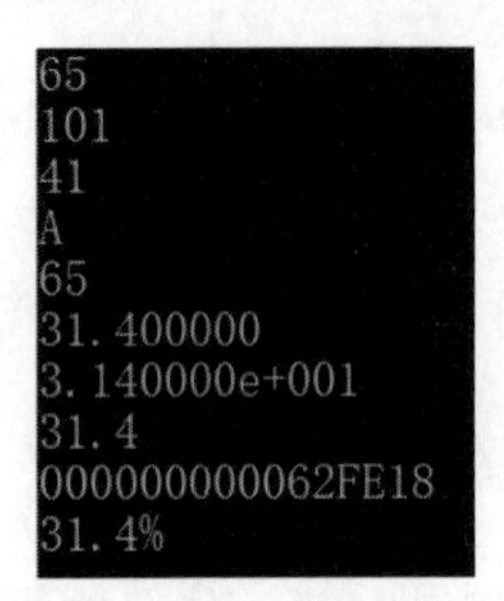

图 4-3　例 4-3 的运行结果

需要强调的是，在 C 语言中，整数可以用字符形式输出，字符数据也可以用整数形式输出。将整数用字符形式输出时，系统首先求该数与 256 的余数，然后将该余数作为 ASCII 码，再转换成相应的字符输出。

2）输出最小宽度

用十进制整数来表示输出的最少位数。若实际位数多于定义的宽度，则按实际位数输出；若无特别指明，系统默认右对齐方式，所以，当实际位数少于定义的宽度则在左边补以空格。

【例 4-4】 输出宽度的使用。

```
#include<stdio.h>
int main(int argc,char *argv[])
{
     printf("%d\n",65);
     printf("%5d\n",65);  //要求输出占 5 列,实际数据是 2 列,因此 65 左边补 3 个空格
     printf("%1d\n",65);  //要求输出数据占 1 列,实际数据是 2 列,因此按实际值输出
     return 0;
}
```

运行结果如图 4-4 所示。

图 4-4　例 4-4 的运行结果

3）附加格式

附加格式字符为+、–、#和数字 0，其意义如表 4-2 所示。

表 4-2　附加格式字符

附加格式字符	意　　义
−	在指定输出宽度的同时，指定数据左对齐，右边填空格
+	输出符号，输出值为正数时在数据前加正号，输出值为负数时在数据前加负号
#	对 c、s、d、u 类无影响；对 o、x 类，在输出时加前导符；对 e、g、f 类当结果有小数时才给出小数点
0	在指定输出宽度的同时，在数据前面的多余处填数字 0

注：在没有人为指定左对齐时，系统默认是右对齐。

【例 4-5】 附加格式字符的使用。

```
#include<stdio.h>
int main(int argc,char *argv[])
{
        printf("%-5d\n",65);//输出数据占 5 列，左对齐，因此 65 右边补 3 个空格输出
        printf("%+5d\n",65);//输出数据占 5 列，右对齐，因此 65 左边补 2 个空格再加+
                           //输出
        printf("%#5x\n",65);//输出数据占 5 列，输出 0x41，因此 0x41 左边补 1 个空格
                           //输出
        printf("%05d\n",65);//输出数据占 5 列，输出 65，因此 65 左边补 3 个 0 输出
        return 0;
}
```

运行结果如图 4-5 所示。

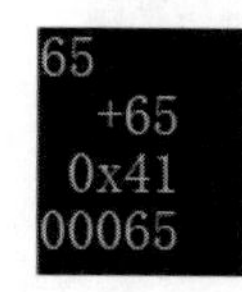

图 4-5　例 4-5 的运行结果

4）精度

精度格式符以“.”开头，后跟十进制整数，形如“.m”。针对不同的格式字符，其意义不同，如表 4-3 所示。

表 4-3　精度格式符

精度格式符	意　　义
d	用于指定输出的数字格式，若数字少于 m，则前面补 0，若大于 m，按数据的实际宽度输出
e、E 或 f	用于指定小数位数，若小数位数大于 m，则四舍五入截去右边多余位数，若小数位数小于 m，则在小数位右边补 0
g、G	指定输出的有效数字
s	指定最多输出的字符个数

【例 4-6】 精度格式符的使用。

```
#include<stdio.h>
```

```
int main(int argc,char *argv[])
{
     printf("%.5d\n",65);       //65 前面补 3 个 0 输出
     printf("%.2f\n",31.4);     //保留到小数点后第 2 位
     printf("%.2f\n",31.456);   //保留到小数点后第 2 位,第 3 位四舍五入
     printf("%8.2f\n",31.4);    //共 8 列, 输出 31.40 占 5 列, 因此前面补 3 个空格
     printf("%.2g\n",31.456);   //输出 2 位有效数字
     printf("%2g\n",31.456);    //输出 2 列, 数据超过 2 列, 按照实际数字输出
     printf("%.2s\n","hello"); //输出 2 个字符
     return 0;
}
```

运行结果如图 4-6 所示。

```
00065
31.40
31.46
   31.40
31
31.456
he
```

图 4-6　例 4-6 的运行结果

5）长度

长度格式符分为 h 和 l 两种，h 表示按短整型量输出，l 表示按长整型量输出，或按 double 型输出。输出长整型数时，必须加 l，但对于 double 型数据%f 与%lf 意义相同。

【例 4-7】 双精度实数的输出。

```
#include<stdio.h>
int main(int argc,char *argv[])
{
     double d=123456789.987654321;
     printf("d=%lf,%f\n",d,d);
     return 0;
}
```

运行结果如图 4-7 所示。

```
123456789.987654,123456789.987654
```

图 4-7　例 4-7 的运行结果

3. 输出项列表

输出项列表是可选的。如果要输出的数据不止 1 个，则相邻 2 个数据之间要用逗号分开。例如：

```
printf("a=%d,b=%d\n", a,b);
```

4. printf 函数的使用说明

在使用 printf 函数时，应该注意以下几点：

（1）除了 x、e、g 这 3 个格式符既可以用小写也可以用大写外，其他的格式符必须用小写字母，如%d 不能写成%D。

（2）格式符 d 可用 i 代替，d 和 i 作为格式符使用时，两者作用一样。

（3）对于 d、o、x、u、c、f、e、g 等字符，如果放在%后面则作为格式符，如果不放在%后面则仅是一个普通字符而已。

例如：

```
printf("a=%df,b=%fe",a,b);
```

其中，第一个格式符%d 不包括后面的 f，第二个格式符同样不包括 e。如果 a、b 的值分别为 15、12.6，则运行结果为 a＝15f，b＝12.600000e。

（4）printf 可以输出常量、变量和表达式的值。但格式说明符必须按从左到右的顺序，与输出项表中的每个数据一一对应。格式说明符的个数少于输出项列表时，多余的输出项不予输出；格式说明符的个数多于输出项列表时，对于多余的格式说明符将输出不定值。

【例 4-8】 格式控制符与输出变量个数不一致的输出。

```
#include<stdio.h>
int main(int argc,char *argv[])
{
    int a=25,b=-90,c=123;
    printf("%d,%d,%d\n",a,b,c);
    printf("%d,%d,%d\n",a,b);
    printf("%d,%d\n",a,b,c);
    return 0;
}
```

运行结果如图 4-8 所示。

```
25,-90,123
25,-90,6480464
25,-90
```

图 4-8 例 4-8 的运行结果

（5）在输出数据时，格式说明与输出项从左至右在类型上必须一一对应匹配。如数据的数据类型和格式控制字符的类型不同，系统会将输出项中数据的类型强制转换成对应格式控制字符所指定的类型。

（6）若想输出%，应在格式控制字符串中用两个连续的%表示。

例如：

```
printf("%f%%\n",2.0/3.0);
```

运行结果为 0.666667%。

（7）在使用 f 格式符输出实数时，并非全部数字都是有效数字。单精度实数的有效位数一般为 7 位，双精度实数的有效位数一般为 15 位。

例如：

```
float x=333333.333,y=222222.222;
double m=333333.333,n=222222.222;
printf("%f,%lf",x+y,m+n);
```

运行结果为 555555.562500,555555.555000。

显然作为 float 型的 x 和 y 只有前面的 7 位数字是有效数字，后面的数字不是有效数字，而 double 型的 m 和 n 则都是有效数字。

（8）printf 函数的返回值是本次调用过程中输出的字符个数。

例如：

```
printf("%d",printf("hello\n"));
```

运行结果为 6，这是因为输出字符的个数是 6。

4.2.2 输出单个字符函数 putchar

在 C 语言中，除了可使用 printf 函数对字符进行格式输出，还可以使用字符输出的专用函数 putchar 函数输出字符。

1. putchar 函数的格式

putchar 函数的一般格式如下：

```
putchar(ch)
```

其中，ch 可以是字符变量、字符常量或者整型表达式。当 ch 为字符型变量或常量时，它输出参数 ch 的值；当 ch 为取值不大于 255 的整型变量或整型表达式时，它输出 ASCII 值等于参数 ch 的字符。

2. putchar 函数的功能

putchar 函数的功能是向终端输出一个字符或字符变量的值。

（1）putchar 函数只能用于单个字符的输出，且一次只能输出一个字符。另外，从功能角度来看，printf 函数可以完全代替 putchar 函数。

（2）在该函数调用之后加“；”，就构成了字符输出语句。

【例 4-9】 putchar 函数的格式和使用方法。

```
#include<stdio.h>
int main(int argc,char *argv[])
{
    int x=65;
    char y='a';
    printf("x 的值为:%d,x 对应的字符为: %c\n",x,x);
    printf("y 的值为:%c,y 的 ASCII 值为: %d\n",y,y);
    putchar(x);putchar('\n');
```

```
    putchar(y);putchar('\n');
    return 0;
}
```

运行结果如图 4-9 所示。

```
x的值为:65,x对应的字符为: A
y的值为:a,y的ASCII值为: 97
A
a
```

图 4-9 例 4-9 的运行结果

4.2.3 字符串输出函数 puts

在 C 语言中，除了可用通过 printf 函数对字符串进行格式输出，还可以使用字符串输出的专用函数 puts 函数来输出字符串。

1. puts 函数的格式

puts 的一般调用格式如下：

```
puts(s)
```

其中，s 为字符数组名或字符指针，它是要输出的字符串的首地址。

2. puts 函数的功能

puts 函数把字符数组中所存放的字符串输出到标准输出设备中，并用'\n'取代字符串的结束标志'\0'。所以用 puts 函数输出字符串时，不需要另加换行符。

（1）该函数一次只能输出一个字符串，而 printf 函数也能用%s 来输出字符串，且一次能输出多个。

（2）在该函数调用之后加“;”，就构成了字符串输出语句。

【例 4-10】 puts 函数的格式和使用方法。

```
#include "stdio.h"
int main(int argc,char *argv[])
{
     printf("%s %s\n","Hello","World!");
     puts("Hello World!");
     return 0;
}
```

运行结果如图 4-10 所示。

```
Hello World!
Hello World!
```

图 4-10 例 4-10 的运行结果

4.3 数据输入

从输入设备（如键盘、扫描仪等）向内存输入数据称为“输入”，即“从外向内”。

在程序中给计算机提供数据，可以用赋值语句，也可以用输入函数。在 C 语言中，可使用 C 标准函数库中提供的输入函数来实现数据的输入。C 语言中的标准输入函数有输入字符函数 getchar、输入字符串函数 gets 和格式输入函数 scanf 等，它们都被定义在 stdio.h 头文件中。

4.3.1 格式输入函数 scanf

1. scanf 函数的格式与功能

scanf 函数是格式输入函数，其功能是将从终端（键盘）输入的数据传送给对应的变量。

scanf 函数的一般格式为

scanf（"格式控制字符串"，输入项首地址列表）

功能：从终端按照“格式控制字符串”中规定的格式输入若干数据，并依次存入“输入项地址列表”的变量中。

如果在 scanf 函数调用之后加上“;”，就构成了输入语句。

例如：

```
scanf("%d,%d",&x,&y);
```

其中：

（1）scanf 为函数名。

（2）“%d,%d”是格式字符串。以%开头，以一个格式字符结束。格式字符串可以包含 3 种类型的字符：格式指示符、空白字符（空格、Tab 键和回车键）和非空白字符（又称普通字符）。

格式指示符与printf函数的用法相似，空白字符作为相邻两个输入数据的缺省分隔符，非空白字符在输入有效数据时，必须原样一起输入。本例中“,”是指在输入变量 x、y 的值时，要在输入的变量的值间输入“,”。

（3）&x,&y 输入项首地址列表给出了变量的地址。输入项首地址列表由若干输入项首地址组成，相邻两个输入项首地址之间用逗号分开。输入项首地址表中的地址的表示法为

&变量名

其中，“&”是地址运算符。本例中的&x 和&y 分别表示变量 x、y 的首地址。

2. scanf 函数中的常用格式说明

在 scanf 函数中，格式字符串的一般形式为

%[*][输入数据宽度][长度]格式字符

其中，[ ]中的项为可选项。

1）格式字符

格式字符用于表示输入数据的类型，格式字符及其所代表的意义如表 4-4 所示。

表 4-4　格式字符

格式字符	说　　明
d/i	用来输入有符号的十进制整数
u	用来输入无符号的十进制整数
o	用来输入无符号的八进制整数
x/X	用来输入无符号的十六进制整数（不区分大小写）
c	用来输入单个字符
s	用来输入字符串，并将字符串送到一个字符数组中，在输入时以非空格字符开始，遇到空白字符结束
f	用来输入实数，可用小数形式也可以用指数形式输入
e/E，g/G	与 f 作用相同，e、f、g 可相互替换使用

2）*符

%后跟着一个*号，用以表示该输入项读入后不赋予相应的变量，即跳过该输入值。

3）宽度

用十进制整数指定输入的宽度（即字符数）。换句话说，读取输入数据中相应的 n 位，但按需要的位数赋给相应的变量，多余部分被舍弃。

【例 4-11】 数据按指定宽度输出实例。

```
#include<stdio.h>
int main(int argc,char *argv[])
{
     int x,y;
     scanf("%d%*d%3d",&x,&y);
     printf("x=%d,y=%d\n",x,y);
     return 0;
}
```

运行结果如图 4-11 所示。

```
123 45 6789
x=123,y=678
```

图 4-11　例 4-11 的运行结果

其中，第 1 个输入数据 123 正常输入并存入变量 x，第 2 个输入数据 45 由于%*d 不赋予相应的变量，因此没有存入变量 y，而第 3 个输入数据 6789 由于%3d 的限制只读取 3 位赋予

变量 y，因此输出时 x=123，y=678。

4）长度

长度格式符为 l 和 h，l 表示输入长整型数据（如%ld）和双精度实型数（如%lf），h 则表示输入短整型数据。

3. scanf 函数的使用说明

在使用 scanf 函数时必须注意以下几点：

（1）在格式控制字符串中，格式说明符的类型、个数与输入项的类型、个数必须一一对应。如果类型不匹配，系统并不给出出错信息，但是不能得到正确的数据。

（2）从终端输入数值数据时，遇下述情况系统将认为该项数据结束：

① 遇到空白字符，即空格、回车符或制表符（TAB）。

② 遇到宽度结束，例如“%4d”表示只取输入数据的前 4 列。

③ 遇到非法输入，例如若 a 为整型变量，b 为浮点型变量，执行“scanf("%d%f",&a,&b);”，若输入 246x 123.45↙（↙表示回车），则系统遇到字符 x 时认为是非法输入，故输入结束数据读取。所以 a＝246，b 没有获得有效输入。

（3）scanf 的格式控制字符串中的普通字符不是用来显示的，而是输入时要求按照普通字符输入的。

例如：

```
int a,b;
scanf("a=%d,b=%d",&a,&b);
```

若将 1 赋给 a，2 赋给 b，则必须按照如下格式输入：

```
a=1,b=2↙
```

所以，在使用 scanf 函数时，一般情况下格式控制字符串中不要加非格式字符。

（4）输入字符数据。

① 若格式控制字符串中无非格式字符串，则认为所有输入的字符均为有效字符。即输入字符时，字符之间没有间隔符，这时空格、回车和横向跳格符（TAB）都将按字符读入。

例如：

```
scanf("%c%c%c",&a,&b,&c);
```

运行时，若输入：

```
d e f↙
```

则把 d 赋给了变量 a，空格赋给了变量 b，e 赋给了 c。

只有输入：

```
def↙
```

才能把 d 赋给 a，e 赋给 b，f 赋给 c。

② 若在格式控制字符串中加空格，如“scanf("%c %c %c",&a,&b,&c);”，和上例中的输

入语句“scanf("%c%c%c",&a,&b,&c);”相同。但这时空格、回车和横向跳格符（TAB）都将作为间隔符而不能读入。若要给变量 a、b、c 赋值 d、e、f，运行时如输入：

```
d  e  f↙
```

和输入：

```
def↙
```

效果相同，都是把 d 赋给 a，e 赋给 b，f 赋给 c。

（5）在格式控制字符串中，格式说明的个数应该与输入项的个数相同。

① 当格式说明的个数少于输入项的个数时，即输入的数据多于 scanf 函数要求输入的数据，多余的数据并不消失，而是将多余的数据留在缓冲区作为下一次输入操作的输入数据。因此在每次输入数据时，建议用“fflush(stdin);”语句清空输入缓冲区，防止将缓冲区中的数据当作本次数据输入。

② 当格式说明的个数多于输入项的个数时，即输入的数据少于 scanf 函数要求输入的数据，程序等待输入，直到满足要求或遇到非法字符为止。

（6）在标准 C 中不使用%u 格式符，对 unsigned 类型数据以%d、%x 或%o 格式输入。

（7）输入实型数据时，用户不能规定小数点后的位数，如“scanf("%6.3f",&m);”是错误的。

（8）scanf( )中参数的第二部分一定是地址列表，不能是常量或者表达式。

（9）scanf( )的格式控制字符串中没有转义字符，如“scanf ("%d\n"，&a);”是错误的。

（10）每次调用 scanf 函数后，函数将得到一个整型函数值，此值等于正常输入数据的个数。

例如：

```
printf("%d",scanf("%c%c%c",&a,&b,&c));
```

当输入 abc↙时会输出 3。

4.3.2　输入单个字符函数 getchar

1. getchar 函数的格式

该函数的一般格式为

```
getchar()
```

其中，getchar 后的括号内没有参数，但是不可以省略。

2. getchar 函数的功能

getchar 函数的功能是从终端（或系统默认的输入设备）读入一个字符作为函数值。需要注意以下几点：

（1）getchar 函数只能接收一个字符，getchar 函数得到的字符可用来赋给一个字符变量或整型变量，也可以不赋给任何变量，直接作为表达式的一部分。

例如：

```
putchar(getchar());
```

（2）getchar 函数没有参数。

（3）在使用 getchar 函数输入时，空格、回车都将作为字符读入。

（4）getchar 函数与 scanf 函数类似，首先从键盘缓冲区取所需的数据，只有当键盘缓冲区没有数据时，才等待用户从键盘输入。当调用一次 getchar 函数时，输入多个字符（包括回车），多余的字符将留作下次使用。

【例 4-12】 getchar 函数和 putchar 函数的使用。

```
#include<stdio.h>
int main(int argc,char *argv[])
{
    int a;
    char b;
    a=getchar();
    b=getchar();
    printf("a=%c\ta=%d\tb=%c\tb=%d\n",a,a,b,b);
    return 0;
}
```

如果输入 AB，则 A 被赋值给变量 a，B 被赋值给变量 b，运行结果如图 4-12（a）所示；如果输入 A↙，程序就会结束，a 的值为 A，b 的值为回车，运行结果如图 4-12（b）所示。

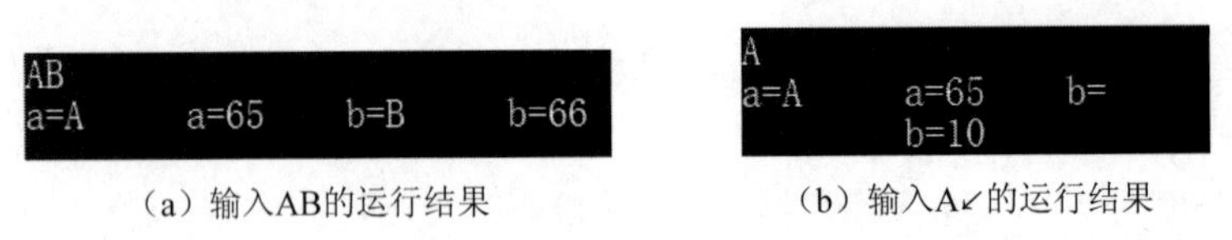

（a）输入AB的运行结果　　（b）输入A↙的运行结果

图 4-12　例 4-12 的运行结果

4.3.3　字符串输入函数 gets

在 C 语言中，除了可以通过 scanf 函数对字符串进行格式输入，还可以使用字符串输入的专用函数 gets 函数来输入字符串。

1. gets 函数的格式

gets 函数的一般格式如下：

```
gets(s)
```

其中，s 为字符数组名或字符指针。

2. gets 函数的功能

从标准输入设备（键盘）上读取 1 个字符串（可以包含空格），将其存储到字符数组中，并自动在字符串末尾加'\0'。

（1）gets 读取的字符串，其长度没有限制，编程者要保证字符数组有足够大的空间，存放输入的字符串。

（2）该函数输入的字符串中允许包含空格或 Tab，而 scanf 函数不允许。该函数只能以回车作为结束符，而 scanf 可以使用空格、Tab 或回车作为结束符。

（3）在该函数调用之后加“；”，就构成了字符串输入语句。

【例 4-13】 gets 函数的格式和使用方法。

```
#include<stdio.h>
int main(int argc,char *argv[])
{
    char str[100];
    gets(str);
    puts(str);
    return 0;
}
```

运行结果如图 4-13 所示。

```
hello   world
hello   world
```

图 4-13　例 4-13 的运行结果

hello 后面加入了一个 Tab，通过输出可知 Tab 作为普通字符正常输入到 str 中了。

4.4　复合语句和空语句

4.4.1　复合语句

在 C 语言中，一对{ }不仅可以用作函数体的开头和结尾的标志，也可用作复合语句的开头和结尾，复合语句的语句形式：

{　[**数据说明部分；**]　**执行语句部分；**}

其中：

（1）用花括号括起来的若干语句叫作复合语句，复合语句在语法上被视为一条语句。该语句要么都执行，要么都不执行。

（2）在复合语句中定义的变量是局部变量，仅在复合语句中有效。

例如：

```
{ int a=0,b; a++;   b*=a;   printf("b=%d\n",b);  }
```

在该括号的外面无法访问 a 和 b。

（3）复合语句的}之后，不需要分号。

（4）复合语句可以出现在任何地方，如条件语句或循环语句中。

【例4-14】 复合语句的使用。

```
#include<stdio.h>
int main(int argc,char *argv[])
{
    int a=10,b=20,c=30;
    printf("a=%d\tb=%d\tc=%d\n",a,b,c);    //此处输出main函数中的a、b、c
    {
        int a=4,b=12;
        a++;
        b*=a;
        printf("a=%d\tb=%d\tc=%d\n",a,b,c);
        //此处输出复合语句中的a、b和main函数中的c
        c=b;    //main函数中的c在复合语句中被重新赋值
    }
    printf("a=%d\tb=%d\tc=%d\n",a,b,c);    //此处输出main函数中的a、b、c
    return 0;
}
```

运行结果如图4-14所示。

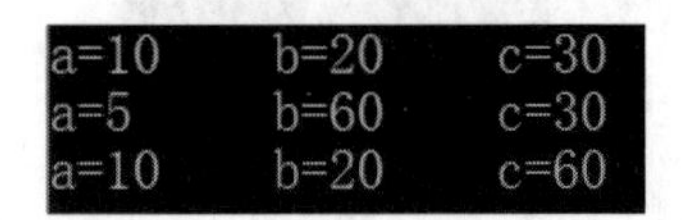

图4-14　例4-14的运行结果

4.4.2　空语句

C程序中的所有语句都必须加一个分号“;”作为结束标志。如果只有一个分号，程序如下：

```
int main(int argc,char *argv[])
{
    ;
}
```

这个分号也是一条语句，称为“空语句”。空语句执行时不作任何操作，但随意加分号也会导致逻辑上的错误，需要慎用。

4.5　程序举例

【例4-15】 已知整型变量x、y，请编写程序实现交换x和y的值。

```
#include<stdio.h>
int main(int argc,char *argv[])
{
```

```
    int x,y,t;
    printf("请输入 x 和 y 的值: ");
    scanf("%d%d",&x,&y);
    t=x;
    x=y;
    y=t;
    printf("交换后的 x=%d,y=%d\n",x,y);
    return 0;
}
```

运行结果如图 4-15 所示。

```
请输入x和y的值: 3 5
交换后的x=5,y=3
```

图 4-15 例 4-15 的运行结果

【例 4-16】 从键盘输入一个小写字母，要求改成大写字母输出。

```
#include<stdio.h>
int main(int argc,char *argv[])
{
    char c1,c2;
    c1=getchar();
    printf("小写字母为: %c\n",c1);
    c2=c1-32;
    printf("变为大写字母为: %c\n",c2);
    return 0;
}
```

运行结果如图 4-16 所示。

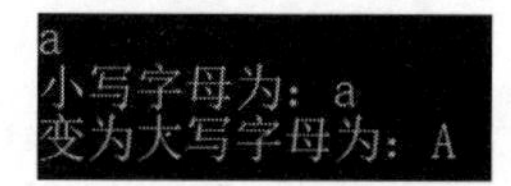

图 4-16 例 4-16 的运行结果

4.6 小结

（1）C 语言程序设计有三种基本结构，分别是顺序结构、选择结构和循环结构。

（2）如果程序中语句的出场顺序和它的执行顺序相同，就把这种程序设计结构叫作顺序结构。

（3）常用的输入函数包括 scanf、getchar 和 gets，分别有各自的格式和用途。

（4）常用的输出函数包括 printf、putchar 和 puts，分别有各自的格式和用途。

（5）用花括号{ }括起来的语句叫作复合语句，在语法上被认为是一条语句。复合语句要么都执行，要么都不执行。

（6）单独的一个分号也是一种语句，叫作空语句。

习题4

程序设计题

（1）编写程序，实现读入3个整数给a、b、c，然后交换它们的值，把c中原来的值给a，把a中原来的值给b，把b中原来的值给c。

（2）编写程序，读入3个double型的数据，求它们的平均值并保留小数点后1位。

（3）编写程序，读入1个摄氏温度值，把它变成华氏温度值（不输出无意义的0），然后输出。

第5章 选择结构

选择结构是结构化程序设计的3种基本结构之一，其作用是根据逻辑判断的结果决定程序的不同流程。

在设计选择结构程序时，要考虑两方面的问题：一是在C语言中如何表示条件；二是在C语言中用什么语句实现选择结构。

本章将详细介绍C语言中的if语句和switch语句，它们都用来实现选择结构。

5.1 if语句构成的选择结构

在前面的章节已经介绍了关系表达式和逻辑表达式，运算后都会得到一个逻辑结果。逻辑结果只有两个，即“真”和“假”，用1和0来表示。在C语言中，没有专门的“逻辑值”，对于操作数而言用非零值表示“真”值，用零值表示“假”。

C语言常用关系表达式或逻辑表达式来表示条件，即表示逻辑判断；用if语句、switch语句来实现选择结构。

5.1.1 if语句

if语句用来判断条件表达式是否成立，根据判断结果（“真”或“假”）决定执行什么操作。

if语句的一般形式如下：

```
if(表达式)
{     语句组1;  }
[else
{     语句组2;  } ]
```

其中，方括号[ ]中的项为可选项。

1. 不含else的if语句

1）语句形式

不含else子句的if语句也称为单分支选择语句，它的语句形式如下：

```
if(表达式)
{    语句组;  }
```

其中：

（1）if 是 C 语言的关键字，不能用作标识符。

（2）if 后面的“表达式”必须用括号括起来。表达式除常见的关系表达式或逻辑表达式外，也允许是其他类型的表达式，如整型、实型、字符型等，只要表达式的值非零即为真。

（3）当 if 后面的语句组仅由一条语句构成时，也可不使用复合语句形式（即去掉花括号）。

2）执行过程

首先计算表达式的结果，若为真（非零），则执行后面的语句组，然后再执行 if 语句后的下一个语句；若表达式的值为假（零），则跳过 if 语句，直接执行 if 语句的下一个语句。单分支 if 语句的执行过程如图 5-1 所示。

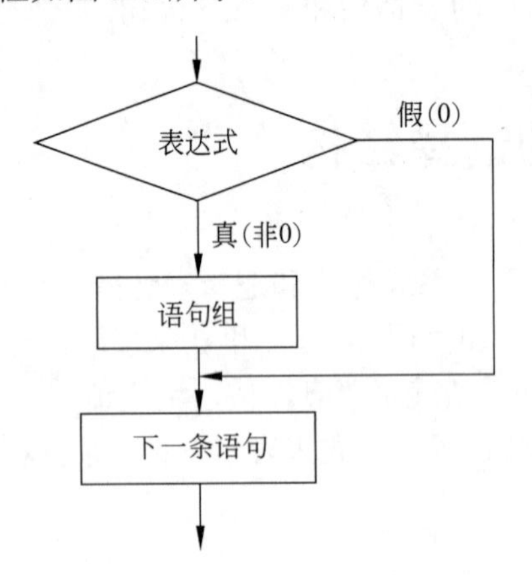

图 5-1　单分支 if 语句的执行过程

【例 5-1】输入一个实数，求它的绝对值。

```
#include<stdio.h>
int main(int argc,char *argv[])
{
    double x;
    printf("请输入一个实数：");
    scanf("%lf",&x);
    if(x<0) x=-x;
    printf("该数的绝对值是：%g\n",x);
    return 0;
}
```

在 x 小于 0 的情况下 x 取反，而 x 大于或等于 0 并不取反，这样就可以得到 x 的绝对值。该程序的一次运行结果如图 5-2 所示。

【例 5-2】输入 3 个实数，按从小到大的顺序输出。

```
请输入一个实数：-31.45
该数的绝对值是：31.45
```

图 5-2　例 5-1 的一次运行结果

```
#include<stdio.h>
int main(int argc,char *argv[])
{
    double a,b,c,t;
    printf("请输入 3 个实数：");
    scanf("%lf%lf%lf",&a,&b,&c);  //输入数据
    if(a>b)    //比较 a,b，让 a 取 a、b 的最小值
    { t=a;  a=b;  b=t; }
    if(a>c)    //比较 a,c，让 a 取 a、c 的最小值，则 a 是 a、b、c 的最小值
    { t=a;  a=c;  c=t;  }
    if(b>c)    //比较 b,c，让 c 取 b、c 的最大值，则 c 是 a、b、c 的最大值
    { t=b;  b=c;  c=t;  }
    printf("这三个数按从小到大的顺序排序后是：%g,%g,%g\n",a,b,c);
    return 0;
}
```

一次运行结果如图 5-3 所示。

```
请输入3个实数：34.5 5.1 -44.5
这三个数按从小到大的顺序排序后是：-44.5,5.1,34.5
```

图 5-3　例 5-2 的一次运行结果

将例 5-2 改为输出三个数中的最大值或者最小值，程序应该怎么实现？

2. 含 else 子句的 if 语句

1）语句形式

含 else 子句的 if 语句也称为双分支选择语句，它的语句形式如下：

```
if(表达式)
{   语句组 1; }
else
{   语句组 2; }
```

其中：

（1）if、else 都是 C 语言的关键字，不能用作标识符。

（2）“语句组 1”称为 if 子句，“语句组 2”称为 else 子句。若语句组仅由一条语句构成，也可不使用复合语句形式（即去掉大括号）。

（3）else 是 if 语句的一部分，它总是与它前面最近的未匹配的 if 语句进行匹配，不能单独出现。

例如：

```
else  printf("***");      //错误语句，else 必须与 if 配对使用，不能单独使用
```

2）执行过程

当 if 表达式的值不等于 0（逻辑真）时，执行语句组 1，然后执行 if 语句后面的语句；否则，执行语句组 2，接着执行 if 语句后面的语句。if…else 语句的执行过程如图 5-4 所示。

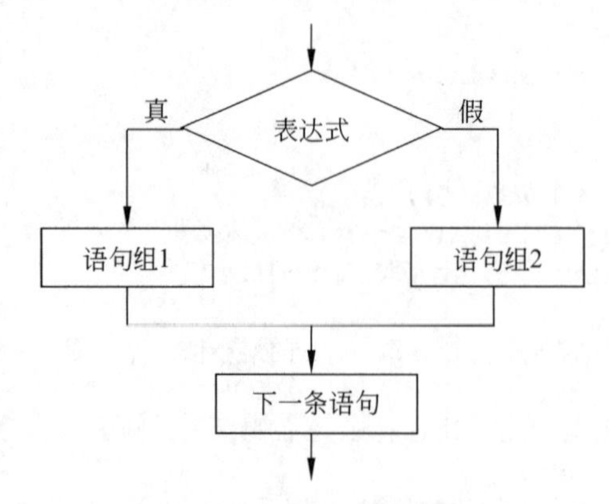

图 5-4　if…else 语句的执行过程

【例 5-3】 输入一个整数，判断它是奇数还是偶数。

```
#include<stdio.h>
int main(int argc,char *argv[])
{
    int x;
    printf("请输入一个整数：");
    scanf("%d",&x);
    if(x%2==0)          //能被 2 整除的是偶数
        printf("%d 是偶数\n",x);
    else                //不能被 2 整除的是奇数
        printf("%d 是奇数\n",x);
    return 0;
}
```

运行结果如图 5-5 所示。

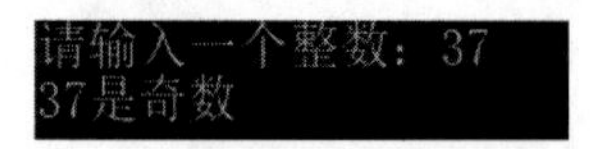

（a）输入奇数的运行结果

请输入一个整数：-124
-124是偶数

（b）输入偶数的运行结果

图 5-5　例 5-3 的运行结果

【例 5-4】 输入一个年份，判断它是平年还是闰年。

```
#include<stdio.h>
int main(int argc,char *argv[])
{
     int year;
     printf("请输入一个年份：");
     scanf("%d",&year);
     //能被 4 整除但是不能被 100 整除或者能够被 400 整除的是闰年
     if(((year%4==0) && (year%100!=0)) || (year%400==0))
          printf("%d 是闰年\n", year);
```

```
    else
        printf("%d 是平年\n", year);
    return 0;
}
```

运行结果如图 5-6 所示。

```
请输入一个年份：1996
1996是闰年
```

（a）输入闰年的运行结果

```
请输入一个年份：1900
1900是平年
```

（b）输入平年的运行结果

图 5-6 例 5-4 的运行结果

目前闰年的规则是：四年一闰，百年不闰，四百年再闰，这是由地球绕太阳运行的周期决定的。

本例中 if 后面的括号中的其他括号根据运算符的优先级都可以省略，但是根据程序设计“清晰第一、效率第二”的原则还是建议使用括号，这样可以提高程序的可读性。

【例 5-5】 求三角形的面积。

```
#include<stdio.h>
#include<math.h>                          //sqrt 函数所在的头文件
int main(int argc,char *argv[])
{
    double a,b,c,area,s;
    printf("请输入三角形三条边的长度：");
    scanf("%lf%lf%lf",&a,&b,&c);
    if(a+b>c && b+c>a && a+c>b)           //三角形的条件
    {
        //下面两行用来求三角形的面积
        s=0.5*(a+b+c);
        area=sqrt(s*(s-a)*(s-b)*(s-c));   // sqrt 为开平方函数
        printf("这个三角形的面积是：%lf\n",area);
    }
    else
       printf("这不是一个三角形，不能计算面积！\n");
    return 0;
}
```

运行结果如图 5-7 所示。

```
请输入三角形三条边的长度：1 2 5
这不是一个三角形，不能计算面积！
```

（a）a、b、c 不能构成三角形的运行结果

```
请输入三角形三条边的长度：2 3 4
这个三角形的面积是：2.904738
```

（b）a、b、c 能构成三角形的运行结果

图 5-7 例 5-5 的运行结果

5.1.2 嵌套的 if 语句

在数学中经常会用到分段函数，例如 $y=\begin{cases} x-12 & x<6 \\ 3x-1 & 6\leqslant x<15 \\ 5x+9 & x\geqslant 15 \end{cases}$。

如何用程序来实现分段函数的计算呢？这显然是一个多分支的情况，可以使用 if…else 的嵌套语句来解决。

if 和 else 子句中可以是任意合法的 C 语言语句，因此也可以是 if 语句，通常称为嵌套的 if 语句。内嵌的 if 语句可以嵌套在 if 子句中，也可以嵌套在 else 子句中。

1. 在 if 语句中嵌套

语句的一般形式如下：

```
if(表达式 1)
{
    if(表达式 2)
    {
        语句组 1;
    }
    [else
    {
        语句组 2;
    }]
}
else
{
    语句组 3;
}
```

执行过程：当表达式 1 的值为真（非零）时，执行内嵌的 if…else 语句；当表达式 1 的值为假（零）时，执行语句组 3。

【例 5-6】 编写程序，完成求分段函数 $y=\begin{cases} x-12 & x<6 \\ 3x-1 & 6\leqslant x<15 \\ 5x+9 & x\geqslant 15 \end{cases}$ 的值。

```
#include<stdio.h>
int main(int argc,char *argv[])
{
    int x, y;
    printf("请输入自变量 x: ");
    scanf("%d", &x);
    if(x<15)
    {
        if(x<6)
        {
            y = x - 12;
        }
        else
```

```
        {
            y = 3*x - 1;
        }
    }
    else
    {
        y = 5*x + 9;
    }
    printf("x = %d, y = %d\n", x, y);
    return 0;
}
```

运行结果如图 5-8 所示。

```
请输入自变量x：5
x = 5, y = -7
```

（a）$x<6$ 的运行结果

```
请输入自变量x：6
x = 6, y = 17
```

（b）$6\leqslant x<15$ 的运行结果

```
请输入自变量x：15
x = 15, y = 84
```

（c）$x\geqslant 15$ 的运行结果

图 5-8　例 5-6 的运行结果

2. 在 else 中嵌套 if 语句

语句形式如下：

```
if(表达式 1)
{
    语句组 1;
}
else
{
    if(表达式 2)
    {
        语句组 2;
    }
    [else{ 语句组 3; }]
}
```

或写为

```
if(表达式 1){ 语句组 1; }
else if(表达式 2) { 语句组 2; }
  [else{ 语句组 3; }]
```

可以看出，在 else 中嵌套 if 语句程序的结构更清晰，因此建议在使用嵌套的 if 语句时，尽量把内嵌的 if 语句嵌套在 else 子句中。

C 语言程序书写格式比较自由，但是过于“自由”的程序书写格式，往往可读性不高。为了提高程序的可读性，一般程序在书写时都采用按层缩进的方式，每层缩进 4 个字符。

本书例程都采用这种方式。

3. 多层嵌套

语句形式如下：

```
if(表达式 1)
{
    语句组 1;
}
else
    if(表达式 2)
    {
        语句组 2;
    }
    else
              …
                  if(表达式 n)
                  {
                      语句组 n;
                  }
                  else
                  {
                      语句组 n+1;
                  }
```

这就形成了阶梯形的嵌套 if 语句，此语句可用以下形式表示，使得读起来层次分明又不占太多的篇幅。

```
if(表达式 1)
{   语句组 1;    }
else if(表达式 2)
{   语句组 2;    }
     …
elseif(表达式 n)
{   语句组 n;    }
else
{   语句组 n+1;  }
```

阶梯形嵌套 if 语句的执行过程如下：从上向下逐一对 if 后的表达式进行检测，当某一个表达式的值为真时，就执行它后面的语句组，阶梯形中的其他语句组就不执行。如果所有表达式的值都为 0，则执行最后的 else 中的语句组 n+1，此时，如果程序中最内层的 if 语句没有 else 子句，即没有最后的那个 else 子句，那么就不进行任何操作。语句流程如图 5-9 所示。

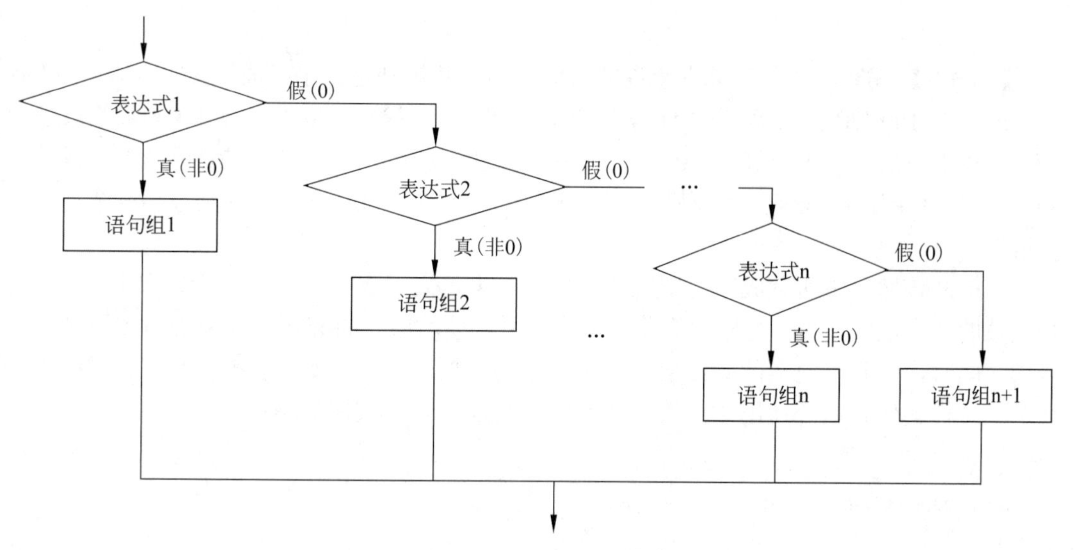

图 5-9　阶梯形嵌套 if 语句的执行过程

注意：

（1）当 if 语句中出现多个 if 与 else 时，要特别注意它们之间的匹配关系，否则就可能导致程序逻辑错误。else 与 if 的匹配原则是“就近一致原则”，即 else 总是与在它上面、距它最近且尚未匹配的 if 配对。为明确匹配关系，避免匹配错误，建议将内嵌的 if 语句，一律用大括号括起来。

（2）if 语句允许嵌套，但嵌套的层数不宜太多。在实际编程时，应适当控制嵌套层数，一般 2~3 层为宜，层数太多会导致可读性变差，匹配关系也容易出错。

（3）嵌套的 if 语句适用于数据范围是一个全集而且该全集可以分解成若干互不相交的子集的情况（见例 5-7）。如果各子集求并集的结果只是全集的一部分则不适合使用嵌套的 if 语句，而适合使用并列的 if 语句（见例 5-8）。

【例 5-7】 将例 5-6 改为使用在 else 中嵌套 if 语句来实现分段函数的求值。

```
#include<stdio.h>
int main(int argc,char *argv[])
{
    int x, y;
    printf("请输入自变量 x: ");
    scanf("%d", &x);
    if(x < 6)
    {    y = x - 12;
    }
    else if(x < 15)
    {  y = 3*x - 1;
    }
   else
```

```
    {  y = 5*x + 9;
    }
    printf("x = %d, y = %d\n", x, y);
    return 0;
}
```

【例 5-8】编写程序，计算考查课的最终成绩，其规则是：平时成绩大于或等于 90 且小于或等于 100 则最终成绩为“优秀”，平时成绩大于或等于 80 且小于 90 则最终成绩为“良好”，平时成绩大于或等于 70 且小于 80 则最终成绩为“中等”，平时成绩大于或等于 60 且小于 70 则最终成绩为“及格”，平时成绩大于或等于 0 且小于 60 则最终成绩为“不及格”。

分析：该题目中所有成绩范围求并集后的结果是大于或等于 0 且小于或等于 100，这是整数的一个区间，并不是整数全集，因此不适合使用嵌套的 if 语句（因为当 if 取某一个成绩区间时，该 if 所对应的 else 会包含不合理的数据区域，例如成绩小于 0 或者成绩大于 100），这样的问题适合使用并列的 if 语句编写程序。示例代码如下：

```
#include<stdio.h>
int main(int argc,char *argv[])
{
    float score;  //成绩可以是实数，如 84.5
    printf("请输入一个学生考查课的平时成绩：");
    scanf("%f", &score);
    if(score>=90 && score<=100) printf("该生该考查课的最终成绩为优秀\n");
    if(score>=80 && score<90) printf("该生该考查课的最终成绩为良好\n ");
    if(score>=70 && score<80) printf("该生该考查课的最终成绩为中等\n ");
    if(score>=60 && score<70) printf("该生该考查课的最终成绩为及格\n ");
    if(score>=0 && score<60) printf("该生该考查课的最终成绩为不及格\n ");
    if(score>100 || score<0) printf("该成绩无效\n ");
    return 0;
}
```

运行结果如图 5-10 所示。

```
请输入一个学生考查课的平时成绩：95
该生该考查课的最终成绩为优秀
```

（a）一个有效成绩的运行结果

```
请输入一个学生考查课的平时成绩：120
该成绩无效
```

（b）一个无效成绩的运行结果

图 5-10　例 5-8 的运行结果

5.2 switch 语句和 break 语句构成的选择结构

除了嵌套的 if 语句或并列的 if 语句外，C 语言还提供了 switch 语句作为多分支选择语句，但是 switch 语句的使用范围有限，它只能判断整型数据、字符型数据或枚举型数据，而这几种数据实质上都是整型数据。

5.2.1　switch 语句

1. switch 语句格式

switch 语句的一般格式：

```
switch(表达式)
{
    case    常量 1：语句组 1；break；
    case    常量 2：语句组 2；break；
                    …
    case    常量 n：语句组 n；break；
    [default：语句组 n+1；]
}
```

注意：

（1）switch、case、default、break 都是关键字，不可作为用户自定义标识符。

（2）switch 后一对括号中的"表达式"只能是整型表达式、字符型表达式或枚举型表达式，这 3 种表达式本质上都是整型表达式。另外 switch 后面的圆括号不能省略。

（3）case 后常量值的类型必须与 switch 后的表达式类型相同。各 case 语句标号的值应该互不相同。多个 case 可以共用一组执行语句。

（4）default 代表与前面的 n 个常量值均不匹配的所有其他值。default 可以放在 switch 语句中的任意位置，但一般放在所有 case 语句的后面。在 switch 语句中也可以没有 default。default 放在最后面时不用加 break 语句。

（5）case 后可以是一条语句，也可以是若干语句。必要时，case 后也可以使用空语句。

（6）case 和常量值之间一定要加空格。例如 case 10：不能写成 case10。

（7）各 case 及 default 的先后次序，不影响程序的运行结果。

2. switch 语句的执行过程

switch 语句的执行过程如图 5-11 所示。先计算 switch 后表达式的值，然后从上到下与 case 后的常量值进行匹配，如果匹配成功，则执行该语句组，然后执行 break 语句退出 switch 语句（若没有 break 语句则顺序执行后面的所有语句组，这显然与期望的结果不一致，因此，每个语句组后面都会加上一个 break 语句来结束 switch 语句，即匹配成功之后只执行那个语句组而不再执行后面其他的语句组）。若所有 case 都不匹配，则执行 default 后面的语句组（default 的位置没有限制，但是为了与执行顺序一致，最好把 default 放在最后）。

【例 5-9】 编写程序，假设用 0～6 分别表示星期日～星期六。请输入一个数字，输出对应的星期几的英文单词。例如，输入 4，则输出 Thursday。示例代码如下。

```
#include "stdio.h"
int main(int argc,char *argv[])
{
```

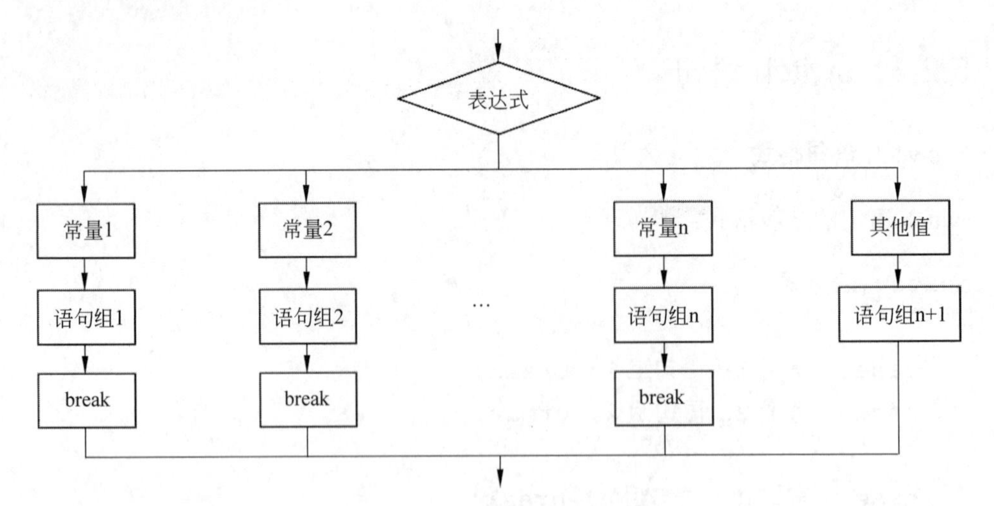

图 5-11　switch 语句的执行过程

```
    int  n;
    printf("请输入 0~6 的数字：");
    scanf("%d",&n);
    switch(n)
    {
        case 0: printf("Sunday\n");
        case 1: printf("Monday\n");
        case 2: printf("Tuesday\n");
        case 3: printf("Wednesday\n");
        case 4: printf("Thursday\n");
        case 5: printf("Friday\n");
        case 6: printf("Saturday\n");
        default: printf("输入有误\n");
    }
    return 0;
}
```

运行结果如图 5-12 所示。

图 5-12　例 5-9 的运行结果

当运行以上程序时，输入数字 4，程序应输出与之对应的英文单词 Thursday，而实际上同时又输出了 Friday、Saturday 和输入有误与 Thursday 不相关的内容，这显然不符合题意。这是因为所有的 case 和 default 后的语句之间都是顺序结构，因此遇到与 n 匹配的值之后便开始顺序执行后面的所有语句，这就需要使用 break 语句。

5.2.2　在 switch 语句中使用 break 语句

break 语句也称中断语句，可以跳出 switch 语句或者跳出循环。switch 语句通常和 break

语句联合使用，使得 switch 语句真正起到分支的作用。

break 语句的格式：

```
break;
```

功能：跳出 switch 语句或循环语句，执行后序语句。

【例 5-10】 用 break 语句修改例 5-9 的程序。

```
#include "stdio.h"
int main(int argc,char *argv[])
{
    int  n;
    printf("请输入 0~6 的数字：");
    scanf("%d",&n);
    switch(n)
    {
        case 0: printf("Sunday\n");break;
        case 1: printf("Monday\n");break;
        case 2: printf("Tuesday\n");break;
        case 3: printf("Wednesday\n");break;
        case 4: printf("Thursday\n");break;
        case 5: printf("Friday\n");break;
        case 6: printf("Saturday\n");break;
        default: printf("输入有误\n");    //default 语句后面不用加 break 语句
    }
    return 0;
}
```

运行结果如图 5-13 所示。

```
请输入0~6的数字：4
Thursday
```

图 5-13　例 5-10 的运行结果

因为 switch 后表达式的类型一般为整型、字符型或枚举型，故一般判断条件为关系表达式或逻辑表达式时不使用 switch 语句。这是因为 switch 语句只能进行相等性检查，即只检查 switch 中的表达式是否与某个 case 中的常量值相等。而 if…else 语句不但可进行相等性检查，还可以使用关系表达式或逻辑表达式进行不相等比较。因此，可以用 if…else 语句代替 switch 语句，而 switch 语句只能代替简单的 if…else 语句。

5.3 语句标号和 goto 语句

5.3.1 语句标号

在 C 语言中，在任意合法的标识符后面加一个冒号就构成了语句标号，例如“stop1 ：”“loop1 ：”，该标识符就成了一个语句标号。注意，在 C 语言中，语句标号必须是标识符，因此不能简单地使用“6：”“7：”等形式。

语句标号可以和变量同名，但是为了区分，尽量不要让语句标号与变量同名。

5.3.2 goto 语句

goto 语句称为无条件转向语句，goto 语句的一般形式如下：

```
goto 语句标号;
```

goto 语句的作用是把程序的执行转向语句标号所在的位置。这个语句标号必须与 goto 语句同在一个函数内。滥用 goto 语句将使程序的流程变得混乱，使程序变得不可控，可读性变差。因此，建议初学者尽量不使用 goto 语句。

【例 5-11】 用 goto 语句实现循环求和。

```
#include "stdio.h"
int main(int argc,char *argv[])
{
    int i=1,sum=0;
calc:
    sum=sum+i;
    i=i+1;
    if(i<=100) goto calc;
    printf("i=%d,sum=%d\n",i,sum);
    return 0;
}
```

程序的运行结果如图 5-14 所示。

```
i=101, sum=5050
```

图 5-14　例 5-11 的运行结果

在该例中定义了一个语句标号 calc，然后执行“sum=sum+i;i=i+1;”再执行判断，如果 i<=100 成立则转去执行 calc 后面的代码，这样当 i<=100 成立时就会循环执行“sum=sum+i;i=i+1;”，直到 i>100 时不再回到 calc 标号处，而接着执行“printf("i=%d, sum=%d\n",i,sum);”。这样由 if 语句和语句标号构成了一个循环语句，当然在第 6 章有专门的循环语句可供使用。

5.4 案例

从本章开始来完成一个学生成绩管理系统的案例（参照教务管理平台的部分功能，如图 5-15 所示），将各章的知识点融入该案例中，培养分析问题、解决问题的能力和程序设计能力，同时养成结构化程序设计思维，即自顶向下、逐步求精、模块化。

一般情况下，学生成绩管理系统可以分成 3 种角色：①管理员，主要负责对使用该平台的相关成员数据进行增、删、改、查；②教师，主要负责对学生成绩进行录入、修改、

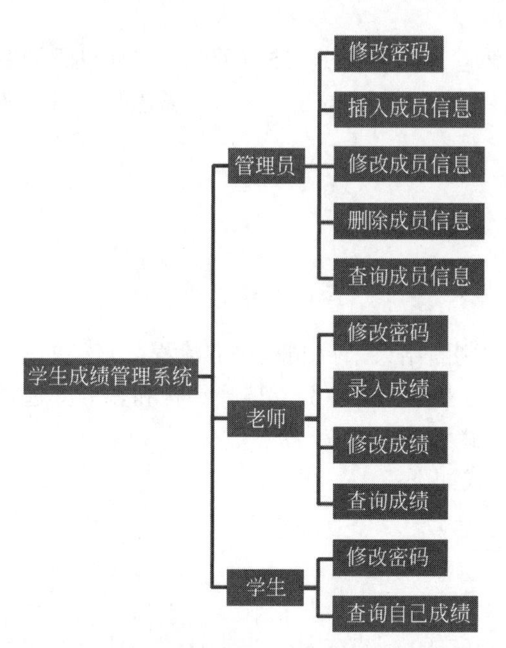

图 5-15　学生成绩管理系统角色功能模块划分

查询；③学生，可以查看自己的成绩。同时这 3 种角色都可以修改自己登录平台的密码，当然不同的使用单位可以根据自己的实际情况来设计相关的功能模块。

根据以上功能划分，可以先打印学生成绩管理系统的欢迎界面，然后选择角色，再输入相关角色成员的账号和密码，如果账号密码正确则可以执行相应角色的功能，如果不正确则不能执行相应的功能，可以重新登录或者退出系统。

第 4 章学习了输入和输出，可以实现打印系统欢迎界面的功能。本章学习了条件语句，可以选择角色再执行相应的功能。示例代码如下。

【例 5-12】 打印学生成绩管理系统的欢迎界面。

```
#include<stdio.h>
int main(int argc,char *argv[])
{
    printf("\t\t\t 欢迎使用学生成绩管理系统！\n");  //居中排版
    printf("\t 请选择您的身份：1. 学生  2. 老师  3. 管理员  0. 退出\n");
    int x;
    scanf("%d",&x);
    if(x==1) printf("欢迎您，同学");  //if 语句，条件成立执行输出语句
    if(x==2) printf("欢迎您，老师");
    if(x==3) printf("欢迎您，管理员");
    return 0;
}
```

运行结果如图 5-16 所示。

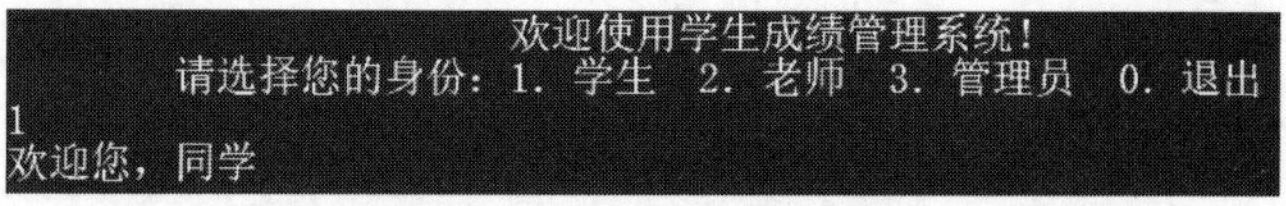

```
                        欢迎使用学生成绩管理系统!
        请选择您的身份: 1. 学生  2. 老师  3. 管理员  0. 退出
1
欢迎您，同学
```

图 5-16　例 5-12 的运行结果

命令窗口默认值宽度是 80，高度是 25，因此可以通过添加空格使欢迎界面居中。也可以修改命令窗口的属性，包括宽度高度、字体、颜色等，只需在命令窗口上右击，选择“属性”即可修改。

5.5 小结

（1）根据判定条件的判断结果来控制程序的流程，这样的程序设计结构是选择结构。选择结构可以分为单分支选择结构、双分支选择结构和多分支选择结构。可以使用 if 语句或者 switch 语句来实现选择结构。

（2）if 语句的一般形式如下：

```
if（表达式）语句 1;
[else 语句 2; ]
```

当表达式成立时执行语句 1，若有 else 当表达式不成立时执行语句 2。同时语句 1 或语句 2 也可以是 if 语句，这样就构成了 if 语句的嵌套结构，但是建议将嵌套的 if 语句放在 else 后面，使层次更清晰。

可以用嵌套的 if 语句来实现多分支选择结构，当然也可以用并列的 if 语句来实现多分支选择结构。

（3）switch 语句的一般形式如下：

```
switch(表达式)
{     case    常量 1：语句组 1; break;
      case    常量 2：语句组 2; break;
                    …
      case    常量 n：语句组 n; break;
      [default：语句组 n+1;]
}
```

先判断表达式的值，若 case 后面有匹配的常量值则执行对应的语句组，若没有匹配的常量值在有 default 的情况下执行语句组 n+1。

case 后面一定要加 break 语句，这样只执行相关的语句组，而不再执行后面其他无关的语句组。

（4）break 语句用来退出 switch 语句或者退出循环语句。

（5）goto 语句可以跳转到同一函数内任意语句标号的位置，因此在程序设计中要慎用 goto 语句。

习题 5

1．选择题

（1）有以下程序段：

```
int a, b, c;
a=10; b=50; c=30;
if (a>b) a=b; b=c; c=a;
printf("a=%d b=%d c=%d\n", a, b, c);
```

运行结果是（　　）。

A．a=10 b=50 c=10　　B．a=10 b=50 c=30
C．a=10 b=30 c=10　　D．a=50 b=30 c=50

（2）有以下程序段:

```
int x=1, y=2, z=3;
if(x>y)
if(y<z) printf("%d", ++z);
else printf("%d", ++y);
printf("%d\n", x++);
```

运行结果是（　　）。

A．1　　B．41　　C．2　　D．331

（3）以下是 if 语句的基本形式：“if(表达式) 语句;”，其中“表达式”（　　）。

A．必须是逻辑表达式　　B．必须是关系表达式
C．必须是逻辑表达式或关系表达式　　D．可以是任意合法的表达式

（4）if 语句的基本形式是：“if(表达式) 语句;”，以下关于“表达式”值的叙述中正确的是（　　）。

A．必须是逻辑值　　B．必须是整数值
C．必须是正数　　D．可以是任意合法的数值

（5）有以下程序段：

```
int a=1,b=2,c=3,d=0;
if(a==1 && b++==2)
if(b!=2 || c--!=3)
   printf("%d,%d,%d\n",a,b,c);
else printf("%d,%d,%d\n",a,b,c);
else printf("%d,%d,%d\n",a,b,c);
```

程序的运行结果是（　　）。

A．1,2,3　　B．1,3,2　　C．1,3,3　　D．3,2,1

（6）下列条件语句中，运行结果与其他语句不同的是（　　）。

A．if(a) printf("%d\n",x);　　else printf("%d\n",y);

B．if(a==0) printf("%d\n",x);　　else printf("%d\n",y);

C．if(a!=0) printf("%d\n",x)　　else printf("%d\n",y);

D．if(a==0) printf("%d\n",y)　　else printf("%d\n",x);

（7）以下叙述正确的是（　　）。

A．break 语句只能用于 switch 语句

B．在 switch 语句中必须使用 default

C．break 语句必须与 switch 语句中的 case 匹配使用

D．在 switch 语句中，不一定使用 break 语句

（8）若变量已正确定义，以下语句段的运行结果是（　　）。

```
int x=0,y=2,z=3;
switch(x)
{
    case 0 : switch(y==2)
             {case   1 : printf("*");break;
              case   2 : printf("#");break;
             }
    case 1 : switch(z)
             {case   1 : printf("$");
              case   2 : printf("*");break;
              default : printf("#");
             }
}
```

A．**　　B．##　　C．#*　　D．*#

2．填空题

（1）在 C 语言中，当表达式值为 0 时表示逻辑“假”，当表达式值为________时表示逻辑“真”。

（2）给定一个五位数，判断它是不是回文数（如果一个数正序读和倒序读的结果一样就叫作回文数，例如 12321、123321，而 12345 则不是回文数）。如果一个五位数是回文数，则其个位与万位相同，十位与千位相同。请填空。

```
#include<stdio.h>
int main(int argc,char *argv[])
{
      int ge,shi,qian,wan,x;
      printf("请输入一个五位数：");
      scanf("%d",&x);
      wan=x/10000;
      qian=________;
      shi=________;
      ge=x%10;
      if (ge==wan && shi==qian)/*个位等于万位并且十位等于千位*/
          printf("这是一个回文数\n");
```

```
    else
    printf("这不是一个回文数\n");
    return 0;
}
```

3. 程序设计题

（1）编写程序，输入年月日，判断这一天是这一年的第几天。

（2）编写程序，求一元二次方程 $ax^2+bx+c=0$ 的解。

第6章 循环结构

太阳每天东升西落，春夏秋冬四季变换，一周七天周而复始，循环往复，这就是循环。在程序设计中为了完成这些重复执行的操作，就需要采用循环结构。

循环结构是指在程序中需要反复执行某个功能而设置的一种程序结构，被重复执行的部分叫作循环体。执行循环的条件叫作循环条件，终止循环的条件叫作终止条件。在程序设计中要注意循环不能永远运行（永远运行的循环叫作死循环，说明终止条件设计有误），当满足某种条件时一定要能够结束循环。

在C语言中可以使用三种循环语句，分别是while语句、do…while语句和for语句。

6.1 while语句

6.1.1 while语句的一般形式

while语句是当型循环（当条件成立时执行循环，直到条件不成立时退出循环），即先判断循环条件，再根据条件决定是否执行循环体，循环体最少执行0次。

while语句的一般形式如下：

```
while(表达式)
{ 循环体;}
```

例如：

```
while(i>0) {sum=sum+i;i--;}
```

注意：

（1）while是C语言的关键字。

（2）while后的表达式又称为循环继续条件表达式，可以是任意合法的表达式，由它来控制是否执行循环。

（3）while (表达式)后面没有分号，表达式在判断前，必须要有明确的值。

（4）当循环体语句多于一条时，用一对{ }括起来。若只有一条语句，可省略一对花括号。

（5）while语句常用于循环次数不固定的循环，根据是否满足某个条件来决定循环是否继续进行。

（6）进入 while 循环后，一定要有能使此表达式的值变为 0 的操作；否则，循环将会一直执行下去（死循环）。

6.1.2　while 语句的执行过程

while 语句的执行过程如下：

（1） 求解表达式的值，如果其值为真（即非 0）时，转步骤（2）；当值为假（即 0）时转步骤（4）。

（2）执行循环体语句。

（3）转去执行步骤（1）。

（4）退出 while 循环。

其特点是先判断表达式，后执行语句。执行过程如图 6-1 所示。

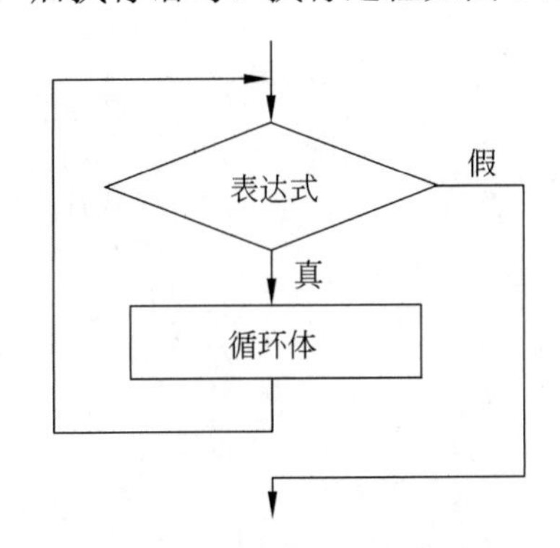

图 6-1　while 循环的执行过程

当表达式的值为真时，执行循环体语句，然后返回再计算表达式的值，如此反复，直到当表达式的值为假时，结束循环，执行后续语句。由以上叙述可知，while 后一对圆括号中表达式的值决定了循环体是否执行。因此，进入 while 循环体后，一定要有能使此表达式的值变为 0 的操作；否则，将会一直循环下去。

注意：不要混淆由 if 语句构成的选择结构和 while 语句构成的循环结构。if 语句后条件表达式的值为真时，其后的 if 子句只执行一次；而 while 后条件表达式的值为真时，其后的循环体中的语句将重复执行，而且在设计循环时，通常应在循环体内改变条件表达式中有关变量的值，使条件表达式的值最终变成 0，以便能及时退出循环。

【例 6-1】 编写程序，求 1+2+3+…+100 的和。

这是一个求 100 个数的累加和问题，根据已有的知识，可以用 1+2+…+100 来求解，但显然很烦琐。现在换个思路来考虑：1+2+3+…+100 中的所加的加数从 1 变化到 100，可以看到加数有规律地发生变化，后一个加数比前一个加数增 1，第一个加数为 1，最后一个加数为 100。因此可以在循环中使用一个整数变量 i，每循环一次使 i 增 1，一直循环到 i 的值超过 100，用这个办法就解决了所需的加数问题。但是要特别注意的是，变量 i 需要一个正确的初值，在这里它的初值应当设定为 1。

下一个要解决的是累加求和。设用一个变量 sum 来存放这 100 个数的和，可以先求 0+1

的和并将其放在 sum 中，然后把 sum 中的数加上 2 再存放在 sum 中，以此类推。这和人们心算的过程没有什么区别，sum 代表人脑中累加的那个和数，不同的是心算的过程由人们自己控制。在这里，sum 累加的过程要放在循环体中，由计算机判断所加的数是否已经超过 100，若没有则把加数放在变量 i 中，并在循环过程中一次次增 1。即首先设置一个累计器 sum，其初值为 0，利用 sum += i 来计算（i 依次取 1，2，…，100），只要解决以下三个问题即可。

（1）将 i 的初值置为 1；

（2）每执行 1 次 sum=sum+i 后，i 增 1；

（3）当 i 增到 101 时，停止计算。此时，sum 的值就是 1～100 的累加和。

示例代码如下。

```
#include<stdio.h>
int main(int argc,char *argv[])
{
    int  i,sum;
    i=1;                                    //循环变量的初始化
    sum=0;                                  //累加器的初始化
    while(i<=100)                           //循环执行条件
    {
        sum=sum+i;                          //累加
        i++;                                //修改循环变量
    }
    printf("1+2+3+…+100 的和为：%d\n",sum);
    return 0;
}
```

程序运行结果如图 6-2 所示。

```
1+2+3+…+100的和为：5050
```

图 6-2　例 6-1 的运行结果

注意：

（1）如果在第一次进入循环时，while 后圆括号内表达式的值为 0，循环一次也不执行。在本程序中，如果 i 的初值大于 100，将使表达式 i<=100 的值为 0，循环体也一次都不执行。

（2）在循环体中一定要有使循环趋向结束的操作，以上循环体内的语句 i++使 i 不断增 1，当 i>100 时，循环结束。如果没有“i++;”这条语句，则 i 的值始终不变，循环将无限进行。

（3）在循环体中，语句的先后位置必须符合逻辑，否则将会影响运算结果，例如，若将上例中的 while 循环体改写为

```
while (i<=100)
{    i++;              /*先计算 i++，后计算 sum 的值*/
     sum=sum+i;
}
```

运行后，输出：

```
sum=5150
```

这是因为在运行的过程中，少加了第一项的值 1，而多加了最后一项的值 101。

【例 6-2】 输入一系列整数，判断其正负数的个数，当输入 0 时，结束循环。

```
#include<stdio.h>
int main(int argc,char *argv[])
{    int x,i=0,j=0;
     scanf("%d",&x);         /*输入数据,为第一次判断做准备*/
     while(x!=0)             /*循环执行条件*/
     {    if(x>0)  i++;      /*判断正负号,记录正负数的个数*/
          else    j++;
          scanf("%d",&x);
     }
     printf("正数的个数是：%d，负数的个数是：%d\n",i,j);
     return 0;
}
```

运行结果如图 6-3 所示。

```
-3 3 -2 2 -1 1 0
正数的个数是：3，负数的个数是：3
```

图 6-3　例 6-2 的运行结果

【例 6-3】 求输入的某个数是否为质数。若是，输出是质数；若不是，输出不是质数。

质数是指那些大于 1 的自然数，且除了 1 和它本身以外不能被其他任何自然数整除的数，如 2、3、5、7、11 等都是质数；4、6、8、9 等不是质数，是合数。

根据质数的定义，为了判断某数 x 是否为质数，最简单的方法就是用 2，3，4，…，x−1 这些数逐个除 x，看能否除尽，只要能被其中某一个数除尽，x 就不是质数；若不能被任何一个数除尽，x 就是质数。

实际上只要试除到 $\sqrt{x}$ ，就已经可以说明 x 是否是质数了。这是因为如果小于或等于 $\sqrt{x}$ 的数都不能除尽 x，则大于 $\sqrt{x}$ 的数也不可能除尽 x。试除到 $\sqrt{x}$ ，可以减少循环次数，提高程序的运行效率。

程序如下：

```
#include<stdio.h>
#include<math.h>
int main(int argc,char *argv[])
{
    int i,x,a,flag;
    printf("请输入一个整数：");
    scanf("%d",&x);
    i=2;                          //从 2 开始除 x
    a=(int)sqrt((double)x);       //sqrt 是开平方函数
    flag=0;                       //状态标志位初始化置 0,即默认此时 x 是质数
    while(flag==0 &&i<=a)
```

```
    {
        if(x%i==0)                  //i 整除 x
        {    flag=1;                //标志位置 1,说明 x 不是质数      }
         else i++;
    }
    if(flag==1)
        printf("%d 不是质数! \n",x);
    else
        printf("%d 是质数! \n",x);
    return 0;
}
```

当 x=2 或 x=3 时，因 i 的初值 2 大于 a，while 循环根本不执行，flag 仍保持为 0，输出 2 或 3 是质数。当 x > 3 时，进入循环，若 x 能被 2～$\sqrt{x}$ 的某个数整除，则 x 不是质数，此时 flag 的值变为 1，再判断循环条件不成立，从而退出循环；若 x 为质数，flag 的值不变，仍为 0。退出循环后，if 的语句判断 flag 的值为 1 时，输出不是质数，否则输出是质数。

运行结果如图 6-4 所示。

```
请输入一个整数：11
11是质数！
```

（a）输入质数的运行结果

```
请输入一个整数：27
27不是质数！
```

（b）输入非质数的运行结果

图 6-4　例 6-3 的运行结果

6.2 do…while 语句

6.2.1 do…while 语句的格式

do…while 语句的一般形式为

do
{　循环体；}
while（表达式）；

例如：

```
do
{ sum+=i; i--; }
while(i<10);
```

说明：

（1）do 也是 C 语言的关键字，必须和 while 联合使用。

（2）do…while 循环由 do 开始，到 while 结束；在 while（表达式）后的“；”不可丢，它表示 do…while 语句的结束。

（3）while 后一对圆括号中的表达式可以是 C 语言中任意合法的表达式，由它控制循环体是否执行。

（4）在 do 和 while 之间的循环体语句多于一条时，用一对{ }括起。若只有一条语句，则可省略一对{ }。

6.2.2　do…while 语句的执行过程

do…while 语句的执行步骤如下：

（1）执行 do 后面循环体中的语句。

（2）计算 while 后表达式的值，当值为真（即非 0）时，转步骤（1）；当值为假（即 0）时，执行步骤（3）。

（3）退出 do…while 循环体。

其流程如图 6-5 所示。

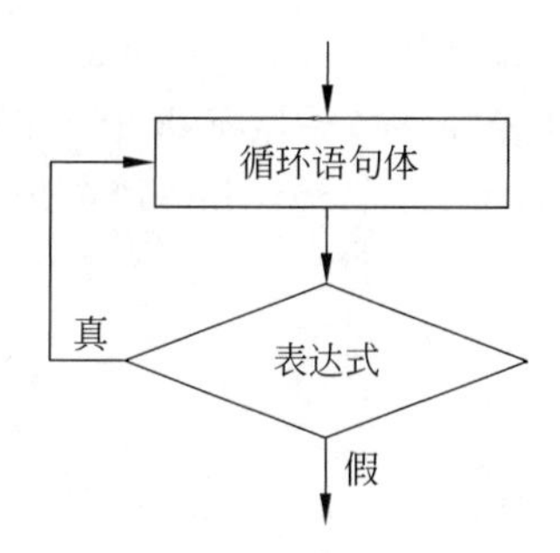

图 6-5　do…while 的流程图

【例 6-4】 用 do…while 语句实现 1+2+3+…+100。

```
#include<stdio.h>
int main(int argc,char *argv[])
{
    int i=1,sum=0;          /*定义并初始化循环控制变量以及累计器*/
    do{   sum=sum+i;        /*累加*/
          i++;
      }while(i<=100);       /*循环条件*/
    printf("1+2+3+…+100 的和是：%d\n",sum);
    return 0;
}
```

运行结果如图 6-6 所示。

```
1+2+3+…+100的和是：5050
```

图 6-6　例 6-4 的运行结果

从例 6-4 中可以看出，do…while 构成的循环与 while 循环十分相似，do…while 和 while 语句可以相互替换，但替换时要注意修改循环控制条件。两者又有重要区别：

（1）while 是先判断后执行，而 do…while 是先执行后判断。

（2）第一次条件为真时，while 和 do…while 等价；第一次条件为假时，两者不同。

例如：

```c
#include<stdio.h>
int main(int argc,char *argv[])
{
    int i;
    scanf("%d",&i);
    while(i<=10)
    {printf("%d\n",i);
    i++;}
    return 0;
}
```

```c
#include<stdio.h>
int main(int argc,char *argv[])
{
    int i;
    scanf("%d",&i);
    do {printf("%d\n",i);
        i++;}
    while(i<=10);
    return 0;
}
```

当输入的 i 值小于或等于 10 时，两者的结果相同；当输入的 i 的值大于 10 时，while 语句的循环体一次也不执行，而 do…while 语句的循环体却执行一次。当输入变量 i 的值为 11 时，while 语句不输出，而 do…while 语句输出 11。

注意：while 循环的控制出现在循环体之前，即 while 语句是先判断表达式再执行循环体；do…while 循环的控制出现在循环体之后，即 do…while 语句是先执行循环体然后再判断表达式。当表达式一开始就不成立时，do…while 语句仍要执行一遍循环体，而 while 语句则一次也不执行循环体。

6.3 for 语句

C 语言中的 for 语句使用最灵活，可用于循环次数已经确定的情况，也可用于循环次数不确定而只给出循环条件的情况。

6.3.1 for 语句的一般形式

for 语句构成的循环结构通常称为 for 循环。for 语句的一般形式如下：

```
for (初值表达式 1;条件表达式 2;增量表达式 3)
{
    循环体;
}
```

其中，

（1）初值表达式 1：用于循环开始前为循环变量设置初始值。

（2）条件表达式 2：控制循环执行的条件，决定循环次数。

（3）增量表达式 3：修改循环控制变量的值。

例如：

```c
for (i=0;i<10;i++)
{  sum=sum+i; }
```

注意：

（1）for 是 C 语言的关键字。

（2）for 后的圆括号中的三个表达式，各表达式之间用“;”隔开，这三个表达式可以是 C 语言任意合法的表达式。

（3）循环体语句，既可以是一条语句，也可以是多条语句，若为多条语句应该用花括号括起来组成复合语句。

6.3.2 for 语句的执行过程

for 语句的执行过程如下：

（1）计算初值表达式 1 的值。

（2）判断条件表达式 2 的值，若结果为真（非 0），则转步骤（3）；若结果为假，则转步骤（5）。

（3）执行一次循环体语句。

（4）计算增量表达式 3，转步骤（2）。

（5）终止循环，执行 for 语句的后续语句。

可以用图 6-7 来表示 for 语句的执行过程。

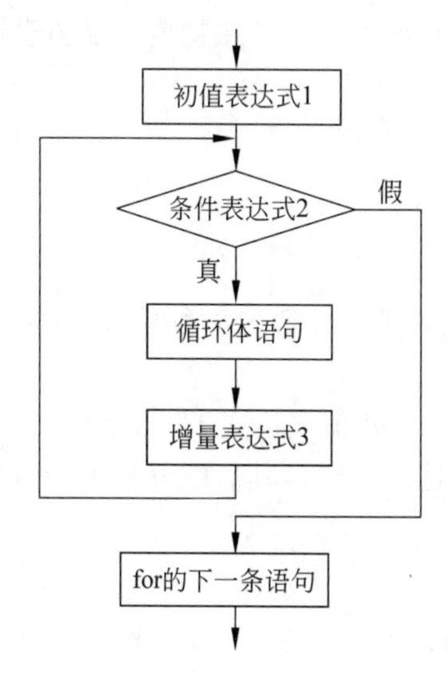

图 6-7 for 语句的执行过程

【例 6-5】 用 for 语句实现 1+2+3+…+100。

```
#include<stdio.h>
int main(int argc,char *argv[])
{
    int i,sum;
    for(i=1,sum=0; i<=100; i++)
    {    sum += i;     /*累加*/
    }
    printf("1+2+3+…+100 的和是: %d\n",sum);
    return 0;
}
```

6.3.3 有关 for 循环的说明

（1）for 语句中的初值表达式 1 和增量表达式 3 既可以是一个简单的表达式，也可以是逗号连接的多个表达式，此时的逗号作为运算符使用。

例如：

```
for(s=0,i=1;i<=100;i++) s=s+i;
```

或

```
for(i=1,j=100;i<=j;i++,j--) k=i+j;
```

在逗号表达式内按自左至右顺序求解，整个逗号表达式的值为其中最右边表达式的值。

例如：

```
for(i=1;i<=100;i++,i++) s=s+i;
```

相当于

```
for(i=1;i<=100;i=i+2) s=s+i;
```

（2）初值表达式 1 既可以是给循环变量赋初值的赋值表达式，也可以是与此无关的其他表达式。

例如：

```
for(sum=0;i<=100;i++) sum += i;
for(sum=0,i=1;i<=100;i++) sum += i;
```

（3）for 语句中的三个表达式都是任选项，都可以省略，但要注意省略表达式后，分号间隔符不能省略。

① for 语句的一般形式中的"初值表达式 1"可以省略，此时应在 for 语句之前给循环变量赋初值。注意省略初值表达式 1 时，其后的分号不能省略。

例如：

```
i=1;
for(;i<=100;i++) s=s+i;
```

执行时，跳过"初值表达式 1"这一步，其他不变。

② 如果条件表达式 2 省略，即不判断循环条件，循环将无终止地进行下去。也就是认为条件表达式 2 始终为真。

例如：

```
for(i=1; ;i++) s=s+i;
```

相当于

```
i=1;
while(1)
{   s=s+i;
```

```
    i++;
}
```

③ 增量表达式 3 也可以省略，这种情况下增量表达式可以放在循环体中。

例如：

```
for(i=1;i<=100;)
{    s=s+i;
     i++;
}
```

④ 可以省略初值表达式 1 和增量表达式 3，只保留条件表达式 2，即只有循环条件。

例如：

```
for(;i<=100;)
{    s=s+i;
     i++;
}
```

相当于

```
while(i<=100)
{    s=s+i;
      i++;
}
```

⑤ for 语句中的 3 个表达式都可以省略。

例如：

```
for(; ;)
```

相当于

```
while(1)
```

即不设初值，不判断循环条件（条件表达式 2 为真值），循环变量不增值，无终止地执行循环体。

⑥ 条件表达式 2 一般是关系表达式（如 i<=100）或逻辑表达式（如 a<b&&x<y），但也可以是任意其他类型的表达式，只要其值为真，就执行循环体。

例如：

```
for(sum=0,i=100;i;i--) sum=sum+i;
```

这个 for 语句中的循环条件是 i，其值为真（非 0）时执行循环，它与前面 for 语句求 1+2+3+…+100 的作用相同，它等价于：

```
for(sum=0,i=100;i!=0;i--) sum=sum+i;
```

（4）循环体为空语句。

对 for 语句，循环体为空语句的一般形式为

```
for (初值表达式 1; 条件表达式 2; 增量表达式 3);
```

例如：

```
for(sum=0,i=1; i<=100; sum+=i, i++);
```

此处的 for 语句的循环体为空语句，把本来要在循环体内处理的内容放在表达式 3 中，其作用是一样的。

由此可见，for 语句功能强大并且书写方式灵活，可以在表达式中完成本来应在循环体内完成的操作，也可以把循环体和一些与循环控制无关的操作放在初值表达式 1 和增量表达式 3 中，这样程序可以变得短小简洁。但过分地利用这一点会使 for 语句显得杂乱，可读性差，建议不要把与循环控制无关的内容放到 for 语句的表达式中。

【例 6-6】 求 n 的阶乘 n!（n!=1×2×3×⋯×n）。

程序分析：本例是一个典型的累乘问题。与累加一样，累乘也是程序设计中的基本算法之一。程序中 i 从 1 变化到 n，每次增 1，循环体内的表达式 s=s*i 用来进行累乘。

```
#include<stdio.h>
int main(int argc,char *argv[])
{
    int i, n;
    int s;                          /*变量 s 放置累乘的积*/
    s=1;                            /*注意：s 的初值为 1*/
    printf("请输入一个正整数：");
    scanf("%d", &n);
    for(i=1; i<=n; i++)             /*用 n 作为循环的终值*/
        s=s*i;                      /*实现累乘*/
    printf("%d 的阶乘为：%d\n",n,s);
    return 0;
}
```

运行结果如图 6-8 所示。

```
请输入一个正整数：10
10的阶乘为：3628800
```

图 6-8　例 6-6 的一次运行结果

当输入 17 时，程序的运行结果如图 6-9 所示。

```
请输入一个正整数：17
17的阶乘为：-288522240
```

图 6-9　例 6-6 输入 17 的运行结果

出现这种情况的原因是什么？请读者自行分析。

【例 6-7】 编写程序，在十万以内查找一个整数，它加上 100 后是一个完全平方数，再加上 168 又是一个完全平方数，请问该数是多少？

程序分析：本题想要求出十万以内满足条件的所有数据，因此可以一一测试十万以内的每个数据，看哪些数据满足条件，若满足则采纳这个解，否则抛弃它。对于所列举的值，既不能遗漏也不能重复。因此采用“枚举法”来解决这个问题。

示例代码如下：

```
#include<stdio.h>
#include<math.h>
int main(int argc,char *argv[])
{
    int i,a,b;
    printf("这样的数字有：");
    for(i=1;i<100000;i++)                //逐一检测
    {
        a=(int)sqrt((i+100));
        b=(int)sqrt((i+268));
        if(a*a==i+100 && b*b==i+268)    //满足题目要求的即为一个解
            printf("%d ",i);
    }
    printf("\n");
    return 0;
}
```

运行结果如图 6-10 所示。

这样的数字有：21 261 1581

图 6-10　例 6-7 的运行结果

【例 6-8】斐波那契数列的兔子繁殖问题：有一对兔子，从出生后第 3 个月起每个月都生一对兔子，小兔子长到第 3 个月后每个月又生一对兔子，假如兔子都不死，问前 20 个月每个月的兔子总数为多少？每行输出 5 个数。

分析：每个月的兔子数等于本月原有的兔子数（上个月的兔子数）加上本月新生的兔子数（上两个月的兔子数，因为上两个月的兔子到本月都可以生一对新兔子），因此本月的兔子数=上个月的兔子数+上两个月的兔子数。

由分析可知，每个月的兔子数为 1，1，2，3，5，8，13，21，…，这是个斐波那契数列，由第三项开始，每一项都是前两项之和，可以用变量 f1 表示第一个数，变量 f2 表示第二个数，变量 f3 表示第三个数，则斐波那契数列前三项的关系可表示为 f1=1，f2=1，f3=f1+f2。而其他项的值只要改变 f1,f2 的值，即可求出下一个数，即 f1=f2，f2=f3，f3=f1+f2。因此该程序可以采用“递推法”来编程。

递推法就是从初值出发，归纳出新值与旧值之间的关系，直到求出所需的值为止。新值的求出依赖于旧值，如果不知道旧值，就无法推导出新值。数学上递推公式正是这一类问题。

示例代码如下：

```
#include<stdio.h>
int main(int argc,char *argv[])
{
    int f1,f2,f3;
    int i,n=2;
```

```
    f1=1;f2=1;
    printf("%8d%8d",f1,f2);
    for(i=3;i<=20;i++)
    {
        f3=f1+f2;
        printf("%8d",f3);
        n++;
        f1=f2;
        f2=f3;
        if(n%5==0)printf("\n");
    }
    return 0;
}
```

运行结果如图 6-11 所示。

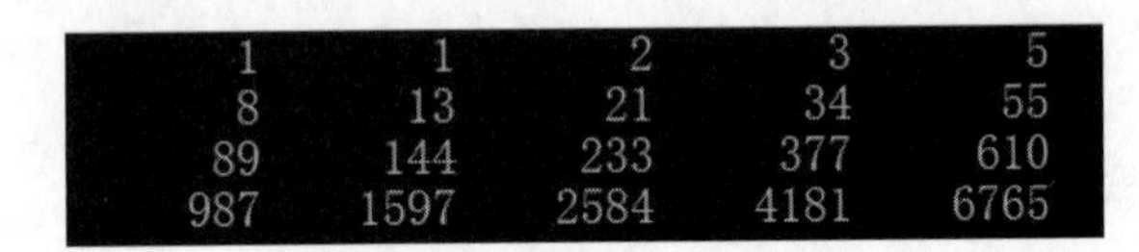

图 6-11　例 6-8 的运行结果

【例 6-9】 编写程序，求两个正整数的最大公约数和最小公倍数。

求最大公约数有多种方法，常见的有辗转相除法、更相减损法、短除法等。本题用辗转相除法来求解，示例代码如下：

```
#include<stdio.h>
int main(int argc,char *argv[])
{
    int  num1, num2, x, y, temp;
    printf("请输入两个正整数:");
    scanf("%d%d", &num1, &num2);
    if(num1<num2)  //让 num1 是大数,num2 是小数。
    {
        temp=num1;
        num1=num2;
        num2=temp;
    }
    //当余数非 0 时重置被除数与除数,被除数取原来的除数,除数取原来的余数
    for(x=num1,y=num2,temp=x%y;temp!=0;)
    {
        x = y;
        y = temp;
        temp = x%y;
    }
    printf("它们的最大公约数为: %d\n", y);  //余数为 0 时除数即是最大公约数
    printf("它们的最小公倍数为: %d\n", num1*num2/y);
    return 0;
}
```

运行结果如图 6-12 所示。

```
请输入两个正整数:16 24
它们的最大公约数为: 8
它们的最小公倍数为: 48
```

图 6-12 例 6-9 的一次运行结果

本例中的 if 语句也可以省略，请读者思考这是为什么。

如果要求一个区间内的全部质数（如 100～200），那么用现在学过的单层循环是不行的，这需要用循环的嵌套来实现。

6.4 循环结构的嵌套

循环体本身是一条语句或一组语句，当然这些语句也可以是一个循环语句。这种一个循环内又包含另一个完整的循环结构，称为循环的嵌套结构。嵌套在循环体内的循环体称为内循环，外面的循环称为外循环。如果内循环体中又有嵌套的循环语句，则构成多重循环。

6.4.1 嵌套循环的一般格式

while 循环、do…while 循环和 for 循环可以互相嵌套，外层循环可以分别是三种循环中的一种，内层循环也可以分别是三种循环中的一种，故可以构成九种循环的嵌套格式。

6.4.2 嵌套循环的执行流程

以双层嵌套 for 循环为例，其执行步骤如下：

（1）先求外层循环初始条件；

（2）再求解外层循环条件表达式的值，若为真即非 0，则转步骤（3），否则转步骤（8）；

（3）求内层循环初始条件；

（4）再求解内层循环条件表达式的值，若为真即非 0，则转步骤（5），否则转步骤（7）；

（5）执行内层循序的循环体一次；

（6）内层循环变量自加后转步骤（4）；

（7）外层循环变量自加后转步骤（2）；

（8）退出循环，执行嵌套循环的后续语句。

可以用图 6-13 来表示双层嵌套 for 循环的执行过程。

注意：内层循环必须完全包含在外层循环中，即内、外层循环不许交叉，也就是说，内、外层循环控制变量不允许同名。循环嵌套的层数没有限制，但层数太多，可读性会变差。

【例 6-10】 将例 6-3 改为求 200～300 中的全部质数并输出，每行输出 5 个。

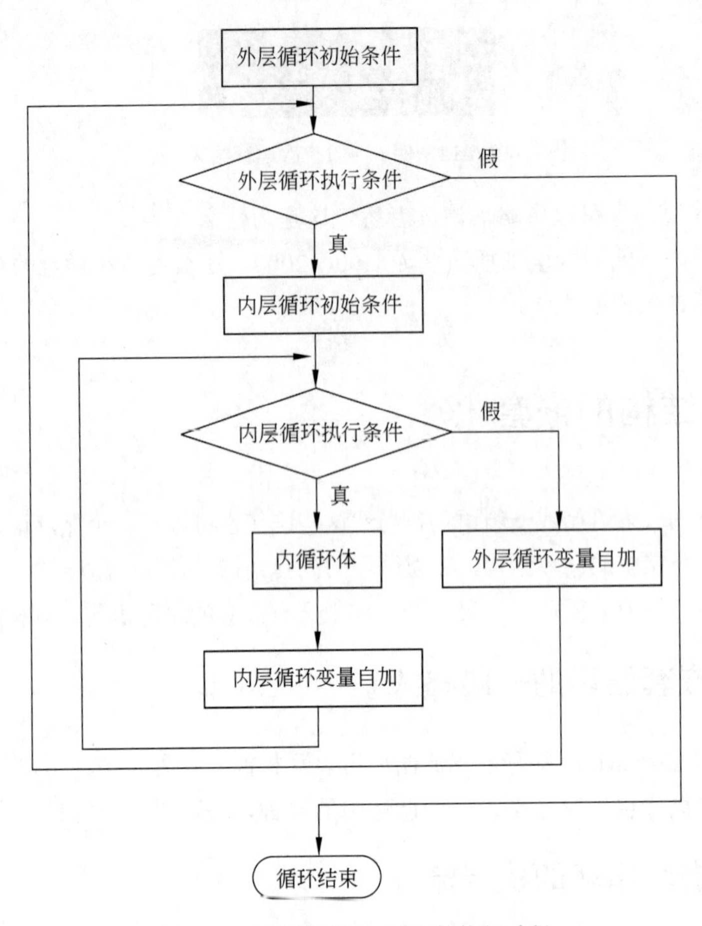

图 6-13　双层嵌套 for 循环的执行过程

```
#include<stdio.h>
#include<math.h>
int main(int argc,char *argv[])
{
    int m,k,i,n=0,yes;
    for(m=201;m<=300;m=m+2)          //枚举法,判断 200 到 300 内的所有奇数
    {
        yes=1;                       //状态标识,默认值为 1
        k=(int)sqrt(m);
        for(i=2;i<=k && yes;i++)
            if(m%i==0)
                yes=0;               //若 m 被 i 整除则状态标识置 0
        if(yes)                      //状态标识非 0 说明此时的 m 是素数
        {
            printf("%8d",m);
            n++;                     //素数个数的计数器
            if(n%5==0)   printf("\n");   //若计数器 n 是 5 的倍数则换行
        }
    }
    printf("\n");
    return 0;
```

```
}
```

运行结果如图 6-14 所示。

```
211     223     227     229     233
239     241     251     257     263
269     271     277     281     283
293
```

图 6-14　例 6-10 的运行结果

【例 6-11】 我国古代数学家张丘建在《算经》一书中提出的数学问题：鸡翁一值钱五，鸡母一值钱三，鸡雏三值钱一。百钱买百鸡，问鸡翁、鸡母、鸡雏各几何？

这是经典的“百钱买百鸡”的问题。已知公鸡 5 元 1 只，母鸡 3 元 1 只，小鸡 1 元 3 只，现在有 100 元，要买 100 只鸡，问公鸡、母鸡和小鸡各多少只？

这个题可以用“枚举法”来解决。若 100 元全用来买公鸡，则公鸡可以买 20 只，即公鸡最多可以有 20 只。同理母鸡最多可以有 33 只，小鸡最多只能有 100 只。因此可以将公鸡、母鸡和小鸡的个数进行循环，若对应的个数满足百钱百鸡的条件，即为一组解。

示例代码如下：

```
#include<stdio.h>
#include<math.h>
int main(int argc,char *argv[])
{
    int i,j,k;
    for(i=0;i<=20;i++)          //公鸡可能的数量
        for(j=0;j<=33;j++)      //母鸡可能的数量
            for(k=0;k<=100;k++) //小鸡可能的数量
            {   //注意 k 一定是 3 的倍数
                if(5*i+3*j+k/3==100 && i+j+k==100 && k%3==0)
                   printf("公鸡有%d 只,母鸡有%d 只,小鸡有%d 只\n",i,j,k);
            }
    return 0;
}
```

运行结果如图 6-15 所示。

```
公鸡有0只，母鸡有25只，小鸡有75只
公鸡有4只，母鸡有18只，小鸡有78只
公鸡有8只，母鸡有11只，小鸡有81只
公鸡有12只，母鸡有4只，小鸡有84只
```

图 6-15　例 6-11 的运行结果

枚举法（也叫穷举法或暴力破解法）就是对所有可能的情况逐一列举，然后用已知条件进行筛选，把满足条件的列举出来。

枚举法的弊端是循环次数较多，如以上示例共需循环 21×34×101 次，这是因为循环层次数较多。在编程时可以通过减少循环层次来减少运算的次数，达到简化运算的目的。例如以上问题有 i、j、k 共 3 个变量，可以通过已知条件进行消元，变成 2 个变量甚至 1 个变量，那么循环的次数就会大大降低，读者可以尝试解决。

【例 6-12】 在屏幕上输出以下平行四边形。

```
   *****
  *****
 *****
*****
```

分析：以上平行四边形每行输出 5 个星号，在第 1 行的星号前边输出 3 个空格，第 2 行的星号前边输出 2 个空格，第 3 行的星号前边输出 1 个空格，第 4 行的星号前边输出 0 个空格，这样在视觉上会形成一个平行四边形。空格的个数+行数=4，因此空格的个数=4－行数。

示例代码如下：

```
#include<stdio.h>
int main(int argc,char *argv[])
{
    int i,j,n;
    for(i=1;i<=4;i++)              //输出 4 行
    {
        for(j=1;j<=4-i;j++)        //每行输出 4-i 个空格
            putchar(' ');
        for(j=1;j<=5;j++)          //每行输出 5 个星号
            putchar('*');
        putchar('\n');             //换行
    }
    return 0;
}
```

6.5 break 语句和 continue 语句

第 5 章已经介绍过用 break 语句可以使流程跳出 switch 语句，继续执行 switch 语句的后续语句，同时 break 语句还可以用在循环结构中。为了使循环控制更加灵活，C 语言提供了 break 语句和 continue 语句。

break 语句的作用是结束所在的循环，执行循环的后续语句；continue 的作用是结束本次循环，转去执行下一次循环。

6.5.1 break 语句

break 语句的一般形式如下：

```
break;
```

功能：在循环语句中当程序不满足某条件时提前结束循环。

一般在循环次数不能预先确定的情况下使用 break 语句，当某个条件成立时，由 break 语句退出循环，从而结束循环。

【**例 6-13**】将例 6-10 用 break 语句实现。

```
#include<stdio.h>
#include<math.h>
int main(int argc,char *argv[])
{
    int m,k,i,n=0;
    for(m=201;m<=300;m=m+2)
    {
        k=(int)sqrt(m);
        for(i=2;i<=k;i++)
            if(m%i==0)    break;  //若 m 被某个 i 整除则无须再判断其他数了,直接退出
        if(i>k)
        {
            printf("%8d",m);
            n++;
            if(n%5==0)   printf("\n");
        }
    }
    return 0;
}
```

【**例 6-14**】求 1000 以内能被 7 和 17 整除的最小偶数。

```
#include<stdio.h>
int main(int argc,char *argv[])
{
    int i;
    for(i=18;i<=1000;i+=2)
        if(i%7==0 && i%17==0)
        {
            printf("能被 7 和 17 整除的最小偶数是: %d\n",i);
            break;               //找到满足条件的数,结束循环
        }
    return 0;
}
```

运行结果如图 6-16 所示。

```
能被7和17整除的最小偶数是: 238
```

图 6-16　例 6-14 的运行结果

6.5.2　continue 语句

continue 语句的一般形式如下：

continue;

功能：结束本次循环，即跳过循环体中下面尚未执行的语句，转去执行下一次循环。

【**例 6-15**】下面程序的运行结果是什么？

```
#include<stdio.h>
int main(int argc,char *argv[])
{
    int i;
    for(i=1;i<=5;i++)
    {
        printf("%d ",i);
        if(i>=3) continue;
        printf("%d ",i);
    }
    return 0;
}
```

运行结果如图 6-17 所示。

```
1 1 2 2 3 4 5
```

图 6-17　例 6-15 的运行结果

这是因为当 i≥3 时，每次执行完第一个输出语句之后，该次循环都会因 continue 而结束，使得第二次输出没有执行。

若将该例中的 continue 换成 break，程序会输出什么？请读者自行分析。

6.5.3　break 语句和 continue 语句的区别

（1）break 语句可以应用于循环语句和 switch 语句，而 continue 语句只能应用于循环语句。

（2）在循环语句中，break 语句用来退出整个循环，而 continue 语句用来退出当次循环，转去执行下一次循环。

6.6　几种循环结构的比较

（1）三种循环可以用来处理同一问题，一般情况下它们可以互相代替。

（2）用 while 语句和 do…while 语句时，循环变量初始化的操作应在 while 和 do…while 语句之前完成。for 语句可以在表达式 1 中实现变量的初始化。

（3）while 语句和 for 语句先判断表达式的值，后执行循环体；而 do…while 语句先执行循环体，后判断表达式的值。

（4）while 语句、do…while 语句和 for 语句都可以用 break 语句跳出循环，用 continue 语句结束本次循环，而对于用 if 构成的条件语句则不能用 break 语句和 continue 语句进行控制。

6.7　案例

第 5 章在最后的案例中打印了学生成绩管理系统的欢迎界面，并根据输入显示欢迎词，但是每执行一次只能输入一次。实际执行时当执行完一次之后应当重新回到欢迎界面，直到关闭界面才结束程序，或者输入有误时应该提醒重新输入并返回欢迎界面，而这就需要用到循环结构来实现。

【例 6-16】 循环打印学生成绩管理系统的欢迎界面。

示例程序如下：

```
#include<stdio.h>
int main(int argc,char *argv[])
{
    printf("\t\t\t欢迎使用学生成绩管理系统! \n");    //居中排版
    printf("\t请选择您的身份: 1. 学生  2. 老师  3. 管理员  0. 退出\n");
    int x;
    while(scanf("%d",&x))                           //循环输入
    {
        switch(x)
        {
            /*switch中的break语句用来退出switch语句*/
            case 1:printf("欢迎您, 同学\n");break;
            case 2:printf("欢迎您, 老师\n");break;
            case 3:printf("欢迎您, 管理员\n");break;
            case 0:printf("欢迎下次使用本系统\n");break;
            default:printf("您的输入有误, 请重试!\n");
        }
        /*以下!x等价于x!=0*/
        if(!x) break;                   //这个break语句用来退出所在的while循环
        printf("\t\t\t欢迎使用学生成绩管理系统!\n"); //居中排版
        printf("\t请选择您的身份: 1.学生  2.老师  3.管理员  0.退出\n");
    }
    return 0;
}
```

运行结果如图 6-18 所示。

```
                        欢迎使用学生成绩管理系统!
        请选择您的身份: 1. 学生  2. 老师  3. 管理员  0. 退出
1
欢迎您，同学
                        欢迎使用学生成绩管理系统!
        请选择您的身份: 1. 学生  2. 老师  3. 管理员  0. 退出
2
欢迎您，老师
                        欢迎使用学生成绩管理系统!
        请选择您的身份: 1. 学生  2. 老师  3. 管理员  0. 退出
3
欢迎您，管理员
                        欢迎使用学生成绩管理系统!
        请选择您的身份: 1. 学生  2. 老师  3. 管理员  0. 退出
4
您的输入有误，请重试!
                        欢迎使用学生成绩管理系统!
        请选择您的身份: 1. 学生  2. 老师  3. 管理员  0. 退出
0
欢迎下次使用本系统
```

图 6-18　例 6-16 的运行结果

6.8 小结

（1）循环结构是指在程序中需要反复执行某个功能而设置的一种程序结构，被重复执行的部分叫作循环体。循环不能永远运行，当满足某种条件时一定要能够结束循环。

在 C 语言中可以使用三种循环语句，分别是 while 语句、do…while 语句和 for 语句。

（2）while 语句的一般形式如下：

```
while(表达式)
{ 循环体;}
```

当表达式成立时执行循环体，不成立时退出循环。

while 语句至少执行 0 次。

（3）do…while 语句的一般形式如下：

```
do
{ 循环体;}
while(表达式);
```

当表达式成立时执行循环体，不成立时退出循环。

do…while 语句至少执行 1 次。

（4）for 语句的一般形式如下：

```
for (初值表达式 1;条件表达式 2;增量表达式 3)
{       循环体; }
```

当条件表达式成立时执行循环体，不成立时退出循环。

这三个表达式的使用方式非常灵活，也可以都不使用，但是对应的分号不能省略。

（5）循环语句的循环体也可以是循环语句，此时就构成了循环的嵌套结构。可以进行多层嵌套，但是嵌套的层数不要太多，否则会使程序的效率和可读性均变差。

（6）break 语句可以应用于循环语句和 switch 语句，而 continue 语句只能应用于循环语句。在循环语句中，break 语句用来退出整个循环，而 continue 语句用来退出当次循环，转去执行下一次循环。

习题 6

1. 选择题

（1）以下不构成无限循环的语句或语句组是（　　）。

A. n=0;
do {++n;} while (n<=0);

B. n=0;
while(1) {n++;}

C. n=10;
while (n) {n--;}

D. for(n=0, i=1; ;i++)
n+=i;

（2）有以下程序：

```
#include<stdio.h>
int main(int argc,char *argv[])
{
    int i, j;
    for(i=3; i>=1; i--)
    {
        for(j=1; j<=2; j++) printf("%d ", i+j);
        printf("\n");
    }
    return 0;
}
```

程序的运行结果是（　　）。

A. 2 3 4
3 4 5

B. 4 3 2
5 4 3

C. 2 3
3 4
4 5

D. 4 5
3 4
2 3

（3）以下程序中的变量已正确定义

```
for(i=0;i<4;i++,i++)
for(k=1;k<3;k++);
printf("*");
```

程序段的运行结果是（　　）。

A. ********　　B. ****　　C. **　　D. *

（4）设变量已正确定义，以下不能统计出一行中输入字符个数（不包含回车符）的程序段是（　　）。

A. n=0;while ((ch=getchar())!='\n') n++;

B. n=0;while (getchar()!='\n') n++;

C. for (n=0; getchar()!='\n';n++);

D. n=0;for (ch=getchar();ch!='\n';n++);

（5）以下程序执行后的运行结果是（　　）。

```
#include<stdio.h>
int main(int argc,char *argv[])
{
    int y=10;
    while(y--);
    printf("y=%d\n",y);
}
```

A. y=0　　B. y=−1

C. y=1　　　　D. while 构成无限循环

（6）有以下程序：

```
#include<stdio.h>
int main(int argc,char *argv[])
{
    char b,c;
    int i;
    b='a',c='A';
    for(i=0;i<6;i++)
    {
        if(i%2) putchar(i+b);
        else putchar(i+c);
    }
    printf("\n");
}
```

程序的运行结果是（　　）。

A. ABCDEF　　B. AbCdEf　　C. aBcDeF　　D. abcdef

（7）有以下程序：

```
#include<stdio.h>
int main(int argc,char *argv[])
{ …
    while( getchar()!='\n');
    …
}
```

以下叙述中正确的是（　　）。

A. 此 while 语句将无限循环

B. getchar 不可以出现在 while 语句的条件表达式中

C. 当执行此 while 语句时，只有按回车键程序才能继续执行

D. 当执行此 while 语句时，按任意键程序就能继续执行

（8）以下叙述正确的是（　　）。

A. do…while 语句构成的循环不能用其他语句构成的循环代替

B. do…while 语句构成的循环只能用 break 语句退出

C. 用 do…while 语句构成的循环，在 while 后的表达式为非零时结束循环

D. 用 do…while 语句构成的循环，在 while 后的表达式为零时结束循环

（9）计算 s=1+1/2+1/3+1/4+…1/10。

```
#include<stdio.h>
int main(int argc,char *argv[])
{
    int n; float s;
    s=1.0;
    for(n=10;n>1;n--)
        s=s+1/n;
```

```
    printf("%6.4f\n",s);
    return 0;
}
```

该程序运行结果错误，导致错误结果的程序行是（　　）。

A．s=s+1/n;　　　　B．for(n=10;n>1;n--)

C．s=1.0;　　　　D．printf("%6.4f\n",s);

2. 程序填空题

（1）下面的程序是求一个三位数，它的值等于各位数字的立方和（这样的数叫作水仙花数），请填空。

```
#include<stdio.h>
int main(int argc,char *argv[])
{
    int i,j,k;
    int m,n;
    for(i=1;i<=9;i++)
        for(j=0;j<=9;j++)
            for(k=0;k<=9;k++)
            {
                m=i*100+j*10+k;
                n=_______________;
                if (m==n)
                    printf("%d\n",m);
            }
    return 0;
}
```

（2）以下程序的功能是将键盘输入的字符串中小写字母转换成大写字母输出，请填空。

```
#include"stdio.h"
int main(int argc,char *argv[])
{
    char ch;
    ch=getchar();
    while(ch!='\n')
    {
        if(_______________)
        {
            ch=ch-32;
            putchar(ch);
        }
        ch=getchar();
    }
}
```

（3）以下程序的功能是：将输入的正整数按逆序输出。例如，若输入 135，则输出 531。请填空。

```
#include<stdio.h>
int main(int argc,char *argv[])
{
    int n,s;
    printf("请输入一个整数:");
    scanf("%d",&n);
    printf("逆序输出之后是: ");
    do
    {
        s=n%10;
        printf("%d",s);
        __________;
    }
    while(n!=0);
    printf("\n");
}
```

（4）将一个正整数分解质因数。例如，输入 90，打印出 90=2*3*3*5。

```
#include<stdio.h>
int main(int argc,char *argv[])
{
    int n,i;
    printf("请输入一个整数: ");
    scanf("%d",&n);
    printf("%d=",n);
    for(i=2;i<n;i++)
    {
        if(n%i==0)
        {
            printf("%d*",i);
            n=n/i;
            __________;
        }
    }
    printf("%d",n);
    return 0;
}
```

3. 程序设计题

（1）编写程序，求 e 的值。

$$e \approx 1+\frac{1}{1!}+\frac{1}{2!}+\frac{1}{3!}+\frac{1}{4!}+\cdots+\frac{1}{n!}$$

① 用 for 循环，计算前 30 项的和。

② 用 while 循环，要求直至最后一项的值小于 10^{-4}。

（2）输出九九乘法表。

（3）一个数如果恰好等于它的因子之和，这个数就称为“完数”。例如，6=1＋2＋3。编程找出 1000 以内的所有完数。

（4）输入一个整数 n（半个菱形的高度），输出一个 2n−1 行的菱形。如输入 4 时，输出以下菱形。

```
   *
  ***
 *****
*******
 *****
  ***
   *
```

函 数

程序设计按照结构性质划分可以分为两类，一类是结构化程序设计，另一类是非结构化程序设计。结构化程序设计（structured programming）的概念最早由 E.W.Dijikstra 在 1965 年提出，是软件发展的一个重要的里程碑。它的主要观点是采用自顶向下、逐步求精及模块化的程序设计方法，使用顺序、选择和循环这三种基本控制结构来构造有层次性的复杂结构，强调程序的易读性。非结构化程序设计则不具备这些特点。

C 语言是结构化程序设计语言，因此它的程序设计方法也是“自顶向下、逐步求精、模块化”。也就是说，在程序设计时，首先进行顶层的框架设计，对于框架中的每部分可以做成一个独立的模块进行处理，对于每一个模块又可以分成下一层的更小的模块进行处理，直到每个终端模块都可以实现一个比较合理的功能并且比较容易编程实现时为止。

模块化可以简单地理解为把一个大的问题（模块）分成若干子问题（子模块），这些子问题还可以进一步分解成更小的问题，直到每个小问题都是一个可以解决的问题时为止，如图 7-1 所示。

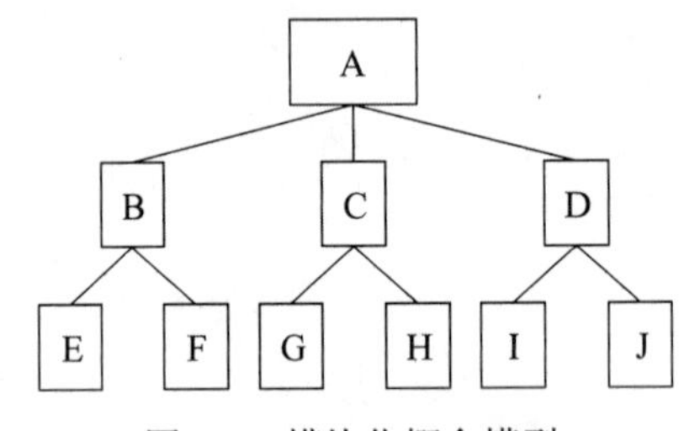

图 7-1　模块化概念模型

问题 A 可以分解成 B、C 和 D，B 又可以分解成 E 和 F，C 又可以分解成 G 和 H，D 又可以分解成 I 和 J，如果 E 和 F 可以解决，则 B 就自然解决。同理，如果 G 和 H 解决，则 C 就解决，如果 I 和 J 解决，则 D 就解决。当 B、C 和 D 解决完以后，A 自然就解决了。这就是模块化处理问题的思路，将问题分解成子问题，然后对子问题各个击破。

C 语言中的模块是用函数来实现的，这样可以使整个程序看起来更加清晰，具有很好的易读性。函数就是一个程序段、一个功能模块，相当于图 7-1 中的各个问题。C 语言的程序由函数构成，一个程序中必须有且只有一个主函数（main 函数，相当于图 7-1 中的问题 A），函数在执行时必须从主函数开始执行，然后主函数可以调用相应的函数（称为子函数，如图 7-1 中的 B、C、D）去执行相应的功能。

一个 C 语言的程序不一定只由一个文件构成，可能由几个文件构成，但是不管有几个文件，都要从主函数所在的文件开始执行。如果在主函数所在的文件中用到了其他文件中的常量、变量或者函数，只需要通过文件包含将其他的文件模块包含进来即可（详见 7.8.1 节）。

7.1　函数的定义和返回值

C 语言中函数必须先定义再使用，直接使用一个没有定义过的函数是不可以的。C 语言中函数的一般形式如下：

```
/*函数首部*/
[函数返回值类型] 函数名([数据类型 1 形式参数 1,数据类型 2 形式参数 2,…])
{
    /*函数体部分*/
    变量说明部分;
    执行语句部分;
}
```

例如，定义一个求两个整数的最大值的函数，示例代码如下：

```
int max(int x, int y)
{
    int z;
    z=x>y?x:y;
    return z;
}
```

C 语言定义函数要遵循以下原则：

（1）在函数首部的定义中，函数名必须是合法的标识符，尽量做到见名知意，即函数名最好是一些有意义的标识符，让用户看见函数名就能知道该函数的功能，如函数名 max。

（2）括号中接形式参数表。形式参数表定义了函数与调用函数之间的接口，每个变量必须单独给出明确的数据类型。函数定义时不一定要有形式参数表，没有形式参数表的函数叫无参函数，有形式参数表的函数叫有参函数。

在 max 函数中想要求两个整数 x、y 的最大值，因此在括号中定义两个整型变量 x 和 y，此时注意 x、y 一定要分开定义，不能定义成 int x,y 的形式。形式参数（形参）只有当函数在被调用时才被调用函数中的实际参数（实参）赋值（详见 7.3 节）。

（3）如果一个函数需要返回一个结果给调用它的函数，那么该结果必须要有一个明确的类型，称为函数的返回值类型，如 int、float、char 等；如果一个函数不需要向调用它的函数返回一个结果，此时应该把函数定义为 void 类型（空类型）。如果没有定义某函数返回值类型，则默认该函数返回值类型为 int。上例中，max 函数的返回值是两个整数中的最大值，因此其函数返回值类型是 int。

（4）函数体内包括变量说明和执行语句两部分。此时定义的变量仅在函数体内起作用，当函数结束时这些变量就不再起作用了。如函数 max 执行结束后，z 也随之消失了。

（5）执行语句是真正实现该函数功能的语句段。

（6）return 的作用是将一个值返回给调用函数，然后该函数也到此结束，即使 return 后面还有其他的语句，也不再往下执行。return 返回的值的类型应该与函数返回值类型一致，如果不一致，则返回结果以函数返回值类型为准。例如，如果将 max 函数中的形式参数类型均定义为 float，函数返回值类型仍为 int，则此时函数返回的是两个实数的最小值的整数部分，而不是实数最小值。

在定义函数时应该注意以下几个问题：

（1）在同一个程序中，函数不能重复定义。在同一个程序中，如果两个函数的首部完全相同，不论函数体相不相同，都是重复定义，这在 C 语言中是不允许的。

（2）函数也不允许嵌套定义，即在函数内部不能再定义其他的函数，各函数之间在定义时是一种并列的关系。

（3）在同一个函数中不能定义相同名称的变量，否则该变量在函数内并不唯一，无法区分。不同函数体中定义的变量名可以相同，这是因为它们具有不同的作用域，在各自的作用域内是唯一的，因此并不冲突。

（4）如果一个函数返回值类型是 void，那么在该函数中可以没有 return 语句或者只写“return;”；相反，如果一个函数返回值不是 void 类型，那么在该函数中一定要用 return 语句返回一个结果。

（5）函数体可以为空，此时把函数叫作空函数，它什么也不做。在适当的时候可以对空函数重新填补函数体，以实现某种功能。此时函数的一般形式如下：

```
void 函数名（[形式参数表]）
{ }
```

（6）main 函数在 C 语言标准里的定义形式如下：

```
int main(void) 或者 int main(int argc, char *argv[])
```

并没有 void main()这种格式，void main()这种格式并不符合 C 语言的标准，只是在 Visual C++ 6.0 等编译环境下可以使用而已。

7.2 库函数和用户自定义函数

从用户使用的角度讲，函数可以分为库函数和用户自定义函数。

C 语言的库函数并不是 C 语言本身的一部分，它是由编译程序根据一般用户的需要编制并提供用户使用的一组程序。C 语言的库函数极大地方便了用户，同时也补充了 C 语言本身的不足。在编写 C 语言程序时，使用库函数既可以提高程序的运行效率，又可以提高编程的质量。当然，这需要对库函数有足够的认识。

库函数定义在某些扩展名为.h 的头文件中，因为 C 语言对函数必须先定义后使用，所以在使用库函数时必须用“#include”把它所在的头文件包含到程序中（详见 7.8.1 节）。库函数的定义形式仍然符合 7.1 节中介绍的函数的定义格式。

例如：

```
double sqrt(double x);
```

该函数的功能是求实数 x 的平方根，返回值就是 x 的平方根，返回值类型为 double，它被包含在 math.h 的头文件中。

前面学过的 scanf 函数、printf 函数、getchar 函数、putchar 函数、gets 函数和 puts 函数都是输入/输出函数，它们被包含在 stdio.h（标准输入/输出）头文件中，而在程序中一般都会用到输入或输出函数，所以在程序的开始都会加上“#include <stdio.h>”，这样再使用输入或输出函数就是合法的。

其他常用库函数请参见附录 B。

库函数的个数是有限的(不同的编译环境所包含的库函数个数不尽相同，如 Turbo C 2.0 一共定义了 400 多个库函数)，因而它们能实现的功能就是有限的。这些功能不能完全满足用户的需要，因此用户要想实现自己需要的功能就必须自己定义函数，这些函数就是用户自定义函数，如 7.1 节中的 max 函数就是一个用户自定义函数。事实上，在程序中多数使用的都是用户自己定义的函数。

7.3　函数的调用

无论程序如何定义，程序都会从 main 函数开始执行，在 main 函数中调用其他函数时再转到该函数的定义部分开始执行，执行完该函数以后再返回到主函数中执行后续语句。主函数可以调用其他的函数（称为子函数），子函数不能调用主函数，子函数之间也可以相互调用。

7.3.1　函数的调用格式

在函数调用时，调用函数只需要知道被调用函数的功能及其调用格式即可，而不需要知道被调用函数的内部是如何实现的，这样，被调用函数相当于是一个只知道输入/输出接口和功能的黑箱，在调用时只要正确使用它的调用格式即可。

函数的一般形式如下：

函数名（[实际参数表]）

实际参数表是真正要处理的数据，简称实参表。实参表中变量的个数、类型要与函数定义中形式参数表中的变量的个数、类型一致。如果实参个数少于形参个数，则程序等待进一步输入；如果实参个数多于形参个数，则取形参个数的实参去执行程序；如果类型不一致，则首先按照数据之间的兼容关系进行转化，如果形参类型兼容实参类型则可以执行函数，否则就不能执行。无参函数在调用时当然也没有实际参数，但是函数名后面的括号不可省略。

【例 7-1】 定义一个求两个整数最大值的函数 max，然后在主函数中任意输入两个整数值并用 max 函数求出它们的最大值。

程序如下：

```
#include<stdio.h>
int max(int x, int y)
{
    int z;
    z=x>y?x:y;
    return z;
}
int main(int argc,char *argv[])
{
    int i,j,k;
    printf("请输入两个整数：");            //输出提示信息
    scanf("%d%d",&i,&j);                  //输入 i,j
    k=max(i,j);                           //调用 max 求 i、j 的最大值
    printf("较大的是%d\n",k);              //输出最大值结果
    return 0;
}
```

在程序执行时首先在屏幕上输出提示信息“请输入两个整数:”，然后等待用户输入两个整数值，例如输入 3　5↙（↙代表回车键），则程序调用 max 函数求出最大值 z=5，然后把 z 的值通过 max 函数返回给主函数中的变量 k，之后输出“较大的是 5”，程序结束。

如果程序在执行时只输入一个整数，则程序仍在执行“scanf("%d%d",&i,&j);”语句，并等待输入第二个整数；如果输入多于两个整数，则程序取前两个整数作为变量 i、j 再去执行 max 函数。

如果在主函数中定义“float i,j;”，将输入语句修改为“scanf("%f%f",&i,&j);”，则再调用“max(i,j);”时程序将得不到正确结果，这是因为 float 类变量不被 int 类变量兼容。

如果原主函数不变，而将子函数改为

```
float max(float x, float y)
{
    float z;
    z=x>y?x:y;
    return z;
}
```

再输入 3 5↙时程序可以得到正确结果 5，但是这中间会有一系列的转化过程，具体过程参见 7.4 节。

除了主函数调用子函数以外，子函数之间也可以相互进行调用。

【例 7-2】 求两个整数的最大公约数和最小公倍数。

示例代码如下：

```
#include<stdio.h>
int gcd(int m,int n)                //求 m、n 的最大公约数
{
```

```
    int r=m%n;                      //求余数
    while(r)                        //用辗转相除法,除到余数为 0 时,除数即为最大公约数
    {    m=n;  n=r;r=m%n;     }
    return n;
}
int lcm(int m,int n)                //求 m、n 的最小公倍数
{
    return((m*n)/gcd(m,n));         //lcm 调用 gcd 函数
}
int main(int argc,char *argv[])
{
    int m,n,x,y;
    printf("请输入两个整数: ");
    scanf("%d%d",&m,&n);
    x=gcd(m,n);
    printf("%d 和%d 的最大公约数是%d\n",m,n,x);
    y=lcm(m,n);
    printf("%d 和%d 的最小公倍数是%d\n",m,n,y);
    system("pause");
    return 0;
}
```

其中 gcd 用来求两个整数的最大公约数，使用的是辗转相除法，lcm 用来求两个整数的最小公倍数，它等于这两个整数的乘积再除以它们的最大公约数。

在使用 gcd 函数时不用考虑 m 和 n 的大小，请读者思考这是为什么。

使用 lcm 函数时，lcm 函数又调用了 gcd 函数，这就是子函数之间的调用。

因此，任意两个函数之间在定义时都是并列的，没有从属关系，而函数之间在进行调用时会产生层次关系，即上层模块调用下层模块。

7.3.2　函数调用的方式

函数调用时可以有以下几种方式。

1. 函数作为一条语句执行

例如：

```
scanf("%d",&x);
```

此时库函数 scanf 作为一个单独的语句来执行输入一个整型变量 x 的功能。

2. 函数调用作为表达式

例如“k=max(i,j);”，此时 max 函数作为一个表达式的值赋给变量 k。

3. 函数调用作为其他函数的参数

例如：

```
y=lcm(12,gcd(16,24));
```

这里，gcd 函数作为 lcm 函数的第二个实参。

7.4 调用函数和被调用函数之间的数据传递

在函数调用时，先将调用函数的实参传递给被调用函数的形参（这种传递是单向的，形参不能向实参传递任何数据)，在被调用函数中用形参去进行操作，直至被调用函数结束，然后将返回值（也可以没有返回值）传递给调用函数，再执行调用函数中的后续语句。实参和形参的变量名既可以相同，也可以不同，但是不论相不相同，它们都是不同的变量。

实参既可以向形参传递简单变量，也可以传递地址（详见 9.3 节）。

【例 7-3】 定义一个函数对两个整数进行自增运算，观察实参与形参的变化。

程序如下：

```
#include<stdio.h>
void fun(int a,int b)      //两个整数的自增运算
{
    printf("a=%d,b=%d\n",a,b);
    a++;b++;
    printf("a=%d,b=%d\n",a,b);
}
int main(int argc,char *argv[])
{
    int a,b;
    scanf("%d%d",&a,&b);
    printf("a=%d,b=%d\n",a,b);
    fun(a,b);
    printf("a=%d,b=%d\n",a,b);
    return 0;
}
```

当输入 6　8↙时，程序运行结果如下：

```
a=6, b=8
a=6, b=8
a=7, b=9
a=6, b=8
```

程序从 main 函数开始执行，执行过程如图 7-2 所示。

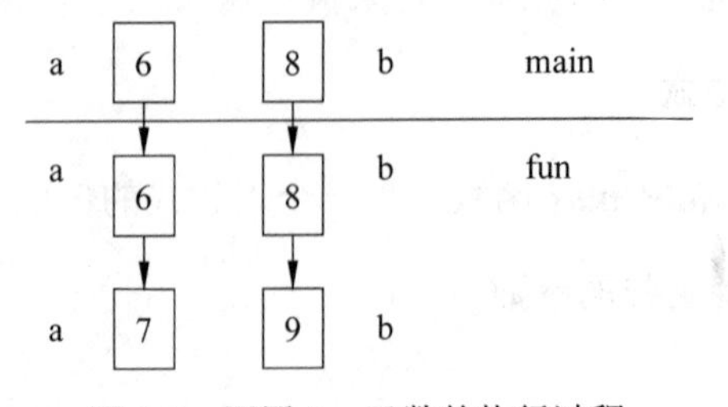

图 7-2　调用 fun 函数的执行过程

首先在 main 函数中输入实参 a、b 的值，分别为 6 和 8，此时运行结果是 a=6，b=8。然后调用 fun 函数，在调用时，实参 a、b 的值分别传递（复制）给形参 a、b（在调用 fun 函数时开辟形参变量的存储空间）。注意，此时是 4 个变量，分别是实参 a、实参 b、形参 a 和形参 b，在 fun 函数中用形参 a、形参 b 进行操作，这时输出 a=6，b=8；然后在 fun 函数中对形参 a 和形参 b 分别进行了自增运算，此时再输出 a=7，b=9。fun 函数结束，其中的形参 a、形参 b 都释放，再回到 main 函数，此时再输出 a 和 b 是实参，因为形参的变化并没有影响实参，所以 a=6，b=8。

对于用指针变量（地址值）作函数参数参见 9.3.3 节。

返回值类型是非 void 类型的函数在程序中一定要执行一条 return 语句来返回一个结果，同时也结束了该函数。这是被调用函数向调用函数返回值的一种方法，但是这种方法只能返回一个结果。如果被调用函数想向调用函数返回多个值，则可以通过指针作函数参数的方式达到这个目的。

例如在例 7-1 中，求两个整型变量的最大值，实参 i、j 将值传递给形参 x、y，通过形参 x、y 计算出一个最大值并赋值给局部变量 z，最后 max 函数将局部变量 z 返回给主函数中的变量 k，这样被调用函数就向调用函数返回了一个（且只能是一个）值，请读者自行画出该实例中参数传递的状态图。

7.5 函数原型

函数同常量和变量一样，必须先定义后使用，如果未经定义就使用一个函数，程序将找不到该函数，不能执行。

【例 7-4】 输入一个年份，判断该年是平年还是闰年。

目前闰年的判断方式是：能被 4 整除但是不能被 100 整除的年或能被 400 整除的年是闰年。

示例代码如下：

```
#include<stdio.h>
int main(int argc,char *argv[])
{
    int year;
    scanf("%d",&year);
    if(leapyear(year)) printf("%d 是闰年\n",year);
    else  printf("%d 是平年\n",year);
    return 0;
}
int leapyear(int year)  //判断 year 是平年还是闰年
{
    if((year%4==0 && year%100!=0) || (year%400==0))
        return 1;
    else return 0;
}
```

此时在 Visual C++ 6.0 编译环境下运行该程序会出现错误，这是因为程序的运行都是从 main 函数开始的，而 main 函数中用到的 leapyear 函数在使用之前并没有定义，它被定义在了 main 函数的下方。一个解决的办法是将 leapyear 函数移动到 main 函数的上方。但是如果在一个程序中函数比较多，并且函数之间存在着相互调用的情况，那么这时将哪些函数放在哪些函数的前面定义就是一个比较麻烦的问题。在 C 语言的标准中使用函数原型来解决这个问题。

这里函数定义和函数原型是两个相关但不相同的概念，函数的定义是对函数进行完整的描述，它包括函数的输入（形式参数）、输出（返回值）、函数名以及功能（函数体）；函数原型是对函数中使用的参数类型进行定义的一种函数定义，该定义只包括函数的输入（形式参数）、输出（返回值）和函数名，不包括函数体。因此函数原型是一种函数定义，其作用是在编译时检查整个函数（参数类型、函数名和返回值类型）是否正确。这样在使用该被调用函数时就知道它的参数是什么类型了，同时也表示该函数在程序中已定义，这时调用函数使用被调用函数就是合法的了。

（1）函数原型也称为函数声明，其格式如下：

[函数返回值类型] 函数名([类型名 1, 类型名 2, …]);

在函数原型中，对于形参变量只需说明其类型即可，可以不加形参变量名，当然，加上也可以。

例如，对 leapyear 的函数原型可以有以下两种形式：

```
int leapyear(int);
```

或

```
int leapyear(int year);
```

（2）函数原型的使用方式有如下两种：

一种是作为一个独立的语句定义函数原型，此时在函数原型的末尾要加分号。

```
int leapyear(int year);
```

另一种是和其他同类型的变量一起定义。

```
int x,y,z,leapyear(int year);
```

（3）函数原型的位置可以在调用函数的函数体的说明部分中，这时被调用函数只在调用函数内部起作用。函数原型也可以在被调用函数的外面定义，这时从函数原型位置之后的函数都可以调用该函数。

例如：

```
#include<stdio.h>
int fun(int,int);
int main(int argc,char *argv[])
{
    ......
```

```
}
void fun1()
{
    ……
}
void fun2()
{
    ……
}
int fun(int,int)
{
    ……
}
```

在该程序中，main 函数、fun1 函数和 fun2 函数都可以对 fun 函数进行调用。

7.6 函数的递归调用

函数直接或者间接调用自己称为函数的递归调用。直接调用是指一个函数 f1 在执行过程中又调用了 f1 来执行某一步骤；间接调用是指一个函数 f1 在执行过程中调用了 f2，而 f2 在执行过程中又调用了 f1，这样就在 f1 和 f2 之间来回调用。当然在程序执行到某个步骤时，它一定是可解的，否则递归就没有意义。

递归适用于解决这种问题：一个大问题可以分解成若干小问题，这些小问题的解决方法和解决大问题的方法一样，只是问题规模变小了。当问题规模小到一定程度时，该问题可解。在用分治法（把一个复杂问题分成两个或多个相同或相似的子问题，再把子问题分成更小的子问题……直到最后子问题可以简单地直接求解，原问题的解就是子问题的解的合并）解决问题时一般用递归来写函数。

例如，定义一个求阶乘的函数 fac，可以用循环来解决，因为 $n!=1\times2\times3\times\cdots\times(n-1)\times n$，所以可以定义如下函数：

```
double fac(int n)
{
    int i,m=1;
    for (i=1;i<=n;i++)
        m=m*i;
    return m;
}
```

也可以用递归来解决这个问题，这是因为 $n!=n\times(n-1)!=n\times(n-1)\times(n-2)!=\cdots=n\times(n-1)\times(n-2)\times\cdots\times2!=n\times(n-1)\times(n-2)\times\cdots\times2\times1!$，而 1！是已知的。这里在解决 n!这个问题时，它可以转化成求(n－1)!，而(n－1)!又可以转化成求(n－2)!，随着问题规模的不断变小，问题最终可以得到解决。

定义函数如下：

```
double fac(int n)
```

```
{
    if (n==1) return 1;
    else return n*fac(n-1);
}
```

当 n=3 时，它的执行过程如图 7-3 所示。

由图可见，fac(3)要返回 3*fac(2)，但是 fac(2)此时未知，所以 3*fac(2)并没有返回，而要先执行 fac(2)，fac(2)要返回 2*fac(1)，同理要先执行 fac(1)，执行 fac(1)时才第一次返回值 1，此时 fac(1)执行完毕，则 2*fac(1)即 fac(2)返回了一个 2，程序回到 3*fac(2)，返回一个 6。因此 fac(3)的返回顺序是 1、2、6。

由此可以观察得出：函数在递归调用时是从前向后进行的，而在返回或者输出结果时是从后向前进行的，可以根据这一规律利用递归来解决实际问题。

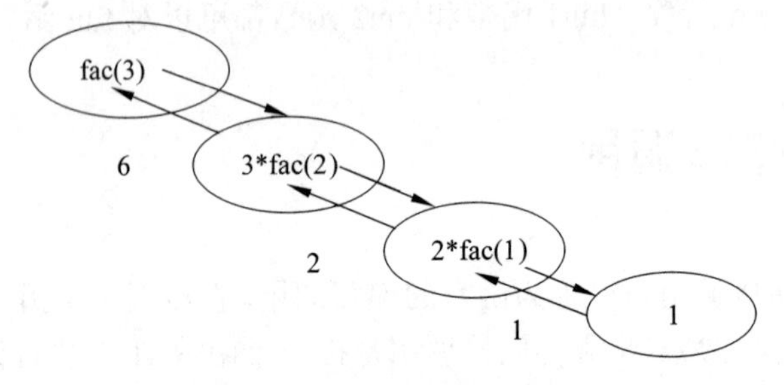

图 7-3　3!的递归调用过程

【例 7-5】 定义一个递归函数将一个无符号十进制整数转化成二进制数。

将一个十进制数，如 46，变成一个二进制数可以用图 7-4 所示的方法来实现。从图中可以看出，这个过程可以不断调用自身来实现，只是问题规模每次减半，而结果又是倒序输出的，所以可以用递归来实现。

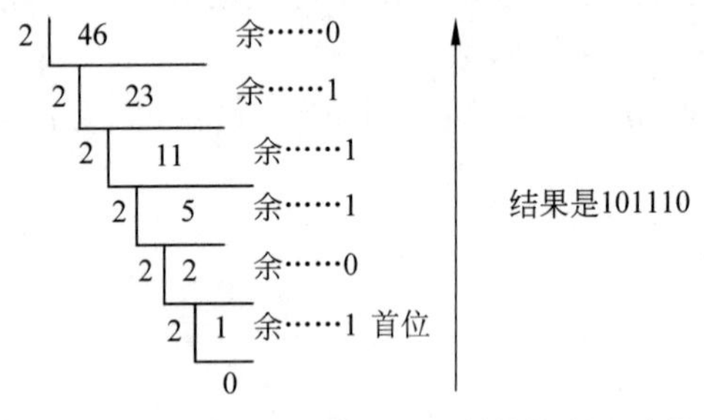

图 7-4　十进制数 46 变成二进制数的实现过程

程序如下：

```
#include<stdio.h>
void ten2two(unsigned x)            //无符号十进制数转化为二进制数
{
    if (x==0||x==1) printf("%d",x);
    else
    {    ten2two(x/2);              //递归调用
        printf("%d",x%2);
    }
```

```
}
int main(int argc,char *argv[])
{
    unsigned i;
    scanf("%u",&i);
    ten2two(i);
    return 0;
}
```

如果输入 i=10，则 ten2two 函数的运行结果是 1010，它的调用过程如图 7-5 所示。

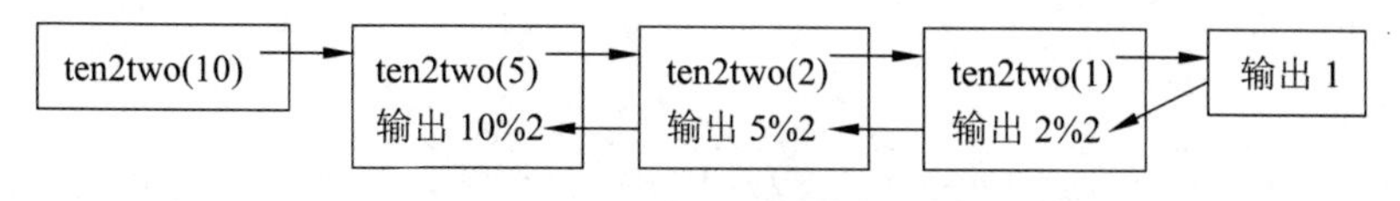

图 7-5　ten2two(10)的执行过程

调用 ten2two(10)时会执行调用 ten2two(5)和输出 10%2 两条语句，而调用 ten2two(5)时会执行 ten2two(2)和输出 5%2 两条语句，调用 ten2two(2)时会执行 ten2two(1)和输出 2%2 两条语句，调用 ten2two(1)时会执行输出 1，输出 1 之后 ten2two(1)执行结束，才会执行输出 2%2，这样 ten2two(2)调用结束，然后执行输出 5%2，之后 ten2two(5)执行结束，再执行输出 10%2，这样 ten2two(10)才执行结束。

因此在输出时会从后向前输出得到 1010。

函数的递归调用的优点是代码书写简单清晰，容易理解。但是函数在递归调用时，每一次调用都需要把中间执行过程中用到的临时变量和结果保存在堆栈（一种后进先出的线性表）中，并且程序在执行时有调用和返回两个阶段，因此其时间复杂度和空间复杂度都很大，所以可以选择用循环等方法来代替递归调用。

7.7　变量的作用域和存储类型

7.7.1　变量的作用域

一个变量能起作用的范围叫作它的作用域，按作用域来分，变量可分为局部变量和全局变量。

在一个函数或复合语句内部定义的变量是局部变量，只能在该函数或者该复合语句内部起作用。当函数或复合语句执行时，给其中的局部变量分配临时的存储空间，函数或者复合语句结束时，回收局部变量所占的存储空间，该局部变量也随之消失。

在函数外面定义的变量是全局变量，从定义的位置开始起作用，一直持续到程序结束，它可以进出该范围内的任意函数。如果全局变量和一个函数内的局部变量同名，在使用该函数时，使用的是局部变量，全局变量被局部变量所屏蔽。

【例 7-6】 全局变量和局部变量的使用。

```
#include<stdio.h>
int a=1,b=2;        //定义全局变量 a、b, a、b 从此开始作用到程序结束
```

```
int fun1(int x,int y)              //形式参数 x、y 是 fun1 中的局部变量
{
   printf("a=%d,b=%d\n",a,b);      //此处用到的变量 a、b 是全局变量
   a=7,b=8;
   {
      int c;                       //定义局部变量 c, c 只在该复合语句内起作用
      c=a+b;
   }
   return (x+y);
}
void fun2()
{
   int a=3,b=4;                    //定义 fun2 中的局部变量 a、b
   printf("a=%d,b=%d\n",a,b);      //此处用到的变量 a、b 是 fun2 中的局部变量
}
int c=9,d=10;                      //定义全局变量 c 和 d, c、d 从此开始作用到程序结束
int main(int argc,char *argv[])
{
   int e;                          //定义 main 函数的局部变量 e
   e=fun1(c,d);
   printf("e=%d\n",e);
   fun2();
   printf("a=%d,b=%d\n",a,b);      //此处用到的变量 a、b 是全局变量
   return 0;
}
```

本例只是说明全局变量和局部变量的作用范围，并无实际意义，运行结果如下：

```
a=1,b=2
e=19
a=3,b=4
a=7,b=8
```

程序定义的变量 a、b 是全局变量，它们从文件开头一直作用到文件结束。中间定义的变量 c、d 也是全局变量，它们从定义的位置开始作用到文件结束。如果在程序中某处全局变量改变了，那么在后面再用到该全局变量时用的就是上一次改变之后的值。

在 fun1 中，形式参数 x、y 是 fun1 中的局部变量，x、y 只在 fun1 中起作用，当 fun1 结束后 x、y 消失。在 fun1 中用到的 a、b 是全局变量的 a 和 b。fun1 中有一个复合语句，在该复合语句中定义了一个局部变量 c，c 只在该复合语句内起作用。

在 fun2 中的变量 a、b 是局部变量，它们的作用域仅局限在 fun2 函数内。在 fun2 函数内局部变量 a、b 和全局变量 a、b 重名，此时在 fun2 中使用的是局部变量。

在主函数中定义了一个局部变量 e，e 只能在 main 函数内起作用。在主函数中用到的变量 a、b 是全局变量，在 fun1 中全局变量被修改，所以在主函数中输出 a=7，b=8。

在程序中尽量不要使用全局变量，这是因为全局变量可以从定义的位置开始出入下面的任意函数，如果在某函数中不恰当地更改了全局变量，将会造成这些全局变量在其他函数中使用上的错误，因此在可以不用全局变量的情况下尽量还是使用局部变量。

7.7.2　变量的存储类型

一个 C 语言的源程序在运行时所用的存储空间包括以下三部分：程序区、静态存储区和动态存储区，如图 7-6 所示。

程序区
静态存储区
动态存储区

图 7-6　C 程序存储空间分配

一个变量的一般形式如下：

[存储类型] 数据类型 变量名;

变量按存储方式可以分为以下 4 种类型：auto（自动）类、register（寄存器）类、extern（外部）类和 static（静态）类。这 4 种存储类型又可以被划分到动态存储类型（前两种）和静态存储类型（后两种）两类中，它们分别对应存储在动态存储区和静态存储区中。

1. auto 类

前面使用的局部变量都没有说明它们的存储类型，此时默认为 auto 类。auto 类是一种动态存储类型，此类变量存储在动态存储区中。auto 类只能用来存储局部变量。

例如：

```
int e;
```

等价于

```
auto int e;
```

auto 类变量在函数调用时动态分配存储空间，在函数结束后释放这些存储空间，当再一次调用该函数时，再临时为该变量分配存储空间，结束时再释放。

2. register 类

register 类变量并不存储在内存中，而是存储在 CPU 的寄存器中，故此称为寄存器类变量。因为 CPU 访问寄存器的速度要远远快于访问内存的速度，所以可以把程序中频繁使用的变量定义为 register 类变量。但是 CPU 中寄存器的数量通常都很少，而且寄存器本身的长度随机器的不同而不同，所以在程序定义时不要随意定义寄存器类变量。

上面变量 e 若定义为寄存器类变量时的格式如下：

```
register int e;
```

3. extern 类

如果一个大的程序包括很多文件，假设在文件 A 中要用到文件 B 中的全局变量，则此时 B 中的全局变量必须定义为 extern 类。定义为 extern 类时说明该全局变量对于其他的文件是可见的，因此在其他的文件中可以使用该 extern 类的全局变量。

例 7-6 中的全局变量 a、b、c、d 没有定义存储类型，此时默认为 extern 类。此时定义“int a,b;”相当于“extern int a,b;”。

全局变量被定义在静态存储区内，分配给它的内存空间在整个程序执行过程中始终归该变量所有。

如果在全局变量定义之前的函数要使用该全局变量，则必须在该函数内加上全局变量说明。

变量说明和变量定义是两个概念，说明只是说明一下变量的类型但并不为其分配存储空间，定义则是为变量分配存储空间。

4. static 类

静态类变量被分配在静态存储区，它可以分为静态局部变量和静态全局变量两种。静态类变量一旦被分配了内存空间，那么在整个程序执行过程中该内存空间始终归该变量所有。

静态局部变量是只能局限在某个函数内部使用的静态变量，在程序运行期间始终占用它的内存单元。如果前一次调用函数时静态变量的值发生了变化，那么这种变化会保存到下一次调用中。静态局部变量只能初始化一次，但是以后可以重新为其赋值。如果静态局部变量没有赋初值，那么默认将它赋初值为 0（对数值变量）或空字符（对字符变量）。

【例 7-7】 静态局部变量值的变化。

程序如下：

```
#include<stdio.h>
void sta()
{
    static int a;
    printf("a=%d\n",a);
    a=a+5;
}
int main(int argc,char *argv[])
{
    int i;
    for(i=1;i<4;i++)
        sta();
    return 0;
}
```

此时的运行结果如下：

```
a=0
a=5
a=10
```

在本例中，在主函数中连续三次调用函数 sta。在 sta 中，静态的整型变量 a 没有赋初值，所以默认赋初值为 0。故第一次调用 sta 时，输出 a=0，同时 a 加 5 变成 5。第二次调用 sta 时，a 仍占用原来的内存空间，故 a 的值为 5，此时输出 a=5，然后 a 再次加 5 变成 10。所以第三次调用时输出 a=10，然后 a 变成了 15。

在本例中，如果将“static int a;”改成“int a=0;”，则此时的 a 就是自动类的变量，则本题的运行结果变成三行“a=0”，请读者自己分析该过程。

静态全局变量限制该全局变量只能在本文件内使用，而不能被整个程序中的其他任何文件使用。假如一个程序中包含文件 A 和文件 B，在文件 B 中设有静态全局变量定义“static int b;”，则 b 只能在 B 中使用，b 对于文件 A 是不可见的。

以上讨论了变量的存储类型，对于函数来说也有它自身的存储类型。函数的存储类型分为两类：static 类和 extern 类。static 类函数只能被该函数所在文件内的其他函数调用，对于其他文件来说，该 static 类型的函数是不可见的。而 extern 函数对于其他文件内的函数是可见的，是可以被调用的。

7.8 编译预处理

前面学过的以“#”开头的命令都是编译预处理命令，如“#include”“#define”等。这些命令不是由编译程序来处理，而是在一个源文件进行编译之前，由编译预处理程序对这些命令进行处理，预处理之后变成相应的源程序中的一部分代码，然后再进行编译，因而把这种命令称为编译预处理命令。

编译预处理命令的功能主要有三种：文件包含、宏定义和条件编译。本节介绍前两个命令，即文件包含命令#include 和宏定义命令#define。

编译预处理命令的作用就是使整个程序模块化，增加程序的易读性，使读者更容易理解一个程序的结构。

使用编译预处理命令时在格式上应注意以下两点：

（1）编译预处理命令以“#”开头。

（2）编译预处理命令不是 C 语言的语句，因而不能在命令的末尾加分号。

7.8.1 文件包含

在程序设计时，可以把一些常用的常量、函数或某种数据结构的定义放在一个文件中，这样在其他的源程序中如果要用这些常量、函数或数据结构时就不用再进行定义了，只需要将这些常量、函数或数据结构所在的文件包含进来就可以了。这样做的目的是实现程序设计的模块化，增加程序的易读性，同时也减少重复开发。

文件包含是指在一个源文件中把其他文件的全部内容包含进来，从而使用其中的资源，其命令格式如下：

```
#include  <文件名>
```

或

```
#include  "文件名"
```

例如，经常使用的“#include<stdio.h>”。stdio.h 是标准输入/输出函数头文件，各种 C 语言的编译器都支持这个头文件，像常用的 scanf、printf、gets、puts、getchar、putchar 等输入/输出函数都定义在这个头文件中，因此，在程序中加入这个头文件就可以使用这些函数了。

如果文件名用尖括号括起来，系统将直接按照系统指定的标准方式到有关目录中寻找该文件，如果用双引号括起来，系统先在源程序所在的目录内查找该文件，如果找不到，再按照系统指定的标准方式到有关目录中寻找。

在 Dev-C++ 5.11 的编译环境中，这个目录位于工具菜单的编译选项对话框中，在该对话框中选中“目录”选项卡，再选中“目录”选项卡中的“C 包含文件”选项卡，下边的路径是 C 语言程序中 include 命令中文件所在的默认路径。

在 Visual C++ 6.0 的编译环境中，这个目录位于工具菜单的选择对话框中，在选择对话框中选择目录选项卡，在“显示目录为”下拉列表框中选择 Include files，此时在“路径”中显示的就是 include 命令中文件所在的默认路径，用户可以把自己定义的头文件放在这些路径中，同时，用户也可以自己添加一个新的默认路径来存储自己定义的头文件。

当然，用户也可以在“文件名”中将文件所在的完整路径包含进来，其中文件可以是任意类型的文本文件，如扩展名为.h 的头文件、扩展名为.c 的源文件、扩展名为.txt 的文本文件等。

例如，在一个程序中输入如下代码：

```
#include<stdio.h>
#include<D:\\a.txt>
int main(int argc,char *argv[])
{
   printf("%d",lcm(20,15));
   return 0;
}
```

在 D 盘的根目录下建立一个名为 a.txt 的文本文件，在其中添加两个函数，分别用来求两个整数的最大公约数和最小公倍数，代码如下：

```
int gcd(int m,int n)       //求m、n的最大公约数
{
   int r=m%n;              //求余数
   while(r)                //用辗转相除法,除到余数为0时,除数即为最大公约数
   {
       m=n; n=r;r=m%n;
   }
   return n;
}
int lcm(int m,int n)       //求m、n的最小公倍数
{
   return((m*n)/gcd(m,n));     //lcm调用gcd函数
}
```

该程序在执行时会输出 60，这是因为在执行 lcm 函数时程序会在 a.txt 的文本文件中

找到该函数，该函数又调用这个文本文件中的 gcd 函数（这两个函数的存储类型默认都为 extern 类，因此可以被其他文件调用。若将这两个函数的存储类型都定义为 static，则其他的文件就看不到这个文本文件中的这两个函数，就不能调用它们），因此计算出结果 60。

编写程序时建议将源文件和用户自定义的包含文件放在同一个文件夹中，这样便于用户管理。

在使用 include 命令时需要注意以下几点：

（1）一个 include 命令只能指定一个被包含的文件，该文件可以是任意类型的文本文件。如果要包含 n 个文件，就要用 n 个 include 命令。

（2）在一个被包含的文件中可以包含另一个被包含的文件，即文件的包含可以是嵌套的。

（3）被包含的文件在预编译之后会被展开，然后与源文件合并为一个文件（而不是两个），再去执行编译程序。

7.8.2　宏定义

以#define 开头的命令叫作宏定义命令，它包括不带参数的宏定义命令和带参数的宏定义命令两种。

1. 不带参数的宏定义

不带参数的宏定义的命令格式如下：

```
#define 宏名 字符串
```

在 define、宏名和字符串之间用空格分隔。这种定义方式和变量定义方式类似，因此在 C 语言的标准中把这种宏定义方式叫类对象的宏定义。

其中宏名必须是一个合法的标识符，一般用大写（可以用小写。在程序中用大写是一种约定俗成，用来表示这是一个宏定义，而不是一个变量），同时不能与程序中的其他标识符重名。

例如：

```
#define  PI  3.14159
```

这里用标识符 PI 来代替字符串 3.14159，在预编译时将程序中所有遇到的 PI 都替换成 3.14159，这个过程叫作“宏替换”或者“宏展开”。在预编译阶段只需要对宏进行展开即可，此时是不进行计算的，计算是在程序运行期间执行的。

宏定义只能按照定义格式进行展开，不能重新赋值，因此 PI 相当于是一个常量。

在宏定义中可以出现已经出现过的宏定义，即宏定义可以嵌套使用。

例如：

```
#define  X  10
#define  Y  20
#define  Z  X*Y
```

在定义宏名 Z 时用到了前边定义过的两个宏名 X、Y，这叫作宏定义的嵌套。

在宏定义的嵌套使用中，一定要注意调用的层次。

例如：

```
#define  A  3
#define  B  (A+1)
#define  C  B*B
#include<stdio.h>
int main(int argc,char *argv[])
{
   printf("C=%d\n",C);
   return 0;
}
```

在主函数中将 C 进行宏替换后变为

```
printf("C=%d\n",B*B);
```

然后调用 B 的宏定义变为

```
printf("C=%d\n",(A+1)*(A+1));
```

然后调用 A 的宏定义变为

```
printf("C=%d\n",(3+1)*(3+1));
```

所以程序在执行时输出的结果为“C=16”。

在该宏嵌套调用中，一定是 C 调用 B，B 调用 A。

若将上述例子中第二个宏定义改为

```
#define  B  A+1
```

程序的其他部分不变，请思考：此时的运行结果是什么？

2. 带参数的宏定义

带参数的宏定义的命令格式如下：

```
#define  宏名(形式参数表)  字符串
```

其中宏名和后面的括号之间不能有空格，多个形参之间用逗号分隔。带参数的宏定义和带参数的函数定义形式相似，因此在 C 语言的标准中把带参数的宏定义叫作类函数宏定义。

例如：

```
#define  S(a,b)  (a*b)
```

在宏定义时宏名后面接的参数叫形式参数，简称形参，如定义 S 时的参数 a 和 b；而在宏调用时宏名后面的参数是实际参数，简称实参。如在主函数中调用上面的宏定义 S：

```
area=S(4,5);
```

这时其中的4和5是实参，用它们去替换形参的a、b。

宏展开时，要用实参代替形参去进行运算，如上述宏展开之后S(4,5)=(4*5)=20。

带参数的宏定义类似于带参数的函数的定义，但两者其实是不同的。

（1）宏定义中的参数没有类型要求，在宏调用时，实参可以是任意类型的。例如上述宏调用中使用“area=S(4.0，5.0);”“area=S(4.0，5);”“area=S(4，5.0);”都是可以的。这是因为带参数的宏定义只需要按照后面定义的字符串的形式展开即可，是什么形式就展开成什么形式。在执行时，再将实参代入进行运算，这时实参是什么类型就按什么类型进行计算。因此，宏定义中的参数不用要求类型。

而函数在使用之前要先定义，包括函数参数类型、函数返回值类型等，在使用该函数时只能对该类型的参数进行运算，或者实参的类型与形参的类型赋值相容，否则编译程序认为这种调用错误地使用了函数。

例如，在math.h的头文件中有两个取绝对值的函数原型：一个是“int abs(int);”，另一个是“double fabs(double);”。

abs 函数对整数求绝对值，fabs 函数对实数求绝对值，在使用这两个函数时就要注意形参与实参之间的数据相容性，否则会出现错误或得不到正确的结果。

（2）函数调用时对形参分配临时的内存单元，在函数调用结束时释放这些临时的内存单元；而宏展开时只是用实参的值去替换形参，不用为形参开辟内存单元，不存在“值传递”的问题，也没有“返回值”。

（3）宏替换在编译预处理时执行，因此它不占用程序的执行时间；而函数调用在程序运行过程中执行，因此它占用程序的运行时间。

在使用宏定义时，要坚持以下两条原则：

（1）先替换，再计算。这是在两个不同的阶段进行的工作，替换是在编译预处理阶段进行的，而计算是在程序执行期间执行的。

例如，对宏定义#define S(a,b) (a*b)进行如下调用：

```
area=S(2+2,2+3);
```

虽然看起来和“area=S(4,5);”相同，但实际上其替换过程是不一样的：

```
area=S(2+2,2+3)=(2+2*2+3)=9。
```

先用实参的值替换形参，代入之后在程序执行时再根据表达式的具体形式进行计算。

如果先将实参的值2+2和2+3的值计算出来等于4和5，再代入展开，则答案错误。这一点和函数不同，函数在调用时要先计算实参表达式的值，然后将该表达式的值代入形参，用形参去执行函数体。

（2）原样照赋。如果将上述宏定义改为#define S(a,b) (a)*(b)，则在调用S(2+2，2+3)时其替换和计算的过程如下：

替换时area=S(2+2,2+3)=(2+2)*(2+3)。

运算时得到4*5 = 20，此时一定要注意括号所在的位置，因为括号的优先级要高于算术运算符。

使用宏定义时，在书写格式上要注意以下两个问题。

（1）当宏定义在一行中写不下，需要在两行中书写时，要在第一行的末尾加上一个反斜线“\”，然后第二行要从第一列开始书写。

例如：

```
#define  LEAP_YEAR(year)  ((year % 4 == 0 && year % 100 != 0)\
||( year % 400 == 0))
```

如果在第一行末尾的“\”前边或第二行“\”运算符前边有若干空格，则在宏展开时需要连同这些空格一起代入。

（2）宏定义不能替换字符串中与宏名相同的部分。如对于前边的宏定义 PI，若有语句：

```
printf("%s", "PI");
```

此时输出 PI，而不是输出 3.14159。

3. 终止宏定义

宏定义从定义的位置开始起作用，一直持续到源文件结束。如果想提前终止该宏定义，可以用#undef 命令，其格式为

```
#undef  宏名
```

命令的末尾一定不能加分号，该宏名到此处就被终止了，不再起作用。

例如：

```
#define  PI  3.14159
#include "stdio.h"
int main(int argc,char *argv[])
{
   printf("%lf\n",PI);
   #undef  PI
   printf("%lf\n",PI);
   return 0;
}
```

此时程序的最后一行会报错，因为经过#undef　PI 命令后，PI 被终止了，下边再使用 PI 就变成了一个没有定义的标识符了，因此出错。

7.9 案例

第 6 章实现了循环打印学生成绩管理系统欢迎界面的功能，在选择相应的角色之后输出相应的欢迎信息。在实际操作中，选择角色之后应该进入相应角色的功能函数执行对应的功能。本节展示如何打印相应角色的欢迎界面并选择相关的操作。

【例 7-8】 编程实现学生成绩管理系统三种角色相关功能。

示例程序如下：

```
#include<stdio.h>
//以下 5 行是函数声明
void student();            //学生角色函数
void teacher();            //教师角色函数
void administrator();      //管理员角色函数
void alterPassword();      //学生修改密码功能函数
void queryResult();        //学生查询成绩功能函数
//主函数
int main(int argc,char *argv[])
{
    printf("\t\t\t 欢迎使用学生成绩管理系统！ \n");  //居中排版
    printf("\t 请选择您的身份：1. 学生  2. 老师  3. 管理员  0. 退出\n");
    int x;
    while(scanf("%d",&x)) //循环输入
    {
        switch(x)
        {
            /*switch 中的 break 语句用来退出 switch 语句*/
            case 1:student();break;
            case 2:teacher();break;
            case 3:administrator();break;
            case 0:printf("\t 欢迎下次使用本系统\n");break;
            default:printf("\t 您的输入有误,请重试!\n");
        }
        /*以下!x 等价于 x!=0*/
        if(!x) break;       //这个 break 语句用来退出所在的 while 循环
        printf("\t\t\t 欢迎使用学生成绩管理系统！ \n");  //居中排版
        printf("\t 请选择您的身份：1. 学生  2. 老师  3. 管理员  0. 退出\n");
    }
    return 0;
}
//学生角色功能函数
void student()
{
    printf("\t\t\t\t 欢迎您,同学\n");
    /*下边按照 5.4 节中的功能分析来选择学生角色要执行的功能*/
    printf("\t 请选择您要执行的操作：1. 修改密码  2. 查询自己成绩  0. 退出\n");
    int x;
    while(scanf("%d",&x)) //循环输入
    {
        switch(x)
        {
            case 1:alterPassword();break;
            case 2:queryResult();break;
            case 0:printf("\t 同学,再见！ \n");break;
            default:printf("\t 您的输入有误,请重试!\n");
        }
        /*以下!x 等价于 x!=0*/
        if(!x) break;  //这个 break 语句用来退出所在的 while 循环
        printf("\t\t\t 欢迎您,同学\n");
        printf("\t 请选择您要执行的操作：1. 修改密码  2. 查询自己成绩  0. 退出\n");
```

```
    }
}
//教师角色功能函数
void teacher()
{
    printf("\t\t\t 欢迎您, 老师\n");
}
//管理员角色功能函数
void administrator()
{
    printf("\t\t\t 欢迎您, 管理员\n");
}
//学生角色修改密码功能函数
void alterPassword()
{
    printf("\t 您可以修改您的密码!\n");
}
//学生角色查询成绩功能函数
void queryResult()
{
    printf("\t 您可以查询您的成绩!\n");
}
```

运行结果如图 7-7 所示。

```
                        欢迎使用学生成绩管理系统!
        请选择您的身份: 1. 学生  2. 老师  3. 管理员  0. 退出
1
                                欢迎您, 同学
        请选择您要执行的操作: 1. 修改密码  2. 查询自己成绩  0. 退出
1
        您可以修改您的密码!
                        欢迎您, 同学
        请选择您要执行的操作: 1. 修改密码  2. 查询自己成绩  0. 退出
2
        您可以查询您的成绩!
                        欢迎您, 同学
        请选择您要执行的操作: 1. 修改密码  2. 查询自己成绩  0. 退出
3
        您的输入有误, 请重试!
                        欢迎您, 同学
        请选择您要执行的操作: 1. 修改密码  2. 查询自己成绩  0. 退出
0
        同学, 再见!
                        欢迎使用学生成绩管理系统!
        请选择您的身份: 1. 学生  2. 老师  3. 管理员  0. 退出
2
                        欢迎您, 老师
                        欢迎使用学生成绩管理系统!
        请选择您的身份: 1. 学生  2. 老师  3. 管理员  0. 退出
3
                        欢迎您, 管理员
                        欢迎使用学生成绩管理系统!
        请选择您的身份: 1. 学生  2. 老师  3. 管理员  0. 退出
0
        欢迎下次使用本系统
```

图 7-7　功能函数的调用

主函数中根据输入的x的值来选择要执行的角色功能函数，以上示例代码中只扩充了学生角色的相关功能，在教师和管理员角色功能函数中只输出了提示信息，以便程序能够正常调用。学生角色功能函数可以调用修改密码和查询成绩两个函数，这两个函数也仅显示了提示信息。具体的功能函数请读者根据需求进行扩充。

7.10　小结

（1）结构化程序设计的特点是“自顶向下、逐步求精、模块化”，C语言中的模块用函数来实现。函数就是用来实现某种特定功能的程序段，可以被其他的函数或程序引用。

（2）C语言中函数必须先定义再使用。函数的定义包括函数名、形式参数表、函数返回值类型和函数体四部分。

（3）从用户使用的角度讲，函数可以分为库函数和用户自定义函数。

库函数是编译器提供的可在C语言源程序中调用的函数，它并不是C语言本身的一部分，而是由编译程序根据一般用户的需要编制并提供用户使用的一组程序。

用户自定义函数是用户自己定义的满足自身需要的特定函数，C语言中多数函数都是用户自定义函数。

（4）C语言源程序中有且只能有一个主函数（main函数），它是程序的入口，无论源程序中有多少个函数，都要从主函数开始执行。

主函数可以调用其他的函数，而其他函数不能调用主函数。其他函数之间可以相互调用。

（5）函数调用时参数的传递方式是：调用函数的实参传递给被调用函数的形参，在被调用函数中用形参进行运算，形参如果发生变化并不影响实参。

（6）函数原型也叫函数声明，其作用是在编译时检查整个函数（参数类型、函数名和返回值类型）是否正确。这样在使用该被调用函数时就知道它的参数是什么类型了，同时也表示该函数在程序中已定义，这时调用函数再使用被调用函数就是合法的了。

（7）函数可以直接或间接调用自己，这种调用称为函数的递归调用。函数递归调用的优点是代码书写简单清晰，容易理解。但其时间复杂度和空间复杂度都比较大，所以可以选择用循环等方法来代替递归调用。

（8）一个变量能起作用的范围叫作它的作用域，按作用域来分，变量可分为局部变量和全局变量。

变量按存储方式可以分为以下4种类型：auto（自动）类、register（寄存器）类、extern（外部）类和static（静态）类。这4种存储类型又可以被划分到动态存储类型（前两种）和静态存储类型（后两种）两类中，它们分别对应存储在动态存储区和静态存储区中。

（9）文件包含是指在一个源文件中把其他文件的全部内容包含进来，从而使用其中的资源。

以“#define”开头的命令叫作宏定义命令，它包括带参数的宏定义命令和不带参数的宏定义命令两种。宏的调用称为宏展开，只是把宏展开成对应的字符串，再去执行相关的运算，因此与变量定义和函数定义都不相同。

习题 7

1. 填空题

（1）从用户使用的角度来看，函数可以分为________和________。从接口形式上可以分为________和________。

（2）return 语句的作用是________和________。

（3）函数不能________定义，也不能________定义。

（4）C 语言中有且仅有一个________，是整个程序的入口。

（5）实参可以向形参传递________，也可以向形参传递________，但是这种传递是________。实参必须与形参的________相同，________相符。

（6）函数直接或间接地调用自己称为函数的________调用。

（7）变量按其作用域可以分为________和________，按其存储类别可以分为________类、________类、________类和________类。凡是在函数体内没有指定存储类别的变量都是________类，在函数体外没有指定存储类别的变量都是________类。

（8）若函数 fun 中的局部变量 a 与程序中的全局变量 a 同名，则在调用函数 fun 时使用的 a 是________。

（9）return 语句返回的结果类型以________为准。如果一个函数没有返回值类型，则默认为________类型。

（10）任意两个函数在定义时都是________关系，而函数在调用时会产生________关系，即上层模块调用下层模块。

（11）下面 pi 函数的功能是：根据以下公式求 π 的值，要求当其中的通项 t 小于给定值 eps 时就返回 π 值，请填空。

$$\frac{\pi}{2}=1+\frac{1}{3}+\frac{1}{3}\times\frac{2}{5}+\frac{1}{3}\times\frac{2}{5}\times\frac{3}{7}+\frac{1}{3}\times\frac{2}{5}\times\frac{3}{7}\times\frac{4}{9}+\cdots+t$$

```
________ pi(double eps)
{
    double s=0.0,t=1.0;
    int n;
    for(________;t>eps;n++)
    {
        s+=t;
        t=(n*t)/(2*n+1);
    }
    return ________;
}
```

（12）填写以下空白完成程序。

```
#include<stdio.h>
________________
```

```
int main()
{
    double x,y;
    scanf("%lf%lf",&x,&y);
    printf("%lf\n",sub(x,y));
    return 0;
}
double sub(double x,double y)
{
    return x-y;
}
```

（13）有以下程序：

```
#include<stdio.h>
int sub(int n)
{
    return (n/10+n%10);
}
int main()
{
    int x,y;
    scanf("%d",&x);
    y=sub(sub(sub(x)));
    printf("%d\n",y);
    return 0;
}
```

若运行时输入 1234<Enter>，程序的运行结果是________。

（14）以下程序的运行结果是________。

```
#include<stdio.h>
int fun(int a)
{
    int b=0;
    static int c=3;
    b++,c++;
    return(a+b+c);
}
int main()
{
    int i,a=5;
    for(i=0;i<3;i++) printf("%d %d ",i,fun(a));
    printf("\n");
    return 0;
}
```

（15）以下程序的功能是计算 $s=\sum_{k=0}^{n} k!$，请填空。

```
#include<stdio.h>
```

```
long f(int n)
{
    int i; long s;
    s=_______;
    for(i=1;i<=n;i++) s=_______;
    return s;
}
int main()
{
    long s; int k,n;
    scanf("%d",&n);
    s=________;
    for(k=0;k<=n;k++) s=s+_____;
    printf("%ld\n",s);
    return 0;
}
```

（16）以下程序的运行结果是________。

```
#include<stdio.h>
void fun(int x)
{
    if(x/2>0) fun(x/2);
    printf("%d",x);
}
int main(int argc,char *argv[])
{
    fun(7);
    return 0;
}
```

（17）以下程序的运行结果是________。

```
#include<stdio.h>
#define S(x) 4*x*x+1
int main(int argc,char *argv[])
{
    int i=6,j=8;
    printf("%d\n",S(i+j));
    return 0;
}
```

2. 选择题

（1）下列叙述中正确的是（　　）。

A. 每个 C 程序文件都必须要有一个 main 函数

B. 在 C 程序中 main 函数的位置是固定的

C. C 程序中所有函数之间都可以互相调用，与函数所在位置无关

D. 在 C 程序的函数中不能定义另外一个函数

(2）以下程序的运行结果是（　　）。

```
#include<stdio.h>
int fun(int x)
{
    int p;
    if (x==0 || x==1)return(3);
    p=x-fun(x-2);
    return p;
}
int main(int argc,char *argv[])
{
    printf("%d\n",fun(7));
}
```

A．7　　B．3　　C．2　　D．0

(3）以下正确的函数原型是（　　）。

A．double fun(int x,int y)　　B．double fun(int x;int y)

C．double fun(int x,int y);　　D．double fun(int x,y);

(4）在一个C源程序文件中所定义的全局变量，其作用域为（　　）。

A．所在文件的全部范围

B．所在程序的全部范围

C．所在函数的全部范围

D．由具体的定义位置和extern说明来定义范围

(5）下列宏定义中NUM展开后的值是（　　）。

```
#define N 2
#define M N+1
#define NUM (M+1)*M/2
```

A．5　　B．6　　C．8　　D．9

(6）以下程序的运行结果是（　　）。

```
#include<stdio.h>
#define MIN(x,y) (x)<(y)?(x):(y)
int main(int argc,char *argv[])
{
    int i,j,k;
    i=10; j=15; k=10*MIN(i,j);
    printf("%d\n",k);
    return 0;
}
```

A．15　　B．100　　C．10　　D．150

(7）以下程序的运行结果是（　　）。

```
#include<stdio.h>
#define f(x) (x*x)
```

```
int main(int argc,char *argv[])
{
    int i1,i2;
    i1=f(8)/f(4); i2=f(4+4)/f(2+2);
    printf("%d,%d\n",i1,i2);
    return 0;
}
```

A．64，28　　B．4，4　　C．4，3　　D．64，64

3．程序设计题

（1）编写函数 int isprime（int m）用以判断 m 是否是素数。

（2）编写函数，验证任意正偶数（大于 2）等于两个素数的和，并输出所有可能的素数组合。

（3）编写函数 char transchar（char ch），其功能是：若 ch 是大写字母则转换成小写，若 ch 是小写字母则转换成大写。

（4）编写函数求$1-\frac{1}{2}+\frac{1}{3}-\frac{1}{4}+\frac{1}{5}-\frac{1}{6}+\cdots+\frac{1}{n}$的值，n 由实参确定。

（5）编写递归函数用来求斐波那契数列中第 n 项的值。斐波那契数列形式如下：

1，1，2，3，5，8，13，21，…

（6）编写一个函数用来把两个两位数 a、b 转换成一个四位数 c，要求 a 的个位是 c 的千位，b 的十位是 c 的百位，b 的个位是 c 的十位，a 的十位是 c 的个位，如 a=12，b=34，则 c=2341。

（7）请编写一个宏定义 ALPHA（C），用来判断 C 是否是字母，若是结果为 1，不是结果为 0。

（8）定义一个宏定义 MAX（x,y,z），用来判断三个数 x、y、z 的最大值。

（9）在一个头文件中编写一个函数 void yanghui(int n)，用来定义并输出一个 n 行的杨辉三角形，然后在另一个文件中调用该函数。

数　组

当定义 3 个学生的期末总成绩时，可以使用基本数据类型定义 3 个变量来实现，当学生数量增加到 100 个或更多时，为了实现对大量相同类型数据的准确访问与管理，C 语言提供了数组这个数据结构。

在程序设计中，为了处理方便，把具有相同类型的若干变量按一定的顺序组织起来的一种数据结构称为数组。也就是说，具有相同类型数据元素的有序集合称为数组。在 C 语言中，数组属于构造数据类型。一个数组包含多个数组元素，这些数组元素可以是基本数据类型也可以是构造数据类型。按数组元素的类型不同，数组又可分为数值数组、字符数组、指针数组、结构体数组等各种类别，本章重点介绍前两种类型数组，其他类型将在后面章节详细介绍。

8.1　一维数组的定义和引用

8.1.1　一维数组的定义

一维数组的定义格式如下：

类型标识符　数组变量名[N]；

其中，N 表示数组长度。例如，要存放 100 个学生的期末考试总成绩，可声明如下：

```
int  score [100];
```

定义数组的实质是：在内存中预留一片连续的存储空间以存放数组的全部元素。数组名（如 score）表示这片空间的起始地址，空间的大小由数组的类型和元素个数确定。需要注意的是，score 是一维数组类型，而不是 int 型，score 数组中的每个元素是 int 型。

所谓数值型一维数组，一是指数组元素的类型是数值型（short、int、long、float、double 等）；二是指数组元素只有一个下标。

访问数组中的元素时，须指定数组名和下标，下标从 0 开始。数组 score 中元素与下标的对应关系如图 8-1 所示。

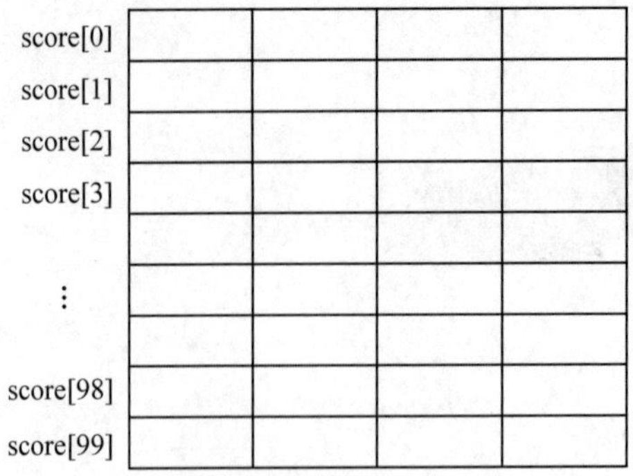

score[0]				
score[1]				
score[2]				
score[3]				
⋮				
score[98]				
score[99]				

图 8-1　一维数组元素与下标的对应关系

对本例而言，因为一个 int 型数据在内存中占 4 字节（32 位编译系统，例如 Visual C++ 6.0 中占 4 字节，而 16 位编译系统，如 Turbo C 2.0 中仅占 2 字节），故 100 个元素占内存连续的 400 字节，也可以这样表示为 sizeof(score)。推而广之，任意数组 x 占用 sizeof(x)字节的存储空间。数组名 score 的值为数组元素在内存中存放的起始地址，也就是 score[0]元素存放的地址。假设 score[0]的地址为 2000H（十六进制表示），则 score[1]的地址为 2004H，score[2]的地址为 2008H，以此类推。

当将数值 85 存入数组 score 的第 4 个元素中，可使用语句：

```
score[3] = 85;
```

输出元素 score[3]的值，可以使用语句：

```
printf("%d", score[3]);
```

对于数组的定义，需要特别注意以下几点：

（1）数组长度必须是常量或常量表达式，不能是变量。即 C 语言中数组大小不能动态定义，从程序编译的过程来说就是要求数组长度在编译时必须有确定的值，而不是在程序运行过程中确定数组长度。所以，下面声明数组 s 的语句是错误的：

```
int n = 10;
int s[n];
```

（2）多个相同类型数组的说明可以放在一个定义语句中，数组之间用逗号分隔。数组说明符和普通变量名可以放在一个类型的定义语句中。

例如：

```
int a,b,c[5],d[10];
```

（3）C 语言并不检查数组边界，因此数组的两端都有可能越界，导致其他的数据遭到破坏，因此，在 C 语言中，检查数组边界的职责由程序员来承担。

8.1.2　一维数组的引用

一维数组的引用同变量一样，都必须先定义，后使用。

（1）引用数组元素的方式：

数组名[下标表达式];

(2) 只能单个引用数组的元素，而不能把数组当作一个整体引用。
(3) 数组元素中的下标表达式必须是整数。
例如：

```
int a[5];
a[0] = 1;
a[1] = 2;
```

则 a [0]*5+a[1]*6，a[m+n]，a[i]均是对数组 a 的合法引用，当然，必须保证表达式 m+n 以及变量 i 的值为 0～4，否则会造成数组下标越界。
下面的引用均属于对数组 a 的非法引用。

```
a=10;           //不能整体引用
a[5]=8;         //数组下标越界
```

8.1.3　一维数组的初始化

可以通过语句和控制结构给数组赋予初值。为了方便使用，C 语言也允许在定义数组时直接赋初值，这叫作数组的初始化。

1. 对数组全部元素赋初值

例如：

```
int a[10]={10, 11, 12, 13, 14, 15, 16, 17, 18, 19};
```

其中数组元素的值为

```
a[0]=10;
a[1]=11;
…
a[9]=19;
```

2. 对部分元素赋初值（前面连续的若干元素）

例如：

```
int b[10]={ 0,1,2,3,4 };
```

表示数组元素的值为

```
b[0]=0;
b[1]=1;
b[2]=2;
b[3]=3;
b[4]=4;
```

只有前 5 个元素的初值分别是 0、1、2、3、4，后面剩余的元素会自动赋予初值 0。
一维数组初始化时需要注意以下几点：

（1）C 语言中不允许对不连续的元素或后面的连续元素赋初值。

例如，int a[10]={1, ,3, ,5 , ,7, ,9, }; 是错误的。

（2）可以通过赋初值指定数组大小。

例如：

```
int b[4]={0,1,2,3};
```

可以写成

```
int b[ ]={0,1,2,3};
```

由于数组元素的个数已经确定，可以不指定数组长度。

（3）如对数组元素赋同一初值，必须一一写出，不可写成任何其他形式。

```
int a[10]={2,2,2,2,2,2,2,2,2,2};
```

8.1.4 一维数组的动态赋值

在上面的例子中，对于数组的赋值均属于静态的，在 C 语言中，可以通过循环语句结合 scanf 函数在程序执行过程中逐个对数组元素进行动态赋值。

【例 8-1】某青年歌手大奖赛，共有 10 位评委。评委打分的规则是：去掉一个最高分，去掉一个最低分，然后取平均分（10 分制，整数分）。求某歌手的最后评分。

```
#include<stdio.h>
int main(int argc,char *argv[])
{
    int score[10];          //评委评分数组
    int max,min,sum;        //最大分值，最小分值，分值之和
    double avg;             //最后得分
    int i;                  //循环变量
    printf("请输入 10 位评委的分数:\n");
    for (i=0;i<10;i++)
        scanf("%d",&score[i]);  //逐个输入评分
    max=min=score[0];       //初始化最大分值，最小分值
    sum=0;                  //初始化分数和
    for(i=0;i<10;i++)
    {
        if(max<score[i]) max=score[i];  //逐一比较，求最大分值
        if(min>score[i]) min=score[i];  //逐一比较，求最小分值
        sum=sum+score[i];  //求分数之和
    }
    sum=sum-max-min;        //去掉一个最高分，去掉一个最低分
    avg=sum/8.0;            //其余分值求平均分
    printf("该选手的最后得分是：%g\n",avg);
    return 0;
}
```

程序先输入 10 位评委的评分，然后求最大值、最小值与和值，再用和值减去最大值

和最小值，最后再除以 8.0（请读者思考，如果除以 8，会得到什么结果），即为该选手的最后得分。

一次运行结果如图 8-2 所示。

```
请输入10位评委的分数:
8 6 7 8 9 8 9 8 7 8
该选手的最后得分是: 7.875
```

图 8-2　例 8-1 的一次运行结果

8.2　一维数组的应用

【例 8-2】从键盘上输入 10 个整数，统计这些数中大于 0、等于 0 和小于 0 的元素个数。

示例代码如下：

```
#include<stdio.h>
int main(int argc,char *argv[])
{   int a[10],i,m=0,n=0,k=0;      /*m、n、k 分别用来统计正数、零值和负数的个数*/
    printf("请输入 10 个整数：")
    for(i=0;i<10;i++)
         scanf("%d",&a[i]);       /*从键盘依次输入 10 个数组元素的值*/
    for(i=0;i<10;i++)             /*依次搜索满足条件的数组元素，并对相应计数器加 1*/
        if(a[i]>0) m++;
        else if (a[i]==0) n++;
            else k++;
    printf("正数有%d 个\n",m);
    printf("零值有%d 个\n",n);
    printf("负数有%d 个\n",k);
    return 0;
}
```

程序通过数组 a 来接收 10 个元素，并设置计数器变量 m、n、k 分别用来统计大于 0、等于 0 和小于 0 的元素个数。在统计之前，计数器变量初值均设置为 0。利用 for 循环依次搜索数组，顺序比较每个数组元素，当有满足条件的元素时，相应的计数器加 1。一次运行结果如图 8-3 所示。

```
请输入10个整数: -3 5 8 12 0 7 9 -10 0 -7
正数有5个
零值有2个
负数有3个
```

图 8-3　例 8-2 的一次运行结果

【例 8-3】 求斐波那契数列前 20 项的值并输出，每行输出 5 个。

示例代码如下：

```
#include<stdio.h>
int main(int argc,char *argv[])
{
```

```
    int i;
    int F[20]={1, 1};              /*斐波那契数列前两项的值为 1*/
    for (i=2; i<20; i++)
        F[i]=F[i-1]+F[i-2];        /*从第三项开始，每项等于前两项的和*/
    for (i=0; i<20; i++)
    {
        if (i%5==0) printf("\n");  /*每行输出 5 个数据项*/
        printf("%12d",F[i] );
    }
    printf("\n");
    return 0;
}
```

由于此问题中共有 20 个数列值，且属于相同类型，因此可以使用数组来存储数列值。同时由于数列中前两项是固定的，可以在定义数组时赋初值 1，而后面的 18 项，则可以使用循环来求解。运行结果如图 8-4 所示。

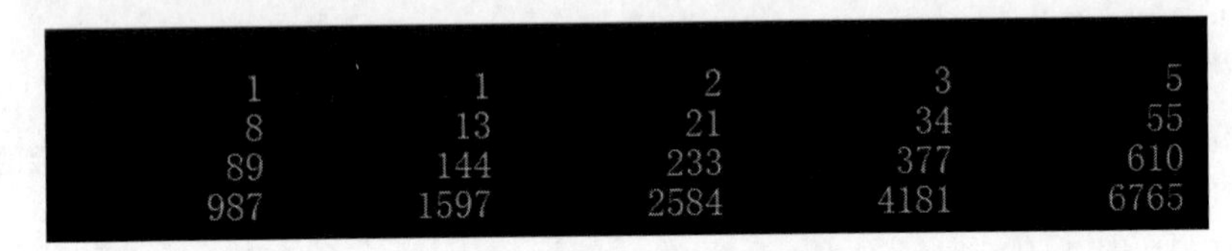

图 8-4　例 8-3 的运行结果

【例 8-4】 用冒泡法对数组元素排序。

排序就是把一列可以比较大小的数据按照从大到小（降序）或从小到大（升序）的顺序排列，其作用是方便查找数据（如使用折半查找法查找数据）。

例如：11，29，2，25，121，-10，1。

降序排列：121，29，25，11，2，1，-10。

升序排列：-10，1，2，11，25，29，121。

注意，只有数组元素可以比较的才能排序，例如整型、字符型、字符串数组等。

升序冒泡排序的思路：

（1）将 n 个数据从前到后两两相邻进行比较，若前边的数据比后边的数据大，则交换这两个数据（将两个数据中大的数据后移），则经过 n-1 次比较之后就会找到 n 个元素最大的元素并放在最后，这是第一趟比较。

（2）将最大的数据去掉，对剩余的 n-1 个数据按照上述步骤进行第二趟比较，则能找到 n 个数据中第二大的数据并放在整个数组倒数第二的位置上。

（3）经过 n-1 趟比较，能够将所有数据排好序。

例如，有一组数据为 48, 37, 64, 97, 75, 12, 26, 49。

采用冒泡排序过程：

第 1 趟排序后为 37, 48, 64, 75, 12, 26, 49, <u>97</u>。

第 2 趟排序后为 37, 48, 64, 12, 26, 49, <u>75, 97</u>。

第 3 趟排序后为 37, 48, 12, 26, 49, <u>64, 75, 97</u>。

第 4 趟排序后为 37, 12, 26, 48, <u>49, 64, 75, 97</u>。

第 5 趟排序后为 12, 26, 37, 48, 49, 64, 75, 97。

第 6 趟排序后为 12, 26, 37, 48, 49, 64, 75, 97。

第 7 趟排序后为 12, 26, 37, 48, 49, 64, 75, 97。

上例中 8 个数据共需进行 7 趟排序，其中第一趟排序需要进行 7 次比较，第二趟排序需要进行 6 次比较，…，第 7 趟排序需要进行 1 次比较。总结如下：排序的当前趟数为 i，则比较的总次数 j 和 i 的关系是 j+i=8，即 j=8−i。

示例代码如下：

```
#include<stdio.h>
int main(int argc,char *argv[])
{
    /*将下边数组第一个元素置 0，则后面数组元素下标与待排数据位置一致*/
    int  a[9]={0,48,37,64,97,75,12,26,49};
    int  i,j,t;
    for(i=1; i<=7; i++)          /*排序趟数*/
         for(j=1; j<=8-i; j++)   /*每趟比较次数*/
              if(a[j]>a[j+1])    /*若前者比后者大，则交换两个元素*/
              {
                  t = a[j];
                  a[j] = a[j+1];
                  a[j+1] = t;
              }
    printf("排序后的数组元素为:\n");
    for(i=1;i<=8;i++)
         printf("%d   ",a[i]);
    printf("\n");
    return 0;
}
```

运行结果如图 8-5 所示。

```
排序后的数组元素为:
12    26    37    48    49    64    75    97
```

图 8-5 例 8-4 的运行结果

思考：如何修改程序，使其成为降序排序？

【例 8-5】 从键盘上输入一个数，插入一维数组（已经升序排序）中，使插入后的数组仍然升序排列。

假设原数组中数据是−12，3，21，30，34，67。

若待插入的新数为 15，则该数应插入 3 与 21 之间，数组长度增加 1。

插入后的数组数据是−12，3，15，21，30，34，67。

本例需要解决的问题有三个：第一，数组的长度设置成多少合适；第二，在什么位置插入数据；第三，插入数据前怎样腾出一个空位存放 15。

解决方案：对于可以插入新数据的数组，要根据可以插入最多数据的情况来设置数组的长度，本例中开始有 6 个数据，插入一个新数据则长度变成 7，因此数组的长度至少应设置为 7，才能存入新的数据。先将待插数据 15 置于数组最后的位置，然后将 15 与它前边的元素逐一比较，如果 15 小于某元素 s[i]，则将 s[i] 后移一个位置，否则将 15 置于 s[i+1] 的位置，这样就腾出了一个空位存放 15 并且放在了应该放置的位置（使数组依然升序）。

本例数据比较及移动的过程如下：

```
 s[0] s[1] s[2] s[3] s[4] s[5] s[6]
-12,   3,   21,  30,   34,   67   15    /*s[6]=15,即先将 15 放在数组的最后*/
-12,   3,   21,  30,   34,   67   67    /* s[5]>15,则 s[5]后移一个位置*/
-12,   3,   21,  30,   34,   34   67    /* s[4]>15,则 s[4]后移一个位置*/
-12,   3,   21,  30,   30,   34   67    /* s[3]>15,则 s[3]后移一个位置*/
-12,   3,   21,  21,   30,   34   67    /* s[2]>15,则 s[2]后移一个位置*/
-12,   3,   15,  21,   30,   34   67    /* 15>s[1],将 15 放在 s[2]的位置*/
```

示例代码如下：

```c
#include<stdio.h>
#define N 7    //设置数组的长度为可容纳数据的最大值
int main()
{
   int s[N] = {-12,3,21,30,34,67}, i, x;  /*x 是要插入的新元素*/
   printf("原数组为: ") ;
   for (i = 0; i < N - 1; i++)             /*输出排序前数组元素值*/
      printf("%d  ", s[i]);
   printf("\n 请输入待插入的新整数 x:");
   scanf("%d", &x);
   s[N-1] = x;                              /*将待插数据放在数组的末端*/
   for (i = N - 2; i >= 0; i--)
   {
      if (x< s[i])
      s[i + 1] = s[i];                      /*注意这时 s[i]位置上的数没有变化*/
      else
      {
         s[i + 1] = x;
         break;
      }
   }
   printf("插入%d 后的数组为: ",x);
   for (i = 0; i < N; i++)
       printf("%d  ",s[i]);
   printf("\n");
   return 0;
}
```

运行结果如图 8-6 所示。

```
原数组为: -12  3  21  30  34  67
请输入待插入的新整数x:15
插入15后的数组为: -12  3  15  21  30  34  67
```

图 8-6　例 8-5 的运行结果

【例 8-6】 从数组中删除某元素。

要想从数组中删除一个元素主要做定位与移动两个工作。定位指确定被删除元素的位置；移动指某元素被删除后，它后边的元素将逐个“向前递补”。设置一个标志变量，其作用是表示原数组中是否存在用户要删除的元素。数组删除数据后，数组中数据个数要减 1。

示例代码如下：

```
#include<stdio.h>
int main()
{
    int s[10] = {10,20,30,40,50,60,70,80,90,100},i,x,j,f;
    printf("原数组为：") ;
    for (i=0; i<10; i++)
        printf("%d ", s[i]);        /* 首先将原数组元素输出 */
    /* 查找要删除的元素 */
    printf("\n 请输入要删除的整数:");
    scanf("%d", &x);                /* 输入要删除的元素 x */
    f=0;                            /* f 是标志变量,f 为 0 表示没找到要删除的数据 */
    for (i=0; i<10; i++)
    {
        if (s[i]==x)
        {
            j=i;                    /* 记录要删除元素的位置 */
            f=1;                    /* 找到要删除的元素则将标志位置 1 */
            break;                  /* 找到待删元素则退出循环 */
        }
    }

    /* x 可能找到了也可能没找到 */
    if(f==1)                        /* x 找到了 */
    {
        if (j==9)                   /* x 刚好是 s 的末尾元素 */
            s[9] =0;
        else                        /* x 不是 s 的末尾元素 */
        {
            for (i=j; i<9; i++)
                s[i] = s[i+1];      /* 待删元素后面各元素向前递补 */
            s[i] = 0;               /* 最后元素置 0 */
        }
        printf("删除%d 后的数组为:",x);
        for (i=0; i<10;i++)
            printf("%d  ", s[i]);
        printf("\n");
        return 0;
    }
    else                            /* x 没找到 */
    {
        printf("无此数!\n");
        return 0;
    }
}
```

运行结果如图 8-7 所示。

```
原数组为: 10 20 30 40 50 60 70 80 90 100
请输入要删除的整数:30
删除30后的数组为:10  20  40  50  60  70  80  90  100  0
```

（a）找到 x 的运行结果

```
原数组为: 10 20 30 40 50 60 70 80 90 100
请输入要删除的整数:35
无此数!
```

（b）没找到 x 的运行结果

图 8-7 例 8-6 的运行结果

8.3 二维数组的定义和引用

8.3.1 二维数组的定义

某位同学期末考试的成绩如表 8-1 所示。

表 8-1 期末成绩

学号	数学	语文	英语	计算机	总分	平均分
1	89	90	91	93	?	?

要求：计算并保存该同学的总分及平均分。
思路一：定义 7 个整型变量保存相关数据。

```
#include<stdio.h>
int main(int argc,char *argv[])
{
   int no=1,sx=89, yw=90, yy=91,jsj=93,zf,pjf;
   zf = sx + yw + yy + jsj;
   pjf = zf / 4;  //可定义成实型数据
   return 0;
}
```

变量表示的含义如表 8-2 所示。

表 8-2 整型变量表

学号	数学	语文	英语	计算机	总分	平均分
no	sx	yw	yy	jsj	zf	pjf

思路二：定义一个整型数组 cj 保存相关数据。

```
#include<stdio.h>
int main(int argc,char *argv[])
{
   int cj[7] = {1, 89, 90, 91, 93};
```

```
    cj[5] = cj[1] + cj[2] + cj[3] + cj[4];
    cj[6] = cj[5] / 4;
    return 0;
}
```

数组元素表示的含义如表 8-3 所示。

表 8-3　用整型数组定义的成绩

学号	数学	语文	英语	计算机	总分	平均分
cj[0]	cj[1]	cj[2]	cj[3]	cj[4]	cj[5]	cj[6]

一个小组有 4 位同学，期末考试成绩如表 8-4 所示。

表 8-4　4 位同学的期末考试成绩

学号	数学	语文	英语	计算机	总分	平均分
1	89	90	91	93	?	?
2	86	89	88	90	?	?
3	73	82	80	83	?	?
4	91	78	75	99	?	?

如果要分别计算并保存四位同学的总分及平均分，如何解决？

方案一：定义 28 个整型变量进行计算。

方案二：定义 4 个一维数组进行计算。

方案三：定义 1 个二维数组进行计算，定义方法 int　cj[4][7];。

数组元素表示的含义如表 8-5 所示。

表 8-5　用二维数组来定义 4 位同学的成绩

下标	学号	数学	语文	英语	计算机	总分	平均分
	0	1	2	3	4	5	6
0	1	89	90	91	93	?	?
1	2	86	89	88	90	?	?
2	3	73	82	80	83	?	?
3	4	91	78	75	99	?	?

这就是本节要介绍的二维数组。实际上，从上例可以看出，二维数组可以看作以一维数组为元素构成的一维数组。

二维数组的定义形式如下：

类型名　数组名[行下标表达式][列下标表达式];

和一维数组一样，二维数组的下标也从 0 开始，且必须是值为正整数的常量表达式。例如，上面的例子中 int cj[4][7]; 则行下标的合法范围为 0~3，而列下标的合法范围为 0~6，数组元素分别表示为 cj[0][0],cj[0][1],cj[0][2],cj[0][3],cj[1][0],cj[1][1],…,cj[3][6]共计 28 个数组元素。

注意：在 C 语言中，二维数组中的元素按行存储，即在内存中先顺序存储第 1 行中的所有元素，接着再存储第 2 行中的所有元素，以此类推，直到存储到第 n 行中的所有元素。

8.3.2 二维数组的引用和初始化

二维数组的引用：

数组名[行下标表达式][列下标表达式]

和一维数组一样，二维数组也不能整体应用，一次只能引用二维数组中的一个元素。同时也要注意下标越界问题。

二维数组可以采用以下方式进行初始化。

（1）用分行赋值的方式初始化二维数组。

```
int cj[4][7] = {{1,89,90,91,93,363,91}, {2,86,89,88,90,353,88},
                {3,73,82,80,83,318,80},{4,91,78,75,99,343,86} };
```

（2）用一维数组赋值的方式初始化二维数组。

```
int cj[4][7] = {1,89,90,91,93,363,91,2,86,89,88,90,353,88,3,73,82,80,83,
                318, 80,4,91,78,75,99,343,86};
```

因为二维数组在内存中也和一维数组一样，所有元素连续存储，所以可以用给一维数组赋值的方式给二维数组赋初值。

（3）给某些行赋初值个数少于数组列下标个数。

```
int a[3][4]={{1,2},{3,4},{8}};
```

此时 a[0][0]=1，a[0][1]=2，a[1][0]=3，a[1][1]=4，a[2][0]=8，其余元素自动赋值为 0。

（4）赋初值的行数少于数组行数。

```
int a[3][4]={{1,2},{3,4}};
```

此时 a[0][0]=1，a[0][1]=2，a[1][0]=3，a[1][1]=4，其余的元素自动赋值为 0。

（5）通过赋初值定义二维数组大小。

例如：

```
int a[][4]={{1,2,3},{},{1,3}};
```

相当于

```
int a[3][4]={{1,2,3},{},{1,3}};
```

注意：二维数组第一维下标可以省略，但第二维下标不能省略。例如 int a[3][]的定义方式是不正确的，这是因为不知道每行有多少个元素，因此无法给数组分配存储空间。

8.3.3　多维数组

有连续 3 个或 3 个以上的“[下标表达式]”的数组称为多维数组，也叫高维数组，定义中的每个下标表达式依次指定数组各维的长度。

例如：

```
float a[2][2][4];
```

这里定义了一个三维数组 a，其数组元素分别是 a[0][0][0]，a[0][0][1]，a[0][0][2]，a[0][0][3]，a[0][1][0]，a[0][1][1]，a[0][1][2]，a[0][1][3]，a[1][0][0]，a[1][0][1]，a[1][0][2]，a[1][0][3]，a[1][1][0]，a[1][1][1]，a[1][1][2]，a[1][1][3]，共计 16 个元素。

多维数组中的元素和一维数组元素一样，也是连续存储的。

8.4　二维数组的应用

【例 8-7】 在例 8-1 中，某青年歌手大奖赛共有 10 位评委，评委分两排坐，一排 5 位评委。评委打分的规则是：去掉一个最高分，去掉一个最低分，然后取平均分（10 分制，整数分）。求某歌手的最后评分。

分析：此例中 10 位评委分两排，每排 5 人，可以用一个 int a[2][5]的二维数组来模拟这种座位结构。此时求最高分、最低分及和都要在二维数组中完成。

示例代码如下：

```
#include<stdio.h>
int main(int argc,char *argv[])
{
    int a[2][5];            //评委评分数组
    int max,min,sum;        //最大分值,最小分值,分值之和
    double avg;             //最后得分
    int i,j;                //循环变量
    printf("请输入 10 位评委的分数:");
    for (i=0;i<2;i++)
        for(j=0;j<5;j++)
            scanf("%d",&a[i][j]);  //逐个输入评分
    max=min=a[0][0];        //初始化最大分值,最小分值
    sum=0;                  //初始化分数和
    for (i=0;i<2;i++)
        for(j=0;j<5;j++)
        {
            if(max<a[i][j]) max=a[i][j];  //逐一比较,求最大分值
            if(min>a[i][j]) min=a[i][j];  //逐一比较,求最小分值
            sum=sum+a[i][j];   //求分数之和
        }
    sum=sum-max-min;        //去掉一个最高分,去掉一个最低分
    avg=sum/8.0;            //其余分值求平均分
```

```
    printf("该选手的最后得分是：%g\n",avg);
    return 0;
}
```

【例 8-8】 输入年、月、日，求这一天是该年的第几天。

分析：定义年、月、日的变量为 year、month、day，则该天是该年的第几天=前(month-1)个月的天数之和+day。为确定前(month-1)个月的天数之和，需要一张每月的天数表，该表给出每个月的天数。由于 2 月的天数因闰年和平年有所不同，因此，把月份天数设计成一个二维数组。数组的第 0 行给出平年每个月的天数，数组的第 1 行给出闰年每个月的天数，为计算某月某日是这一年的第几天，首先确定这一年是否为闰年，然后根据各月的天数表，求出前(month-1)个月的天数之和再与当月的日期相加，就可以得到这一天是该年的第几天。

示例代码如下：

```
#include<stdio.h>
int main(int argc,char *argv[])
{
     /*定义平年和闰年每个月的天数*/
    int day_table[2][12]={{31,28,31,30,31,30,31,31,30,31,30,31},
                          {31,29,31,30,31,30,31,31,30,31,30,31}};
    int year,month,day,i,j,sum=0;
    printf("输入年、月、日，以空格分开：");
    scanf("%d%d%d",&year,&month,&day);
    j=(year%4==0 && year%100!=0 || year%400==0);/*判断输入的年是否是闰年*/
    for(i=0;i<month-1;i++)
       sum+=day_table[j][i];           /*根据 j 值求前 month-1 个月的天数之和*/
    sum=sum+day;
    printf("%d 年%d 月%d 日是这一年中的第%d 天\n",year,month,day,sum);
    return 0;
}
```

8.5 字符数组

8.5.1 字符数组的定义

用来存放字符的数组称为字符数组。字符数组类型的说明形式与前面介绍的数值数组相同。

例如，定义一维字符数组“char c[10];”，这个一维字符数组 c 可以存放 10 个字符，每个字符占 1 字节。

定义二维字符数组“char c[5][10];”，这个二维字符数组 c 可以存放 50 个字符，每个字符占 1 字节。

字符数组也可以进行初始化，例如“char c[10]={'a','b','c','d','e','f','g','h','i','j'};”。

若字符数组中只初始化了部分元素的值，则后面未初始化的全部为 0，对应的字符为'\0'。

例如“char c[10]= {'a','b','c'};”，则除了 c[0]、c[1]和 c[2]分别为'a'、'b'、'c'外，后面的字符全部初始化为'\0'。

【例 8-9】 二维字符数组的初始化。

```
#include<stdio.h>
int main(int argc,char *argv[])
{
    int i,j;
    char a[][5]={{'B','A','S','I','C',},{'d','B','A','S','E'}};
    for(i=0;i<=1;i++)
       {
          for(j=0;j<=4;j++)
             printf("%c",a[i][j]);
          printf("\n");
    }
    return 0;
}
```

本例的二维字符数组由于在初始化时全部元素都赋以初值，因此一维下标的长度可以不加以说明。

8.5.2　字符串与字符数组

在 C 语言中没有字符串这种数据类型，但是在实际使用时又需要用到字符串，例如学生的学号、姓名、籍贯等信息，那么如何来表示字符串呢？这就要用到字符数组。

例如：

```
char  str[ ] = "北京欢迎你!";
printf("%s\n", str);
```

运行结果为

```
北京欢迎你!
```

在 C 语言中没有专门的字符串型变量，通常用字符数组来存放一个字符串。在 2.4.4 节介绍字符串常量时，已说明字符串总是以'\0'作为结束符。因此当把一个字符串存入一个数组时，也把结束符'\0'存入了该数组，并以此作为该字符串结束的标志。有了'\0'标志后，就不必再用字符数组的长度来判断字符串的长度了。

C 语言允许用字符串的方式对数组作初始化赋值。

例如：

```
static char c[]={'c', ' ','p','r','o','g','r','a','m'};
```

可写为

```
static char c[]={"C program"};
```

或去掉{}写为

```
static char c[]="C program";
```

用字符串方式赋值比用字符逐个赋值要多占 1 字节，用来存放字符串结束标志'\0'。上面的数组 c 在内存中的实际存放情况为 C program\0，'\0'是由 C 编译系统自动加上的。由于采用了'\0'标志，所以在用字符串赋初值时一般无须指定数组的长度，而由系统自行处理。在采用字符串方式后，字符数组的输入输出将变得简单方便。

字符串输入可以使用 scanf，也可以使用 gets，而这两者在输入时却不相同。

【例 8-10】 字符串的输入与输出。

```
#include<stdio.h>
int main(int argc,char *argv[])
{
    char x[20];
    printf("请输入一个字符串：\n");
    scanf("%s",x);
    printf("该字符串是:%s\n",x);
    return 0;
}
```

该程序的一次运行结果如图 8-8 所示。

图 8-8　例 8-10 的一次运行结果

scanf 函数可以使用空格、Tab 或回车符作为输入结束标志，因此上例中输入 c 之后输入了一个空格再输入 program，则 scanf 函数在读到空格时认为该字符串已输入完毕，因此此时的字符串是 c。若想将 c program 作为字符串输入，可以将上面的“scanf("%s",x);”替换成 gets(x)，读者可自己验证。

注意：字符串需要用字符数组来存储，因此字符串一定是字符数组，反之，字符数组却不一定是字符串。

例如“static char c[]={"C program"};”，这里定义了一个字符串，并且用字符数组 c 来存储。而“char c[10]={'a','b','c','d','e','f','g','h','i','j'};”则只是定义了一个长度为 10 的一维字符数组，该数组中并没有存储字符串，因为其中并没有'\0'。而如果“char c[10]= {'a','b','\0','d','e','f','g','h','i','j'};”，则此时的数组 c 中包含一个字符串，是"ab"，这是因为'b'的后面是'\0'。

8.5.3　字符串常用函数

C 语言提供了丰富的字符串处理函数，大致可分为字符串的输入、输出、合并、修改、比较、转换、复制、搜索几类。使用这些函数可大大减轻编程的负担。用于输入输出的字符串函数（gets、puts）在使用前应包含头文件 stdio.h，使用其他字符串函数则应包含头文件 string.h。下面介绍几个最常用的字符串函数。

1. 字符串连接函数 strcat

格式：

strcat (字符数组名 1，字符数组名 2)

功能：把字符数组 2 中的字符串连接到字符数组 1 中字符串的后面，并删去字符串 1 后的串结束标志"\0"，同时在连接之后的字符串后面加上"\0"。本函数返回值是字符数组 1 的首地址。

【例 8-11】 连接两个字符串。

示例代码如下：

```
#include<string.h>  /*strcat 函数的头文件*/
int main(int argc,char *argv[])
{
    char s1[30];
    char s2[10];
    printf("请输入第一个字符串：") ;
    gets(s1);        /*从键盘输入第一个字符串*/
    printf("请输入第二个字符串：") ;
    gets(s2);        /*从键盘输入第二个字符串*/
    strcat(s1,s2);   /*将 s2 字符串连接到 s1 字符串的后面,并存入 s1 数组 */
    printf("连接后的字符串是：") ;
    puts(s1);        /*输出连接之后的字符串*/
    return 0;
}
```

该程序的一次运行结果如图 8-9 所示。

```
请输入第一个字符串：hello
请输入第二个字符串：world
连接后的字符串是：hello world
```

图 8-9　例 8-11 的一次运行结果

注意： 第一个字符数组 s1 的长度要大于第一个字符串的长度加上第二个字符串的长度之和。

2. 字符串复制函数 strcpy

格式：

strcpy (字符数组名 1,字符数组名 2)

功能：把字符数组 2 中的字符串复制到字符数组 1 中，串结束标志'\0'也一同复制。字符数组 2 也可以是一个字符串常量，这时相当于把一个字符串赋予一个字符数组。

【例 8-12】 复制字符串。

示例代码如下：

```
#include<stdio.h>
#include<string.h> /*strcpy 函数的头文件*/
```

```
int main(int argc,char *argv[])
{
    char s1[30];
    char s2[30];
    printf("请输入一个字符串：");
    gets(s2);          /*从键盘输入一个字符串存入 s2 数组中*/
    strcpy(s1,s2);  /*将 s2 中的字符串复制到 s1 数组中*/
    printf("复制后的字符串是：");
    puts(s1);          /*输出连接之后的字符串*/
    return 0;
}
```

该程序的一次运行结果如图 8-10 所示。

```
请输入一个字符串：c program
复制后的字符串是：c program
```

图 8-10　例 8-12 的一次运行结果

注意：字符数组 s1 的长度要大于字符串 s2 的长度，否则不能全部装入所复制的字符。

3. 字符串比较函数 strcmp

格式：

strcmp(字符数组名 1,字符数组名 2)

功能：按照 ASCII 码顺序比较两个数组中的字符串，并由函数返回值返回比较结果。

若字符串 1=字符串 2，则返回值=0；

若字符串 1>字符串 2，则返回值>0；

若字符串 1<字符串 2，则返回值<0。

【例 8-13】 比较两个字符串的大小。

示例代码如下：

```
#include<stdio.h>
#include<string.h>  /*strcmp 函数的头文件*/
int main(int argc,char *argv[])
{
    char s1[30];
    char s2[30];
    int x;
    printf("请输入第一个字符串：") ;
    gets(s1);          /*从键盘输入第一个字符串*/
    printf("请输入第二个字符串：") ;
    gets(s2);          /*从键盘输入第二个字符串*/
    x=strcmp(s1,s2);    /*比较两个字符串的大小*/
    if(x==0) printf("s1 与 s2 相等!\n");
    if(x>0) printf("s1 大于 s2! \n");
    if(x<0) printf("s1 小于 s2! \n");
    return 0;
}
```

该程序的一次运行结果如图 8-11 所示。

```
请输入第一个字符串s1: abcd
请输入第二个字符串s2: abcf
s1小于s2!
```

图 8-11　例 8-13 的一次运行结果

4. 测字符串长度函数 strlen

格式：

strlen(字符数组名)

功能：测字符串的实际长度（不含字符串结束标志'\0'），并将长度作为函数返回值返回。

【例 8-14】 求字符串长度。

示例代码如下：

```
#include<stdio.h>
#include<string.h>  /*strlen 函数的头文件*/
int main(int argc,char *argv[])
{
    int x;
    char s[30];
    printf("请输入一个字符串：");
    gets(s);
    x=strlen(s);
    printf("该字符串的长度为：%d\n",x);
    return 0;
}
```

程序的一次运行结果如图 8-12 所示。

```
请输入一个字符串: abcdefg
该字符串的长度为: 7
```

图 8-12　例 8-14 的一次运行结果

8.5.4　字符串函数的应用

【例 8-15】 利用 gets 函数和 strcmp 函数设计一个简单的密码检测程序。

```
#include<stdio.h>
#include<string.h>
int main(int argc,char *argv[])
{
    char  pass_str[80];   /*定义字符数组 pass_str*/
    int   i=0;
    /*检验密码*/
    while(1)
    {
        printf("请输入您的密码,您最多可以输入三次:\n");
```

```
        gets(pass_str);         /*输入密码*/
        if(strcmp(pass_str, "password" )!=0)    /*密码输入错误*/
        {
            i++;
            if(i==3)
            {
                printf("您已经输入三次错误密码,欢迎下次使用! \n");
                exit(0);        /*输入三次错误的密码,退出程序*/
            }
            printf("密码不正确, 请重试!\n");
        }
        else        /*输入正确密码进入相应的代码*/
        {
            printf("密码正确,欢迎回来!\n");
            break;
        }
    }
    return 0;
}
```

8.5.5 字符串数组

字符串数组就是由字符串构成的数组，因为字符串是一维字符数组，因此字符串数组就是二维字符数组，它用来存储若干字符串。

【例 8-16】 设计一个字符串数组，用来存储五个人的姓名。

```
#include<stdio.h>
#include<string.h>
int main(int argc,char *argv[])
{
    char  name[5][10];    //字符串数组
    int i;
    printf("请输入五个人的名字:");
    for(i=0;i<5;i++) scanf("%s",name[i]);  //name[i]是数组名,因此不用加地址符
    printf("这五个人分别是: ");
    for(i=0;i<5;i++) printf("%s ",name[i]);
    return 0;
}
```

程序设计了一个五行十列的二维字符数组，每一行可以存储一个字符串，因此一共可以存储五个字符串（五个人名）。

8.6 小结

（1）由相同类型的数据构成的集合是数组，它是一种构造数据类型。数组可以分为一维数组、二维数组和高维数组，任何类型的数组在内存中都是连续存储的。

（2）一维数组指在逻辑结构上是一行的数组，用来存储一组相同类型的数据，这组数据在内存中连续存储，数组名是这片连续存储区的首地址。

（3）二维数组指在逻辑结构上由行和列构成的矩阵，用来存储若干组（行）相同类型的数据，这组数据在内存中仍然连续存储，数组名是这片连续存储区的首地址（第一个元素的地址）。

（4）字符数组指由字符型数据构成的数组，可以分为一维字符数组、二维字符数组等。一维字符数组就是由若干字符构成的数组，可以用来存储字符串。二维字符数组就是由若干字符串构成的数组，也称为字符串数组。

习题 8

1．选择题

（1）以下关于数组的描述正确的是（　　）。

A. 数组的大小是固定的，但可以有不同类型的数组元素

B. 数组的大小是可变的，但所有数组元素的类型必须相同

C. 数组的大小是固定的，所有数组元素的类型必须相同

D. 数组的大小是可变的，可以有不同类型的数组元素

（2）在 C 语言中，引用数组元素时，其数组下标的数据类型允许是（　　）。

A. 整型常量

B. 整型表达式

C. 整型常量或整型表达式

D. 任何类型的表达式

（3）若有定义“int　b[3][4]={0};”，则下述正确的是（　　）。

A. 此定义语句不正确

B. 没有元素可得初值 0

C. 数组 b 中各元素均为 0

D. 数组 b 中各元素可得初值但值不一定为 0

（4）若有以下数组定义，其中不正确的是（　　）。

A. int　a[2][3];

B. int　b[][3]={0,1,2,3};

C. int　c[100][100]={0};

D. int　d[3][]={{1,2},{1,2,3},{1,2,3,4}};

（5）若有定义“int　t[5][4];”，则能正确引用 t 数组元素的表达式是（　　）。

A. t[2][4]　　B. t[5][0]　　C. t[0][0]　　D. t[0,0]

（6）下述对 C 语言字符数组的描述中错误的是（　　）。

A. 字符数组可以存放字符串

B. 字符数组中的字符串可以整体输入、输出

C. 可以在赋值语句中通过赋值运算符“=”对字符数组整体赋值

D. 不可以用关系运算符对字符数组中的字符串进行比较

（7）下述对 C 语言字符数组的描述中正确的是（　　）。

A. 任何一维数组的名称都是该数组存储单元的起始地址，且其每个元素按照顺序连续占存储空间

B. 一维数组的元素在引用时其下标大小没有限制

C. 任何一个一维数组的元素，可以根据内存的情况按照其先后顺序以连续或非连续的方式占用存储空间

D. 一维数组的第一个元素是其下标为 1 的元素

（8）不能把字符串“Hello!”赋给数组 str 的语句是（　　）。

A. char str[10]= {'H','e','l','l','o','!'};

B. char str[10];str="Hello! ";

C. char str[10];strcpy(str, "Hello! ");

D. char str[10]= "Hello! ";

（9）若给出以下定义：

```
char x[ ]= "abcdefg";
char y[ ]={ 'a', 'b', 'c', 'd', 'e', 'f', 'g'};
```

则正确的叙述为（　　）。

A. 数组 x 和数组 y 等价

B. 数组 x 和数组 y 的长度相同

C. 数组 x 的长度大于数组 y 的长度

D. 数组 x 的长度小于数组 y 的长度

2．程序设计题

（1）第五套人民币共有 1 角、5 角、1 元、5 元、10 元、20 元、50 元、100 元 8 种面额。若张三去超市购买商品，商品总价共计 x 元，实付 y 元（x、y 请输入），则商店如何找零能让他获得的零钱数量最少？

（2）对一个矩阵作转置运算（行和列互换）。

（3）判断一个字符串是否为回文串。

指　针

指针是C语言中广泛使用的一种数据类型，也是C语言的精华。利用指针变量可以引导各种类型的数据，能很方便地使用数组和字符串，并能像汇编语言一样处理内存地址，从而设计出精练而高效的程序。因此，指针极大地丰富了C语言的功能。掌握指针的使用，可以使程序简洁、紧凑、高效。学习指针是学习C语言非常重要的一环，正确理解和使用指针是掌握C语言的一个标志。

9.1 指针和指针变量

9.1.1 指针和指针变量

[小故事]

地下工作者阿金接到上级指令，要去寻找打开密电码的密钥，这是一个整数。几经周折，才探知如下线索，密钥藏在一栋三年前就被贴上封条的小楼中。一个风雨交加的夜晚，阿金潜入了小楼，房间很多，不知该进哪一间，正在一筹莫展之际，忽然走廊上的电话铃声响起。阿金毫不迟疑，抓起听筒，只听一个陌生人说："去打开211房间，那里有线索"。阿金疾步上楼，打开211房间，用电筒一照，只见桌上写着：1000房间。阿金眼睛一亮，迅速找到1000房间，取出重要数据66，完成了任务。

阿金寻找数据的过程如图9-1所示。

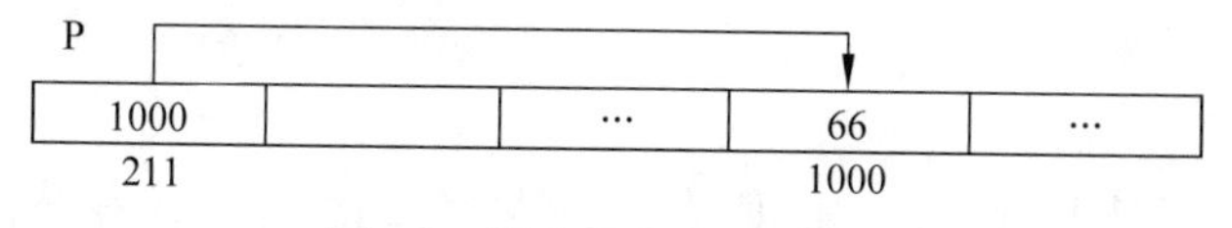

图9-1　阿金寻找密钥线索图

说明：

（1）数据存储在一个单元中，该单元的地址是1000。

（2）地址1000又存储在P单元中，P单元的地址是211。

（3）1000是数据66的直接地址；211是数据66的间接地址；211地址中存的是66的直接地址1000。

（4）这里称P为指针变量，1000是指针变量的值。

那么指针究竟是什么呢？指针其实就是地址。指针变量就是存储地址的变量。例如，数据 66 的地址是 1000，变量 P 存储了数据 66 的地址，就称变量 P 为指针变量，而 211 是指针变量 P 的地址。

注意：一般在 C 语言中说的指针其实指的就是指针变量。

C 语言中用指针可以实现对数据的间接存取，即定义指针的目的是通过指针去访问内存单元中的数据。

既然指针变量的值是一个地址，那么这个地址不仅可以是变量的地址，也可以是其他数据结构的地址。例如，存放的数组或函数的首地址。在一个指针变量中存放一个数组或一个函数的首地址有何意义呢？因为数组或函数都是连续存储的，通过访问指针变量取得了数组或函数的首地址，也就找到了该数组或函数。这样一来，凡是出现数组或函数的地方都可以用一个指针变量来表示，只要该指针变量中赋予数组或函数的首地址即可。这样做，将会使程序的概念十分清楚，程序本身也精练、高效。在 C 语言中，一种数据类型或数据结构往往都占有一组连续的内存单元。用“地址”这个概念并不能很好地描述一种数据类型或数据结构，而“指针”虽然实际上也是一个地址，但它却是一个数据结构的首地址，它是“指向”一个数据结构的，因而概念更为清楚，表示更为明确。这也是引入“指针”概念的一个重要原因。

9.1.2 指针变量的类型说明

对指针变量的类型说明包括三方面内容：

（1）指针类型说明，即定义变量为一个指针变量。

（2）指针变量名。

（3）指针变量所指向的变量的数据类型。

其一般形式为

类型说明符 *变量名;

其中，*表示这是一个指针变量，变量名即为定义的指针变量名，类型说明符表示该指针变量所指向的变量的数据类型（也叫指针的基类型）。

例如：

```
int *p1;
```

这里 p1 是一个指针变量，它的值是某个整型变量的地址，或者说 p1 指向一个整型变量。至于 p1 究竟指向哪一个整型变量，应由向 p1 赋予的地址来决定。

再如：

```
static int *p2;      /*p2 是指向静态整型变量的指针变量*/
float *p3;           /*p3 是指向浮点型变量的指针变量*/
char *p4;            /*p4 是指向字符型变量的指针变量*/
```

值得注意的是，一个指针变量只能指向同类型的变量，如 p3 只能指向浮点变量，不能时而指向一个浮点变量，时而又指向一个字符变量。

9.1.3 指针变量的引用

在深入学习指针运算之前，有必要对*和&两个运算符进行讨论，这对学习指针有很大的帮助。

1. &运算符

C 语言提供了专门的地址运算符&，用来获取变量的地址，这是一个单目运算符，其优先级与正号或负号相同，高于算术运算符。其格式为

&变量名

该表达式的值就是变量的地址，因此可以这样给指针变量 px 赋初值：

```
int a = 3;
int *px;
px = &a;
```

这种赋值的前提是指针变量 px 的基类型与一般变量 a 的类型必须一致。C 语言规定，不能直接将一个常数赋给指针变量（除 0 以外，因为 C 语言规定指针值为 0 表示该指针是空指针）。

2. *运算符

*是指针运算符，是单目运算符，其结合性为自右至左，用来表示指针变量所指的变量，在*运算符之后跟的变量必须是指针变量。

值得注意的是，当*出现在定义语句中，则表示声明其后的变量 px 为指针变量，而不是普通变量；在非定义语句中*px 表示指针变量 px 指向的地址单元内的值。可见，*px 出现在定义语句和非定义语句中的含义是不一样的，这点初学者要格外注意。

设有定义语句：

```
int a, *px=&a;        //定义 px 是指针变量
*px = 3;              //对 px 所指向的单元（就是 a）进行赋值,相当于 a=3
```

显然，*px=*(&a)，因为*(&a)是取 a 的地址里面的值，当然是 a，因此*px=a。而&(*px)与 px 等价，因为*px 是 px 所指向单元的值，也就是 a，因此&(*px)=&a=px。

【例 9-1】 指针变量的定义和使用。

```
#include<stdio.h>
int main(int argc,char *argv[])
{
    int a=3;
    int *p=&a;            //定义语句里的*p 用来说明变量 p 是一个指针变量
    printf("%d\n",a);     //输出 a 的值
    printf("%d\n",*p);  //非定义语句里的*p 表示指针变量 p 所指向单元的值,这里也是 a
    printf("%d\n",sizeof(a));   //输出整型变量 a 的长度,它由编译环境决定
    printf("%d\n",p);   //输出指针变量的值,也就是变量 a 的第一字节在内存中的编号
```

```
    printf("%d\n",sizeof(p));     //输出指针变量p的长度,它由系统的寻址能力决定
    printf("%d\n",&p);  //输出指针变量p的地址,即变量p的第一字节在内存中的编号
    return 0;
}
```

输出结果如图 9-2 所示。

图 9-2　例 9-1 的输出结果

例 9-1 中变量 p 与 a 的关系如图 9-3 所示。其中 a 是整型变量，在当前编译器中占 4 字节，这 4 字节的第 1 字节在内存中的编号（即 a 的地址）是 6487580。指针变量 p 占 8 字节（此例中是 64 位操作系统），这 8 字节中存储的数据是 6487580，即变量 a 的地址，因此相当于 p 指向 a，所以产生一个逻辑上的指向关系（图中箭头），这也是指针这一概念的由来，当然物理上箭头并不存在。而这 8 字节的第 1 字节在内存中的编号（p 的地址）是 6487568。以上数据在计算机中都是二进制数据。

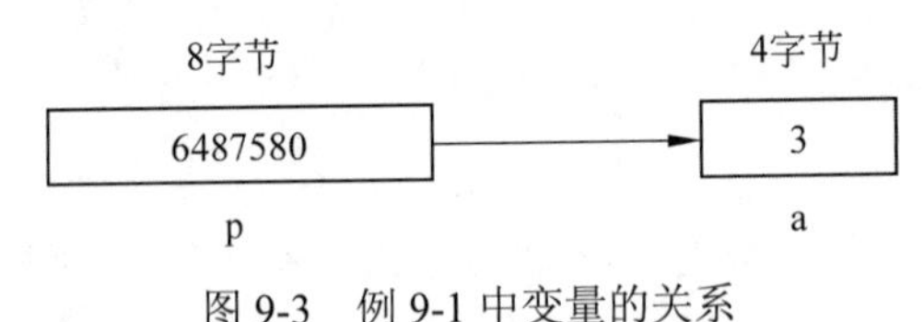

图 9-3　例 9-1 中变量的关系

9.1.4　指针变量的运算

1. 赋值运算

指针变量的赋值运算有以下几种形式：

（1）指针变量初始化赋值。

例如：

```
int a=3,*pa=&a;
```

（2）把一个变量的地址赋予指针变量。

例如：

```
int a=3,*pa;
pa=&a;          /*把整型变量 a 的地址赋予整型指针变量 pa*/
```

（3）把一个指针变量的值赋予指向相同类型变量的另一个指针变量。

例如：

```
int a,*pa=&a,*pb;
pb=pa;          /*把 a 的地址赋予指针变量 pb*/
```

由于 pa、pb 均为指向整型变量的指针变量，因此可以相互赋值。

（4）把数组的首地址赋予指向数组的指针变量。

例如：

```
int a[5],*pa;
pa=a;        /*数组名表示数组的首地址,故可赋予指向数组的指针变量 pa*/
```

也可写为

```
pa=&a[0]; /*数组第一个元素的地址也是整个数组的首地址,也可赋予 pa*/
```

当然也可采取初始化赋值的方法：

```
int a[5],*pa=a;
```

（5）把字符串的首地址赋予指向字符类型的指针变量。

例如：

```
char *pc;pc="c language";
```

或用初始化赋值的方法写为

```
char *pc="c language";
```

这里是把字符串常量的首地址（字母 c 的地址）赋予指针变量 pc。

（6）把函数的入口地址赋予指向函数的指针变量，详见 9.3.1 节。

例如：

```
int (*pf)();pf=f; /*f 为函数名*/
```

【例 9-2】 求三个数的最大值和最小值，用指针引导。

```
#include<stdio.h>
int main(int argc,char *argv[])
{
    int a,b,c;
    int *pmax=0,*pmin=0; //定义了两个空指针
    printf("请输入 3 个整数:");
    scanf("%d%d%d",&a,&b,&c);
    if(a>b)
    {
        pmax=&a;
        pmin=&b;
    }
    else
    {
        pmax=&b;
        pmin=&a;
    }
    if(c>*pmax) pmax=&c;
    if(c<*pmin) pmin=&c;
```

```
    printf("这 3 个数的最大值是%d,最小值是%d\n",*pmax,*pmin);
    return 0;
}
```

例 9-2 的一次运行结果如图 9-4 所示。

```
请输入3个整数:10 -2 35
这3个数的最大值是35，最小值是-2
```

图 9-4　例 9-2 的一次运行结果

2. 加减算术运算

对于指向数组的指针变量，可以加上或减去一个整数 n。

设 pa 是指向数组 a 的指针变量，则 pa+n，pa−n，pa++，++pa，pa−−，−−pa 运算都是合法的。指针变量加或减一个整数 n 的意义是把指针指向的当前位置(指向数组中某元素)向前或向后移动 n 个单元（单元的类型是指针的基类型，也是数组的基类型，即数组中元素的类型)。

应该注意，指向数组的指针变量向前或向后移动一个位置和地址加 1 或减 1 在概念上是不同的。因为数组可以有不同的类型，各种类型的数组元素所占的字节长度是不同的。如指针变量加 1，即向后移动 1 个位置表示指针变量指向下一个数据元素的首地址，而不是在原地址的基础上加 1（即地址的单位是字节，而指针移动的长度要看数组的基类型占几字节)。

例如：

```
int a[5],*pa;
pa=a;           /*pa 指向数组 a,也就是指向 a[0]*/
pa=pa+2;        /*此时 pa 指向 a[2],即 pa 的值为&pa[2]*/
```

指针变量的加减运算只能对指向数组的指针变量进行，对指向其他类型变量的指针变量作加减运算是毫无意义的。

【例 9-3】 分析下面程序的运行结果。

```
#include<stdio.h>
int main(int argc,char *argv[])
{
    int x[6]={0,1,2,3,4,5},a,b,*p;
    p=x;
    printf("%d  %d   %d\n",*p,*(p+2),*(p+5));
    a=*p++;    /*等价于*(p++)    */
    p=x;
    b=*++p;    /*等价于 *(++p)    */
    printf("%d  %d\n",a,b);
    return 0;
}
```

程序运行结果：

```
0  2   5
0  1
```

分析：*p++实际上等价于*(p++), 表示先取 p 所指元素的值，再把指针变量加 1，即指向当前元素的后一个元素。而*++p 等价于*(++p)，表示先把指针变量加 1，然后再取所指向元素。

3. 两个指针变量之间的运算

只有指向同一数组的两个指针变量之间才能进行运算，否则运算毫无意义。

1）两指针变量相减

两指针变量相减的结果是两个指针所指数组元素之间相差的元素个数。

【例 9-4】 分析下面程序的运行结果。

```
#include<stdio.h>
int main(int argc,char *argv[])
{
    int x[6]={0,1,2,3,4,5},*p,*q;
    p=x;
    q=&x[2];
    printf("%d\n",q-p);
    return 0;
}
```

程序的输出结果是 2。

2）两个指针变量进行关系运算

指向同一数组的两指针变量进行关系运算可表示它们所指数组元素之间的关系。

有如下定义：

```
int *pf1,*pf2;
```

若 pf1= =pf2，则表示 pf1 和 pf2 指向同一数组元素；若 pf1>pf2，则表示 pf1 处于高地址位置；若 pf1<pf2，则表示 pf2 处于高地址位置。

此外，指针变量还可以与 0 比较。设 p 为指针变量，p==0 表明 p 是空指针，它不指向任何变量；p!=0 表示 p 不是空指针。空指针是通过对指针变量赋予 0 值而得到的。

例如，“#define NULL 0　int *p=NULL;”对指针变量赋 0 值和不赋值是不同的。

指针变量未赋值时，可以是任意值，是不能使用的，否则可能造成意外错误。指针变量赋 0 值后，则可以使用，只是它不指向任何具体的变量而已。

指针的定义和使用小结，如表 9-1 所示。

表 9-1　指针的定义和使用

操　　作	示　　例
定义指针	int *p,*q;
使指针指向某变量	p=&b;
通过指针修改变量的值	*p=*p+10;
指针间赋值	q=p;

9.2 指针和数组

数组元素在内存中连续存储，而数组名代表这块存储空间的起始地址。指针变量的值也是地址，那么数组名和指针变量是否可以联系起来呢？答案是肯定的。在 C 语言中，指针与数组具有一定的互换性，用指针操作数组会有更大的灵活性，因为数组名是地址常量，不能运算，而指针是变量，可以参与运算。

9.2.1 指针和数值型一维数组

当用指针引用数组时，人们习惯将数组名赋给指针变量，如下行定义：

```
int a[ ] = { 1, 2, 3, 4, 5 }, *p = a;
```

数组各元素在内存中按地址由小到大的顺序连续存储，所以指针 p 一旦指向了一维数组的首地址，就可以方便地通过指针加减运算来存取数组中的各元素。

显然定义中的*p = a 与*p = &a[0]是等价的。同时，由于指针与数组有一定的互换性，所以 a[i]也可以用 p[i]表示。

注意：

（1）如果要把 a[i]元素的地址赋给 p，可以写为 p=a+i 或 p=&a[i]。

（2）数组元素 a[i]的等价表示是 p[i]、*(p+i)、*(a+i)。

【例 9-5】 利用指针输出数组元素的值。

分析下面两个程序，有何不同？

```
#include<stdio.h>
int main(int argc,char *argv[])   /*相对地址法*/
{
    int  a[5]={1, 3, 5, 7, 9},  i;
    for(i=0; i<5; i++)    printf("%d ", *(a+i));    //输出 a[i]
    return 0;
}
```

在该程序中，a 是数组的首地址，也就是 a[0]的地址。a+i 就是 a[i]的地址，因此*（a+i）就是 a[i]。

```
#include<stdio.h>
int main(int argc,char *argv[])      /*绝对地址法*/
{
     int  a[5]={1, 3, 5, 7, 9},  i, *p;
     p = a;   /*或 p = &a[0];*/
     for(i=0; i<5; i++)    printf("%d ",  *p++);       /*相当于*（p++）  */
     return 0;
}
```

在该程序中，p=a，因此 p 是数组的首地址，也就是 a[0]的地址。由于++运算符的优先级和*的优先级相同，并且都具有右结合性，因此*p++相当于*(p++)，它的值是*p，也就是每次循环先输出指针 p 所指向变量的值，然后 p 指针再后移，指向数组中下一个元素，这样就逐一输出了数组中的所有元素的值。

从例 9-5 中的两个程序可以看出，由于数组元素名称代表数组所在内存的一片连续单元的首地址，C 语言允许采用类似指针的操作，即*(a+i)来引用各个数组元素。也可以采用指针的操作，即*p++来引用各个数组元素，而后一种方法显然更灵活些。

【例 9-6】 输出某一维数组中各元素的内存地址及其值。

分析：输出一维数组常采用两种方法：指针法和下标法。这两种方法既可以通过数组名实现，也可以通过指针实现，共有四种等价引用形式。

```
#include<stdio.h>
int main(int argc,char *argv[])
{
    int x[] = { 1, 2, 3, 4, 5 }, *p, i;
    p = x;
    for ( i = 0; i < 5; i++ )
        printf("%x: %d, %d, %d, %d\n", p+i, x[i], *(x+i), p[i], *(p+i) );
    printf("\n");
    return 0;
}
```

其中，printf 函数中 p+i 表示元素地址，它在不同的运行环境中结果可能不同。

9.2.2　指针和字符串

本节将解决三个问题：

（1）定义字符串有两种方法（字符数组和字符指针），如何使用？

（2）这两种方法有何区别（使用方法的不同）。

（3）如何通过指针引导字符串中的数据？

问题（1）、（2）见例 9-7，问题（3）见例 9-8。

【例 9-7】 用数组名和指针来引导字符串。

```
#include<stdio.h>
int main(int argc,char *argv[])
{
     char  string[]="hello";
     char *p;
     p=string;
     printf("%s\n", string);    //用数组名引导字符串
     printf("%s\n", p);         //用指针引导字符串
     return 0;
}
```

对以上程序进行修改，代码如下：

```
#include<stdio.h>
int main(int argc,char *argv[])
```

```
{
    char  *p="hello";
    printf("%s\n", p);
    return 0;
}
```

以上两个程序的功能实际上是相同的，显然第二个程序更简洁、高效。

采用字符数组和字符指针两种方法的区别在于：

（1）数组名不能重新赋值（因为数组名是常量，是数组的首地址），字符指针则可以（因为指针是变量，可以重新赋值）。

例如：

```
char  *str;
str = "the string";     /*允许赋值*/
```

等价于：

```
char *str = "the string";
```

但是以下赋值却不可以：

```
char str[]="the string";
str= "hello";         /*是错误的!*/
```

（2）字符指针在不同时刻可以指向不同的字符或字符串。

（3）字符指针在初始化时才分配空间。

【例 9-8】 定义一个函数用来实现字符串连接操作。

```
#include<stdio.h>
void strcatch(char *m,char *n)
{
    char *p=m,*q=n;         //定义两个工作指针 p 和 q,从而保证 m 和 n 不动
    while(*p) p++;          //找到第一个字符串的末尾
    while(*q)               //从第一个字符串的末尾开始复制第二个字符串
    {
        *p=*q; p++; q++;
    }
    *p=0;                   //在连接后的字符串后面加上字符串结束标志
}
int main(int argc,char *argv[])
{
    char str1[100],str2[100];
    printf("请输入两个字符串,分别以回车作为字符串的结束标志: ");
    gets(str1);             //以回车结束
    gets(str2);             //以回车结束
    strcatch(str1,str2);
    printf("连接后的字符串是: ");
    puts(str1);
    return 0;
}
```

在例 9-8 的 strcatch 函数中，通过两个指针 p 和 q 实现了字符串的连接操作。首先通过移动 p 指针找到第一个字符串的末尾，然后通过移动 q 指针和 p 指针实现将第二个字符串连接到第一个字符串后面的操作，连接之后要在第一个字符串的后面加上一个字符串结束标志（即 0），这样就实现了字符串复制的功能，相当于库函数 strcat 的作用。

9.2.3　指针和二维数组

二维数组是由若干行一维数组组成的，因此，怎样用指针表示二维数组每一行的起始地址是正确使用指针处理二维数组的关键。

以如下定义为例，分析用指针访问二维数组的方法。

```
int s[2][4] = { {1,2,3,4},{5,6,7,8} }, *p = s;
```

s 为二维数组名，此数组有 2 行 4 列，但也可这样来理解：数组 s 由{1，2，3，4}和{5，6，7，8}两个元素组成，这两个元素各为一个一维数组，该一维数组的名字分别为 s[0]和 s[1]，这称为二维数组的一维数组表示。

既然 s[0]和 s[1]是一维数组名，则 s[0]代表第 0 行第 0 列元素的地址&s[0][0]，s[1]代表第 1 行第 0 列元素的地址&s[1][0]。根据地址运算规则，s[i]+j 代表第 i 行第 j 列元素的地址，即&s[i][j]。

【例 9-9】 用指针引导二维数组元素。

```
#include<stdio.h>
int main(int argc,char *argv[])
{
    int a[3][4]={1,2,3,4,5,6,7,8,9,10,11,12}, i, *p;
    for (i = 0; i < 3; i++)
    {
        for (p = a[i]; p < a[i] + 4; p++) //指针 p 每次指向一行,然后在行内移动
        printf("%d\t", *p);
        printf("\n");
    }
    return 0;
}
```

注意： 二维数组元素 a[i][j]、*(a[i]+j)、(*(a+i))[j]几种表示形式是等价的。

9.3　指针和函数

C 语言中，在函数中使用指针可分为下面三种情况：

（1）指针指向函数。

（2）函数返回指针。

（3）指针作为函数参数。

下面分别进行介绍。

9.3.1 指针指向函数

C 语言规定一个函数总是占用一段连续的内存区，而函数名就是该函数所占内存区的首地址。可以把函数的这个首地址（或称入口地址）赋予一个指针变量，使该指针变量指向该函数，然后通过指针变量就可以找到并调用这个函数。这种指向函数的指针变量称为“函数指针变量”。

函数指针变量定义的一般形式为

类型说明符 (*指针变量名)( );

其中“类型说明符”表示被指函数的返回值的类型。“(* 指针变量名)”表示“*”后面的变量是指针变量。最后的括号表示指针变量所指的是一个函数，括号中可以加函数参数。

例如，“int (*p)();”表示 p 是一个指向函数的指针变量，该函数的返回值类型是整型。

下面通过例子说明使用指针调用函数的方法。

【例 9-10】 使用指针调用函数。

```
#include<stdio.h>
int max(int m,int n)
{
    if(m>n)return m;
    else return n;
}
int main(int argc,char *argv[])
{
    int(*pmax)(int,int);    //指向函数的指针,函数有两个整型参数,函数返回整型数据
    int x,y,z;
    pmax=max;               //指针指向函数
    printf("请输入两个整数:");
    scanf("%d%d",&x,&y);
    z=(*pmax)(x,y);         //通过指针调用函数
    printf("这两个整数的最大值是: %d\n",z);
    return 0;
}
```

从上述程序可以看出，使用指针变量调用函数的步骤如下：

（1）先定义函数指针变量，如“int (*pmax)();”定义了 pmax 为函数指针变量。

（2）把被调函数的入口地址（函数名）赋予该函数指针变量，如程序中的“pmax=max;”。

（3）用函数指针变量调用函数，如程序中的“z=(*pmax)(x,y);”，调用函数的一般形式为 (*指针变量名) (实参表)。使用函数指针变量还应注意以下两点：

① 函数指针变量不能进行算术运算，这与数组指针变量是不同的。数组指针变量加减一个整数可使指针移动指向后面或前面的数组元素，而函数指针的移动是毫无意义的。

② 函数调用中“(*指针变量名)”的两边的括号不可少，其中的*不应该理解为求值运算，在此处它只是一种表示符号。

9.3.2　函数返回指针

在 C 语言中允许一个函数的返回值是一个指针（即地址），这种返回指针的函数称为指针型函数。如果函数需要返回一个地址，则需要定义成指针型函数。

定义指针型函数的一般形式如下：

```
类型说明符 *函数名(形参表)
{
    ...... /*函数体*/
}
```

其中函数名之前加的“*”号表明这是一个指针型函数，即返回值是一个指针。类型说明符表示返回的指针值所指向的数据类型。

【例 9-11】 利用函数将两个整数形参中较大的数的地址作为函数值返回。

```
#include<stdio.h>
int *f(int,int);            /*函数声明*/
int main(int argc,char *argv[])
{
    int *p,i,j;
    printf("请输入两个整数：");
    scanf("%d%d",&i,&j);
    p=f(i,j);               /*调用函数 f,返回最大数的地址赋予指针变量 p  */
    printf("这两个数的最大值是：%d\n",*p);
    return 0;
}
int *f(int x,int y)
{
    int *z;
    if(x>y)z=&x;
    else z=&y;
    return(z);
}
```

运行结果如下：

```
请输入两个整数：13  24↙
这两个数的最大值是：24
```

程序执行过程中，将变量 i、j 的值 13 和 24 分别传递给形参 x 和 y，在函数 f 中将 x 和 y 中的大数地址&y 赋给指针变量 z，函数调用完毕，将返回值 z 赋给变量 p，即 p 指向大数 j。

9.3.3　指针作为函数参数

在 C 语言中，函数调用时，系统先为形参分配空间，接着实参传递给形参，用实参初始化形参。在函数计算过程中，函数不能修改实参变量。许多应用要求被调用函数能修改由实参指定的变量，C 语言中的指针形参能实现这种特殊的要求。

当调用有指针形参的函数时，对应指针形参的实参必须是某个变量的指针。指针形参从实参处得到某变量的指针，使指针形参指向一个变量。这样，函数就可用这个指针形参间接访问被调用函数之外的变量，或引用其值，或修改其值。因此，指针类型形参为函数改变调用环境中的变量提供了手段。

下面通过三个例子来对比普通变量作参数和指针变量作参数的区别。

【例 9-12】 使用函数交换两个整型变量的值。

```
#include<stdio.h>
void swap(int p,int q);
int main(int argc,char *argv[])
{
   int a=1,b=2;
   printf("调用 swap 函数之前：a=%d,b=%d\n",a,b);
   swap(a,b);
   printf("调用 swap 函数之后：a=%d,b=%d\n",a,b);
   return 0;
}
void swap(int p,int q)
{
   int t;
   t=p;
   p=q;
   q=t;
   printf("swap 函数中：p=%d,q=%d\n",p,q);
}
```

程序的运行结果如图 9-5 所示。

```
调用swap函数之前：a=1,b=2
swap函数中：p=2,q=1
调用swap函数之后：a=1,b=2
```

图 9-5 例 9-12 的运行结果

在主函数中 a 和 b 的值分别是 1 和 2，调用 swap 函数时作为实参传递给 swap 中的形参 p 和 q，此时 p 为 1，q 为 2。在 swap 函数中通过变量 t 交换了 p 和 q，因此在 swap 函数中输出的 p 为 2，q 为 1。swap 函数结束之后，其中的 p、q 和 t 所占的存储空间都释放了，回到 main 函数再输出 a 和 b，因为没有语句对 a 和 b 进行修改，因此 a 和 b 的值不变，仍为 1 和 2。

【例 9-13】 使用函数交换两个指针变量的值。

```
#include<stdio.h>
void swap(int *p,int *q);
int main(int argc,char *argv[])
{
   int a=1,b=2;
   printf("调用 swap 函数之前：a=%d,b=%d\n",a,b);
   swap(&a,&b);
```

```
    printf("调用 swap 函数之后: a=%d,b=%d\n",a,b);
    return 0;
}
void swap(int *p,int *q)
{
    int *t=0;
    t=p;
    p=q;
    q=t;
    printf("swap 函数中: *p=%d,*q=%d\n",*p,*q);
}
```

程序的运行结果如图 9-6 所示。

```
调用swap函数之前: a=1,b=2
swap函数中: *p=2,*q=1
调用swap函数之后: a=1,b=2
```

图 9-6　例 9-13 的运行结果

在主函数中，a 和 b 的值分别是 1 和 2，调用 swap 函数时将 a 的地址和 b 的地址作为实参传递给 swap 中的指针变量 p 和 q，此时 p 指向 a，q 指向 b。在 swap 函数中通过指针变量 t 交换了 p 和 q，也就是 p 和 q 这两个指针变量的指向发生了变化，因此在 swap 函数中输出的*p 为 2，*q 为 1。swap 函数结束之后，其中的 p、q 和 t 所占的存储空间都释放了，回到 main 函数再输出 a 和 b，因为没有语句对 a 和 b 进行修改，因此 a 和 b 的值不变，仍为 1 和 2。

【例 9-14】 使用函数交换调用函数中变量的值。

```
#include<stdio.h>
void swap(int *p,int *q);
int main(int argc,char *argv[])
{
    int a=1,b=2;
    printf("\n 调用 swap 函数之前: a=%d,b=%d\n",a,b);
    swap(&a,&b);
    printf("调用 swap 函数之后: a=%d,b=%d\n",a,b);
    return 0;
}
void swap(int *p,int *q)
{
    int d=5;
    int *t=&d;
    *t=*p;    //相当于 d=a
    *p=*q;    //相当于 a=b
    *q=*t;    //相当于 b=d,因此交换了 main 函数中的 a 和 b
    printf("swap 函数中: *p=%d,*q=%d\n",*p,*q);
}
```

程序的运行结果如图 9-7 所示。

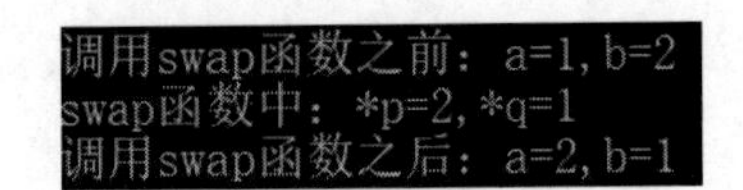

图 9-7　例 9-14 的运行结果

在主函数中，a 和 b 的值分别是 1 和 2，调用 swap 函数时将 a 的地址和 b 的地址作为实参传递给 swap 中的指针变量 p 和 q，此时 p 指向 a，q 指向 b。在 swap 函数中的指针变量 t 指向一个变量 d，此时*t 就是变量 d，*p 就是变量 a，*q 就是变量 b，通过*t 交换了*p 和*q，实际上是通过变量 d 交换了主函数中的变量 a 和 b。

通过这种方式可以修改实参中的数据，相当于被调用函数向调用函数返回了多个值。

9.4　数组作函数参数

第 7 章学习了将普通变量作为函数参数进行传递，显然数组元素也是某种类型的变量，也可以作为函数实参，其用法与普通变量相同。此外，数组名也可以作为函数的实参，传递的是数组首地址，也就是指针。下面通过实例分别加以介绍。

9.4.1　数组元素作函数实参

将数组元素作为函数实参传递，属于“值传递”方式，其对应的形参是与实参类型相同的变量。

【例 9-15】 计算数组中两个元素的较大值。

```
#include<stdio.h>
int max(int x,int y)      /*函数定义*/
{
    return(x>y?x:y);
}
int main(int argc,char *argv[])
{
    int c,a[2];
    printf("请输入两个整数：");
    scanf("%d%d",&a[0],&a[1]);
    c=max(a[0],a[1]);      /*将两个数组元素作为函数实参传递给 max 函数*/
    printf("这两个数的较大值是：%d\n",c);
    return 0;
}
```

上面的例子中，当在主函数中调用 max 函数时，将数组元素 a[0]和 a[1]作为实参传递给形参 x 和 y，可见，其用法与普通变量作为实参的用法没有什么区别。

9.4.2　数组名作函数参数

数组名作函数参数的方式可以将整个数组传递到函数中使用。在这种方式下，在实参位置处写出数组名，在形参位置处也可以写出相同类型的数组名。但是需要注意，数组名的值是数组中第一个元素的地址，因此实参实际上是一个地址，这样形参也需要是一个地址变量，即指针变量。而此时形参虽然写作数组名，但是这个数组名并不代表一个新的数组，而只是一个指针变量，用来接收实参数组的首地址。这样形参指针就指向了实参数组的首地址，之后可以通过形参来引用实参数组中的元素。

【例 9-16】 通过函数求一维数组的平均值。

```
#include<stdio.h>
float f(float a[10]);     //函数声明
int main(int argc,char *argv[])
{
   float avg;
   float x[10]={1.2,3.6,4.5,5.1,6.9,7,8,9,10.5,11.3};
   avg=f(x);        //将数组名作为函数实参传递给函数 f,实际传递的是数组的首地址
   printf("数组的平均值是：%5.2f",avg);
   return 0;
}
float f(float a[10])      //形参是数组 a,但其实质是一个指针,该指针的值为实参的值
{
   int i;
   float sum=0;
   for (i=0;i<10;i++)     //求数组元素的和
      sum=sum+a[i];       //此时 a[i]就是 x[i]
   return (sum/10);       //求数组元素的平均值
}
```

说明：

（1）实参中的数组必须是已经定义过的，而形参中的数组定义只是说明这个形参是用来接收实参值的，它实际上是一个指针，并没有产生一个新的数组。

（2）实参数组与形参数组的类型应保持一致，如果不一致，会按形参定义数组的方式来解释实参数组。

（3）当将数组名作为函数参数传递时，传递的只是实参数组的首地址，并不是将所有的数组元素全部复制到形参数组中。

上例中，当 main 函数开始执行时，x 数组就已经产生，假设其首地址为 1000。当进行 f 函数调用时，只将 x 数组的首地址传递给形参变量 a，此时 a 的值也为地址 1000。由于 a 被定义成数组类型，所以在 f 函数中可以将变量 a 看作一个数组名对数组进行操作，可以通过 a[i]的方式来引用实参数组中的 x[i]，即 a[i]就是 x[i]，这只是一种表示方式，并不是真的存在数组 a。如下面情况：

x 数组	x[0]	x[1]	x[2]	x[3]	x[4]	x[5]	x[6]	x[7]	x[8]	x[9]
数值	1.2	3.6	4.5	5.1	6.9	7	8	9	10.5	11.3
a 数组	a[0]	a[1]	a[2]	a[3]	a[4]	a[5]	a[6]	a[7]	a[8]	a[9]

此时对 a 数组的操作实际上是对数组 x 的操作。

可以将上例的代码改成如下形式：

```
#include<stdio.h>
```

```
float f(float *p);//这里的参数只是说明函数中定义了一个指针,因此变量名 p 也可以省略
int main(int argc,char *argv[])
{
    float avg;
    float x[10]={1.2,3.6,4.5,5.1,6.9,7,8,9,10.5,11.3};
    avg=f(x);    /*将数组名作为函数实参传递给函数 f,实际传递的是数组的首地址*/
    printf("数组的平均值是: %5.2f",avg);
    return 0;
}
float f(float *p)    /*形参数组 a 和实参数组 x 实际共用一片内存空间*/
{
    int i;
    float sum=0;
    for (i=0;i<10;i++)
        sum=sum+p[i];
    //p 是一个指针,并不是数组,所以此处的 p[i]是一种表示方式,其值实际上是实参 x[i]
    return (sum/10);
}
```

从以上两种代码的书写方式中可以发现，形参实际上只是一个地址，但是通过这种方式可以直接使用 p[i]或者 a[i]的方式来引用实参中的 x[i]，简洁方便。

（4）由于数组名作函数的参数只是传递数组的首地址，所以在形参定义时可以不定义数组的大小。这样定义好的函数就可以处理同类型的任何长度的数组了。

【例 9-17】 用一个函数求不同数组的平均值。

```
#include<stdio.h>
float f(float a[],int n)
//形参数组 a 不必定义大小,因为它只是一个指针,可以通过 a[i]引导实参
{
    int i,f;
    float sum=0;
    for(i=0;i<n;i++)
        sum=sum+a[i];
    return(sum/n);
}
int main(int argc,char *argv[])
{
    float x[10]={1.2,3.6,4.5,5.1,6.9,7,8,9,10.5,11.3};
    float y[5]={7,8,9,10.5,11.3};
    float avg;
    avg=f(x,10);
    printf("数组 x 的平均值是: %5.2f\n",avg);
    avg=f(y,5);
    printf("数组 y 的平均值是: %5.2f\n",avg);
    return 0;
}
```

这个程序中 f 函数的形参 a 在定义时没有指定其指向数组的长度，而是通过另一个参数 n 来确定传递过来的数组长度。这样 f 函数就可以处理所有实型数组的平均值问题。为

什么要传递一个整数 n 进来呢？因为在 f 函数中 a 只能确定数组的起始地址，不能表示出这个数组的长度。在这种情况下，在 f 函数中使用这样的表达式 a[100]系统不会报错，但这实际上已经超出了实参数组的长度，这可能修改对应内存的值，结果引起系统“死机”。所以在这种情况下，要加一个参数用来表示实参数组的长度（实际上是通过人工的方式来保证对数组的使用不会越界）。

9.4.3　二维数组作函数参数

二维数组元素作函数参数和普通变量作函数参数是一样的。二维数组名作函数参数和一维数组名作函数参数类似，也是将实参数组的首地址传递过来，此时是二维数组的首地址。二维数组作参数时，一维下标（行下标）可以省略，而二维下标（列下标）必须明确给出。二维数组中的元素也是按照先行后列的方式顺序存储。

【例 9-18】 输入一个矩阵，找出矩阵中的最大值。

```
#include<stdio.h>
int max(int a[][4],int c)   //这里的数组 a 仍然是一个地址,是实参数组 x 的首地址
{
    int i,j,ma;
    ma=a[0][0];
    for(i=0;i<c;i++)
        for(j=0;j<4;j++)
            if (a[i][j]>ma) ma=a[i][j];  //此时的 a[i][j]就是 x[i][j]
    return(ma);
}
int main(int argc,char *argv[])
{
    //定义二维数组时列下标不能省略,行下标可以省略,会根据初始化数据确定
    int x[][4]={{1,2,4,5},{3,6,7,8},{13,26,53,33}};
    printf("这个二维数组的最大值是：%d\n", max(x,3));  //3 是二维数组的行数
    return 0;
}
```

高维数组作函数参数同一维数组和二维数组一样，也是传递数组的首地址，然后再访问数组中的各元素。

9.5　指针数组和多级指针

9.5.1　指针数组

当数组元素类型为某种指针类型时，该数组就是一个指针数组。引入指针数组的目的是便于统一管理同类的指针。

一维指针数组的定义形式为

类型说明符　*数组名[下标表达式];

类型说明符表明数组能指向的对象的类型。数组名之前的*是必需的，由于它出现在数组名之前，使得该数组成为指针数组。

例如：

```
int * a[10];
```

这里定义了数组 a 的元素类型是 int *，即数组元素的类型是指针类型。所以，数组 a 是一个有 10 个元素的指针数组。

注意，在指针数组的定义形式中，由于[ ]比*的优先级高，使数组名先与[ ]结合，形成数组的定义，然后再与数组名之前的*结合，表示此数组的元素是指针类型。需要强调的是，在*与数组名之外不能加上小括号，否则变成指向数组的指针变量。

例如：

```
int (*q)[10];
```

这里的 q 表示定义了一个指向由 10 个 int 类型变量组成的数组的指针。

9.5.2 多级指针

在前面已经介绍过，通过指针访问变量称为间接访问，简称间访。由于指针变量直接指向变量，所以称为一级间访。如果通过指向指针的指针变量来访问变量，则构成了二级间访。在 C 语言程序中，对间访的级数并未明确限制，但是间访级数太多时不容易理解，也容易出错，因此，一般很少超过二级间访。

指向指针的指针变量的说明形式为

类型说明符 **指针变量名;

例如，“int **pp;”表示 pp 是一个指针变量，它指向另一个指针变量，而这个指针变量指向一个整型变量。下面通过一个例子来说明这种关系。

【例 9-19】 指向指针的使用。

```
#include<stdio.h>
int main(int argc,char *argv[])
{
    int x,*p,**pp;
    x=10;
    p=&x;
    pp=&p;
    printf("x=%d\n",x);
    printf("x=%d\n",*p);          //*p=*&x=x
    printf("x=%d\n",**pp);        //**pp=**&p=*p=*&x=x
    return 0;
}
```

上例程序中 p 是一个指针变量，指向整型变量 x；pp 也是一个指针变量，它指向指针变量 p。通过 pp 变量访问 x 的写法是**pp，通过 p 变量访问 x 的写法是*p，因此程序最后输出的都是 x=10。

由于指针定义比较烦琐，因此对指针定义作了简单的总结，如表 9-2 所示。

表 9-2　指针的定义

定义形式	含　义
int　*p	p 是指向整型数据的指针变量
int　*p[n]	定义指针数组 p，包含 n 个元素，每个元素指向一个整型数据
int　(*p)[n]	p 为指向含 n 个整型数据的一维数组的指针变量（也称为行指针）
int　*p( )	p 是一个函数，该函数返回整型指针
int　(*p)()	p 是一个指针，该指针指向一个函数
int　**p	p 是一个指针变量，指向一个指向整型数据的指针变量

9.5.3　main 函数的参数

C11 标准文档中只提供了两种 main 函数的写法，分别为

```
int main(void){/*…*/}
int main(int argc,char *argv[]){/*…*/}
```

第一种情况是 main 函数没有参数；第二种情况是 main 函数中加了两个参数，一个是整型变量 argc，另一个是字符指针数组 argv，而字符指针用来引导字符串，因此第二个参数实质上是字符串数组。

当命令行执行可执行程序时，会输入可执行程序名，同时后面可能还有其他的字符串，而所有这些字符串的个数就是第一个整型变量 argc 的值。所有字符串都是字符串数组 argv 中的数据，其中可执行程序名就是 argv[0]引导的数据，其后的第一个字符串就是 argv[1]中的数据，其他的以此类推。

【例 9-20】 main 函数中参数的使用。

```
#include<stdio.h>
int main(int argc,char*argv[]) //字符串数组
{
    int i;
    for(i=0;i<argc;i++)           //argc 是执行时输入的字符串的个数
    {
        puts(argv[i]);            //输出每个字符串
    }
    return 0;
}
```

本例中的源程序是 1.c，生成的可执行程序是 1.exe，在文件夹 C:\1 下。在命令行中执行一次程序的结果如图 9-8 所示。这里输入了三个字符串，分别是 1.exe、hello 和 world，因此 argc 的值就是 3，程序按行输出 argv[0]、argv[1]和 argv[2]的值，就是图 9-8 中的结果。

```
C:\1>1.exe hello world
1.exe
hello
world
```

图 9-8　例 9-20 的一次运行结果

9.6　小结

（1）指针就是地址，指针变量就是存储地址的变量，一般 C 语言中说的指针指的就是指针变量。C 语言中用指针可以实现对数据的间接存取，即定义指针的目的是通过指针去访问内存单元中的数据。指针可以引导普通变量和数组，也可以引导动态开辟的存储空间中的数据。

定义“int *p;”中的 p 表示一个指针变量，用来存储某个整型变量的地址。而在程序中使用*p 时是引用 p 所指向地址单元中的数据，也就是 p 所指向变量的值。

指针变量可以进行赋值运算、加减运算、关系运算等操作。

（2）用指针可以指向数组，从而引用数组中的数据，包括一维数组、二维数组等。因为数组名是一个地址常量，在使用过程中不可改变，而指针是变量，因此使用指针来引用数组元素更加灵活方便。

（3）指针可以作为函数参数和函数的返回值，也可以用指针指向函数从而引用函数。指针作函数参数时可以通过“*指针”的方式引用实参的数据，这样就可以改变实参的值。

（4）数组元素作为函数实参传递时，属于“值传递”方式，其对应的形参与实参必须是类型相同的变量。

数组名作实参时其值实际上是数组中第一个元素的地址，这样形参也需要是一个地址变量，即指针变量。而此时形参可以定义成指针，也可以定义成数组，但此时的这个数组名并不代表一个新的数组，而只是一个指针变量，用来接收实参数组的首地址。这样形参指针就指向了实参数组的首地址，之后可以通过形参来引用实参数组中的元素。

（5）定义中“int * a[10];”的变量 a 是一个指针数组，即 a 是一个数组，而 a 数组中元素的类型是指针类型。所以，数组 a 是一个由 10 个指针构成的数组，称为指针数组。

定义“int **pp;”中的 pp 是一个指针变量，它指向另一个指针变量，而这另一个指针变量指向一个整型变量，因此构成了一种间接访问，称为二级间接访问。

习题 9

1. 选择题

（1）已有定义“int a=2, *p1=&a, *p2=&a;”，下面不能正确执行的赋值语句是（　　）。

A．a=*p1+*p2;　　　　B．p1=a;

C．p1=p2;　　　　D．a=*p1*(*p2);

（2）变量的指针，其含义是指该变量的（　　）。

A．值　　B．地址　　C．名　　D．一个标志

（3）若有说明语句“int a, b, c, *d=&c;”，则能正确从键盘读入三个整数分别赋给变量 a、b、c 的语句是（　　）。

A．scanf("%d%d%d", &a, &b, d);

B．scanf("%d%d%d", a, b, d);

C．scanf("%d%d%d", &a, &b, &d);

D．scanf("%d%d%d", a, b,*d);

（4）若已定义“int a=5;”，下面对①、②两个语句的正确解释是（　　）。

① int *p=&a;　　② *p=a;

A．语句①和②中的*p 含义相同，都表示给指针变量 p 赋值

B．语句①和②的运行结果，都是把变量 a 的地址值赋给指针变量 p

C．①在对 p 进行说明的同时进行初始化，使 p 指向 a；
②变量 a 的值赋给指针变量 p

D．①在对 p 进行说明的同时进行初始化，使 p 指向 a；
②将变量 a 的值赋予*p

（5）若有语句“int *p, a=10; p=&a;”，下面均代表地址的一组选项是（　　）。

A．a, p, *&a　　B．&*a, &a, *p

C．*&p, *p, &a　　D．&a, &*p, p

（6）有如下语句“int m=6, n=9, *p, *q; p=&m; q=&n;”，如图 9-9 所示，若要实现该图所示的存储结构，可选用的赋值语句是（　　）。

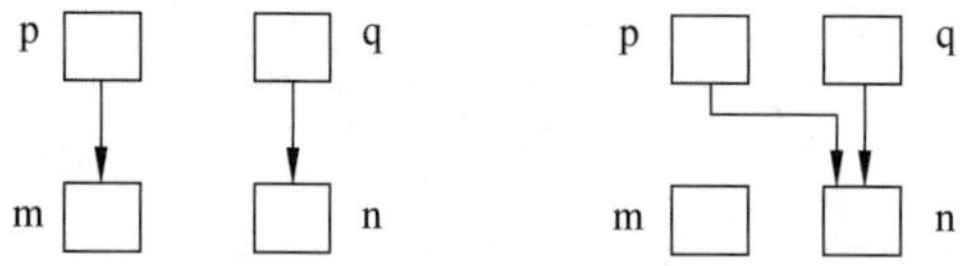

图 9-9　指针指向变化图

A．*p=*q;　　B．p=*q;

C．p=q;　　D．*p=q;

（7）以下不能正确进行字符串赋初值的语句是（　　）。

A．char str[5]= "good!";　　B．char *str="good!";

C．char str[]="good!";　　D．char str[5]={'g', 'o','o', 'd'};

（8）下面程序段的运行结果是（　　）。

```
char *s="abcde";
s+=2;
printf("%d", s);
```

A．cde　　B．字符'c'

C．字符'c'的地址　　D．无确定的运行结果

2. 程序设计题

（1）在密码学中，凯撒密码是一种简单且广为人知的加密技术。它是一种替换加密的技术，明文中的所有字母都在字母表上向后（或向前）按照一个固定数目进行偏移后被替换成密文。例如，当偏移量为 3 时，字母 A 将被替换成 D，B 变成 E，…，X 变成 A，Y 变成 B，Z 变成 C。编写一个函数用来实现凯撒密码的加密操作。

（2）编写一个函数，用指针来实现字符串比较的功能。

结构体和共用体

C 语言的数据类型如图 10-1 所示。

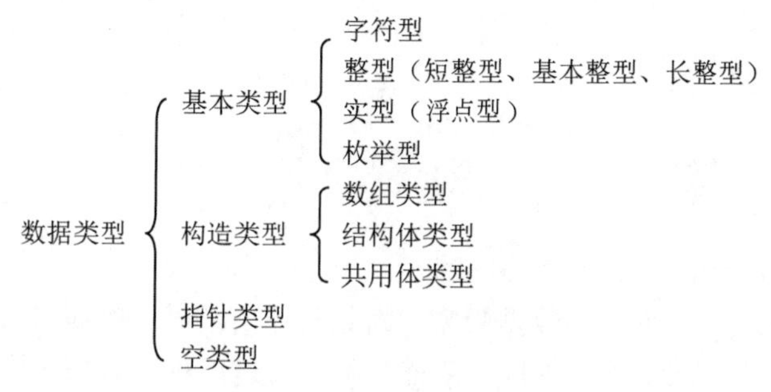

图 10-1　C 语言的数据类型

空类型即 void 类型，可以用来定义函数的返回值、函数形式参数或一个空指针。

（1）当一个函数不需要向调用函数返回一个数据时，可以将该函数返回值类型定义为 void 类型。

（2）当一个函数定义中不需要形式参数时，可以将其形参表定义为 void（也可以不写），如“void printstar(void);”或“void printstar();”，此时该函数不需要参数，也不需要向调用函数返回值。

（3）void *表示无值型指针（即空指针），它是一种不代表任何具体数据类型的指针，在实际使用过程中可以将其强制转换成某种具体类型的指针来使用，即 void *兼容其他类型的指针，这就是所谓的“无中生有”，而反过来其他类型的指针不可以转换成 void *。

例如，有如下两组定义：

```
//1
int a=4;
int *p=&a;
void *q;
q=p;
//2
int a=4;
int *p=&a;
void *q;
p=q;
```

第一组定义使用正常，可以将 p 赋予 q；第二组则不可以。

在本章中还会继续讨论结构体类型和共用体类型，其他的数据类型在前面章节已经讨论。

10.1 用 typedef 声明数据类型

可以用 typedef 来声明一个已经存在过的数据类型，为这个数据类型声明一个别名，以后就可以用这个别名来代替这种数据类型。typedef 声明的使用方法如下：

```
typedef  已有类型  标识符;
```

以后可以用这个“标识符”来代替这个“已有类型”。

例如：

```
typedef double DL;
DL x,y,z;
```

这个定义和“double x,y,z;”是等价的。

typedef 并不是定义一个新的数据类型，而是对已有的某种数据类型给出一个别名。这样在面对一些比较复杂的数据类型的定义时，可以通过这种方式来为这种复杂的数据类型定义一个比较简单且容易理解的类型名称，这样可以增强程序的可移植性和可维护性。

10.2 结构体类型

对于基本类型，每个变量是由一个该类型的数据构成的。对于构造类型，每个变量可以由多个某种类型的数据构成，如果这些数据的类型相同则定义成数组类型，如果这些数据的类型存在不同则定义为结构体类型。

例如，对于一个教师的工资情况，可以用教师编号、姓名、性别、所属院系、基本工资、绩效工资等表示，这时不能用数组来表示该信息，这是因为教师工资信息中不同内容对应的数据类型并不相同，如编号是一个整型数据，姓名是一个字符串，性别可以用字符类型来表示，所属院系也是一个字符串，基本工资和绩效工资是实型数据，对于这样的信息就要用结构体类型来表示。

结构体类型也是一种构造数据类型，它和数组的不同之处在于，结构体类型中的数据可以是不同类型的数据，而数组中的数据必须是相同类型的数据。

10.2.1 结构体类型说明

由于结构体是由不同类型的数据组成的集合，因此在使用之前要先对结构体中所包含的数据元素及其类型进行描述，这种描述称为结构体类型说明，其格式如下：

```
struct 结构体名
```

```
{
    结构体成员表;
};
```

struct 是关键字，表示结构体。结构体名是用户自己定义的结构体类型名称，必须是合法的用户标识符。结构体成员表包括结构体中的成员及其类型说明，其中结构体成员又叫作结构体的分量或结构体的域。结构体中的成员名可以和结构体以外的变量同名，因为它们的作用域不同。在结构体说明的最后一定要以“;”号作为结束标志，例如，定义一个教师工资的结构体类型说明：

```
struct TeacherSalary            //教师工资
{
    int number;                 //教师编号
    char name[8];               //姓名
    char gender;                //性别
    char dept[20];              //所属院系
    double salary1,salary2;     //基本工资、绩效工资
};
```

这里定义了一个叫 struct TeacherSalary 的结构体类型，它由教师编号、姓名、性别、所属院系、基本工资和绩效工资构成。需要注意的是，struct TeacherSalary 是一种数据类型，而 TeacherSalary 不是一种数据类型。

结构体类型说明中的类型也可以是结构体类型，这种定义方法叫作结构体的嵌套。例如，在 struct TeacherSalary 的定义中增加一个名为 struct date 的结构体类型：

```
struct date                     //日期类型
{
   int year,month,day;          //包括三个分量年、月、日
};
```

现在在 struct TeacherSalary 中增加一个 struct date 类型的分量 birthday。

```
struct TeacherSalary2
{
    int number;
    char name[8];
    char gender;
    char dept[20];
    double salary1,salary2;
    struct date birthday;       //日期类型变量birthday
};
```

这样在 struct TeacherSalary2 类型中就嵌套了一个 struct date 类型的分量 birthday。该日期类型的结构体类型说明也可以定义在 struct TeacherSalary2 的内部。

```
struct TeacherSalary2
{
    int number;
    char name[8];
```

```
    char gender;
    char dept[20];
    double salary1,salary2;
    struct date                    //日期类型
    {
        int year,month,day;        //包括三个分量年、月、日
    }birthday;                     //日期类型变量 birthday
};
```

struct TeacherSalary 是一种数据类型，系统并不为该类型分配存储空间，只能为该类型的变量分配存储空间。

10.2.2 结构体类型变量、数组和指针的定义

在结构体类型说明之后就可以定义结构体类型的变量、数组和指针了，有以下四种定义方式。

（1）在结构体说明之后马上定义结构体变量。

例如：

```
struct TeacherSalary
{
    int number;
    char name[8];
    char gender;
    char dept[20];
    double salary1,salary2;
}t1,t[10],*pt;
```

这里定义了一个 struct TeacherSalary 类型的变量 t1、一个长度为 10 的基类型为 struct TeacherSalary 的数组 t 和一个指向 struct TeacherSalary 类型变量的指针 pt。需要注意的是，pt 本身是一个指针变量，指向一个 struct TeacherSalary 类型变量的首地址。

（2）在一个无名结构体说明之后定义结构体变量。

例如：

```
struct
{
    int number;
    char name[8];
    char gender;
    char dept[20];
    double salary1,salary2;
}t1,t[10],*pt;
```

这是一种无结构体名称的变量定义方式，用在临时使用该类型结构体变量的情况，若以后还想使用该类型的结构体变量，则该结构体说明必须重新定义。

（3）先说明结构体类型，然后再定义结构体变量。

例如：

```
struct TeacherSalary
{
    int number;
    char name[8];
    char gender;
    char dept[20];
    double salary1,salary2;
};
struct TeacherSalary t1,t[10],*pt;
```

这里需要注意的是，struct TeacherSalary 是一个完整的类型，不能用 TeacherSalary 来说明后面变量的类型，例如“TeacherSalary t1,t[10],*pt;”是错误的（不同的编译器对这一要求的兼容性并不相同，有些编译器可以这样定义，但是不建议如此使用）。

（4）用结构体类型的别名定义结构体变量。

例如：

```
struct TeacherSalary
{
    int number;
    char name[8];
    char gender;
    char dept[20];
    double salary1,salary2;
};
typedef struct TeacherSalary TS;
TS t1,t[10],*pt;
```

这里先进行了结构体类型的说明，然后给该类型定义了一个别名 TS，这样在以后的结构体变量定义中就可以用 TS 作为类型名了。

本书推荐将结构体类型说明和结构体变量定义分开，将结构体类型说明定义在一个文件中，然后在其他的文件中可以引用该结构体类型说明，只需将该说明所在的文件包含进来即可，这样可以避免重复定义。

在定义了结构体变量之后，系统就会为该变量分配存储空间。结构体变量由结构体类型中的各个域组成，因此结构体变量的长度就等于各个域的长度之和。但是不同的编译器对于特定类型的数据所分配的存储空间并不相同，这里采用 Dev C++ 5.11 编译环境下数据类型的长度，即 char 型占 1 字节，short 型占 2 字节，int 型、float 型和 long 型占 4 字节，double 型占 8 字节来计算结构体变量所占用的存储空间。故 t1 的长度=4+8×1+1+20×1+8+8=49 字节，如图 10-2 所示。

number	name	gender	dept	salary1	salary2
4 字节	8 字节	1 字节	20 字节	8 字节	8 字节

图 10-2　t1 结构体变量的空间存储分配

因此，对于定义“TS t[10],*pt;”若给指针变量 pt 赋值“pt=t;”，则执行“pt++;”时，pt 实际上是跳过了一个结构体变量 t[0]，跳到下一个结构体变量 t[1]的首地址。

对于一个结构体变量，在求其存储长度时可以按照上面的方法来求解，但是在不同的编译环境下实际分配给变量的内存单元数还要考虑结构体变量单元的对齐问题，这时实际的内存单元长度可以通过 sizeof 函数求出，如使用 sizeof(struct TeacherSalary)或 sizeof(TS)或 sizeof(t1)来求解上述定义的结构体变量的内存单元数，其结果根据结构体变量单元内存对齐进行实际分配，详情请读者查阅“内存对齐”。

10.2.3 结构体变量赋值

（1）在定义时赋初值。

结构体变量可以在定义时直接赋初值，这叫作初始化，如对 10.2.2 节中定义的变量 t1 初始化：

```
TS t1={1,"张三",'m',"信息学院",4500,1000};
```

此时结构体变量的值要定义在一个大括号中，在赋初值时必须对结构体变量成员按照从前到后的顺序赋值，不允许前边的成员没有赋值就直接给后面的成员变量赋值，但是可以对后面的若干元素不赋初值，这时系统会为其自动补零（根据元素的实际类型补零值）。

对结构体数组赋值的方法同前面讲的对数组赋值的方法相同，只是结构体数组元素是结构体变量。

例如：

```
TS t[10]={{1,"张三"},{2,"李四"}};
```

这里定义了一个结构体数组 t，共有 10 个元素，在对数组赋初值时只对前两个元素的前 2 个域赋了值，其他省略。在对结构体数组变量赋值时，要把数组的每个元素用大括号分开。

（2）在程序使用过程赋值或输入。

结构体变量也可以在程序使用过程中根据实际情况进行赋值或输入，此时不能对结构体变量整体赋值，只能对结构体变量的单元赋值。例如，如果对 t1 进行如下方式赋值：

```
TS t1;
t1={1,"张三",'m',"信息学院",4500,1000};
```

此时编译程序会提示赋值错误，只能按如下方式赋值（结构体变量成员的引用方式见 10.2.4 节）：

```
TS t1;
t1.number=1;
gets(t1.name);
t1.gender='m';
gets(t1.dept);
t1.salary1=4500;
t1.salary2=1000;
```

其中，t1.name 和 t1.dept 是字符数组名，代表该字符数组的首地址，因此不能直接对其进行赋值（但可以为该数组输入数据），如果赋值：

```
t1.name="张三";
```

则程序提示错误。

（3）结构体变量之间整体赋值。

相同类型结构体变量之间可以整体赋值。例如有以下定义：

```
TS t1={1,"张三",'m',"信息学院",4500,1000};
TS t2;
t2=t1;
```

此时将 t1 的信息备份到 t2 中。

10.2.4　结构体变量成员的引用

1. 结构体变量成员的引用方式

引用结构体变量的成员有以下 3 种方式。

（1）结构体变量名．成员名。

（2）指针变量名－＞成员名（箭头由减号和大于号构成）。

（3）(*指针变量名)．成员名。

其中，点是结构体成员运算符，直接用来引用结构体成员。箭头是指针指向运算符，用来指向结构体中的某成员。第 3 种表示方法中“*指针变量名”表示指针所指单元，也就是结构体变量，因此它的作用与第 1 种表示方法相同。

对于 10.2.3 节中定义的 t1，若再定义“TS *tp=&t1;”，则引用 t1 的 number 域有以下三种方式（以输出为例）：

```
printf("%d%d%d",t1.number,tp->number,(*tp).number);
```

如果按以下方式定义 t1：

```
struct TeacherSalary2
{
    int number;
    char name[8];
    char gender;
    char dept[20];
    double salary1,salary2;
    struct date                 //增加日期结构体类型
    {
        int year,month,day;     //包括三个分量年、月、日
    }birthday;                  //日期结构体类型变量 birthday
};
typedef struct TeacherSalary2 TS2;
TS2 t1={1,"张三",'m',"信息学院",2500,1000,1995,12,10};
TS2 *tp=&t1;
```

则引用 t1 的 year 域有以下三种方式：

```
printf("%d%d%d",t1.birthday.year,tp->birthday.year,(*tp).birthday.year);
```

此时 birthday 和 year 之间要用点连接，因为 birthday 是一个结构体类型分量。

2．结构体成员的运算

因为结构体变量的成员都是某种特定类型的数据，所以在对这些成员进行操作时只要满足对该种数据类型的运算即可。例如，在对 t1 的 name 域进行输入/输出时可以有以下几种方式：

```
gets(t1.name);
puts(t1.name);
scanf("%s",t1.name);
printf("%s",t1.name);
strcpy(t1.name,"LiMing");//strcpy 函数包含在 string.h 头文件中，要使用该函数，
                          //必须将该头文件包含进来
```

这里可以用 tp－＞name 和(*tp).name 来代替 t1.name。

若对 t1 的 gender 域进行输入输出可以有以下几种方式：

```
t1.gender=getchar();
putchar(t1.gender);
scanf("%c",&t1.gender);
printf("%c",t1.gender);
t1.gender='m';
```

其中 t1.gender 又等价于 tp－＞gender 和(*tp).gender。

3．运算符的优先级

当使用指针变量来引用结构体成员并与++、--运算符构成表达式时，要根据这些运算符的优先级来确定表达式的结果。例如，有以下定义：

```
TS t[10]={{1,"张三",'m',"信息学院",2500,1000},{2,"李四",'m',"信息学院",3500,
        2000},{3,"王五",'m',"信息学院",4500,3000}};
TS *tp=t;
```

则分别独立执行以下语句的运行结果是 2500、2501、2500 和 3500。

```
printf("%.0lf\n",tp->salary1++);
printf("%.0lf\n",++tp->salary1);
printf("%.0lf\n",(tp++)->salary1);
printf("%.0lf\n",(++tp)->salary1);
```

执行第一个语句时，－＞的优先级比++运算符高，因此第一个表达式 tp－＞salary1++相当于（tp－＞salary1）++，又 tp 指向 t[0]，故表达式结果为 2500，然后 tp－＞salary1 自加变成 2501。

执行第二个语句时，输出++（tp－＞salary1）的值是 2501，然后 tp－＞salary1 也变成 2501。

执行第三个语句时，由于括号的优先级比箭头高，所以第三个表达式(tp++)－＞salary

的结果等于 tp－＞salary，然后 tp 自加，指向 t[1]。

执行第四个语句时，tp 先自加指向 t[1]，然后再输出 t1.salary1，结果为 3500。

如果初始条件不变，顺序执行上述四个语句，则运行结果分别是 2500、2502、2502 和 4500，中间的执行过程请读者自己分析。

【例 10-1】 有 5 个 TS 类型的记录，求出工资（基本工资+绩效工资）最高的教师的记录并输出。

程序如下：

```
#include<stdio.h>
#include<string.h>
int main(int argc,char *argv[])
{
    struct TeacherSalary        //教师工资
    {
        int number;
        char name[8];
        char gender;
        char dept[20];
        double salary1,salary2;
    };
    typedef struct TeacherSalary TS;
    TS t[5]={{1,"张三",'m',"信息学院",2500,1000},{2,"李四",'m',"信息学院",
3500,2000}, {3,"王五",'m',"信息学院",4500,2000},{4,"赵六",'f',"信息学院",3500,
3000},{5,"孙七",'f',"信息学院",3500,1500}};
    double max=0;
    int i;
    for (i=0;i<5;i++)          //找出工资的最大值
    {
        double sum=0;
        sum=sum+t[i].salary1+t[i].salary2;
        if (max<sum) max=sum;
    }
    for (i=0;i<5;i++)        //找出工资等于最大值的记录并输出
    {
        if(t[i].salary1+t[i].salary2==max)
        {
            printf("number=%d\n",t[i].number);
            printf("name=%s\n",t[i].name);
            printf("gender=%c\n",t[i].gender);
            printf("dept=%s\n",t[i].dept);
            printf("\n");
        }
    }
    return 0;
}
```

该程序的运行结果如下：

```
number=3
```

```
name=王五
gender=m
dept=信息学院

number=4
name=赵六
gender=f
dept=信息学院
```

在本程序中首先初始化了五个教师工资的信息，然后找出工资的最大值，最后输出工资等于最大值的教师记录。

10.2.5 结构体变量作函数参数

结构体类型变量可以作为函数参数来使用，包括三种情况：结构体变量成员作参数、结构体变量作参数、结构体指针作参数。

结构体变量成员都是某种类型的变量，因此结构体变量成员作函数参数就是普通变量作函数参数。如果该成员是简单数据类型变量，此时实参与形参之间的数据传递关系见 7.4 节；如果该成员是地址类型数据（指针和数组），此时实参与形参之间的数据传递关系见 9.3.3 节和 9.4 节。

结构体类型变量作参数时与简单变量作参数一样，仍然是实参结构体变量传递给形参结构体变量（单向传递），然后在函数中用形参结构体变量进行运算，只不过结构体实参在向形参传递数据时是把实参变量的对应域依次赋值给形参变量的对应域。

如果用一个结构体指针变量作函数的形参，此时形参和实参之间的数据传递见 9.3.3 节，这时形参指针指向一个实参结构体变量的首地址。

【例 10-2】 定义两个函数，分别用来输入和输出教师工资信息。

程序如下：

```
#include<stdio.h>
struct TeacherSalary            //教师工资
{
   int number;                  //教师编号
   char name[8];                //姓名
   char gender;                 //性别
   char dept[20];               //所属院系
   double salary1,salary2;      //基本工资、绩效工资
};
typedef struct TeacherSalary TS;
void input (TS *t)      //指针变量作函数参数,该形参指向实参 t1,用来输入 t1 的值
{
   printf("请输入教工号、姓名、性别、所属部门、基本工资和绩效工资,用空格分开：\n");
   scanf("%d %s %c %s %lf %lf",&(t->number),t->name,&(t->gender),t->dept,
         &(t->salary1),&(t->salary2));
}
void output (TS t)  //结构体变量作函数参数,用来输出实参 t1 的副本 t 的各个域
{
```

```
    printf("教师的工资信息如下：\n");
    printf("教师编号：%d\n",t.number);
    printf("教师姓名：%s\n",t.name);
    if(t.gender =='m')printf("教师性别：男\n");
    else if(t.gender =='f')printf("教师性别：女\n");
    else printf("性别输入有误\n");
    printf("教师所属院系：%s\n",t.dept);
    printf("教师基本工资、绩效工资：%.2lf  %.2lf\n",t.salary1,t.salary2);
}
int main(int argc,char *argv[])
{
    TS t1;
    input(&t1);       //输入 t1 的值
    output(t1);       //输出 t1 的值
    return 0;
}
```

该程序的运行结果为

```
请输入教工号、姓名、性别、所属部门、基本工资和绩效工资，用空格分开：
1 张三 m 信息学院 2501.45 1236.74
教师的工资信息如下：
教师编号：1
教师姓名：张三
教师性别：男
教师所属院系：信息学院
教师基本工资、绩效工资：2501.45  1236.74
```

这里定义了实参 t1，执行 input 函数时将 t1 的地址传递给形参 t，t 是一个指针，它指向实参 t1，因此对于形参 t－＞域的操作实际就是对实参 t1－＞域的操作。执行 output 函数时实参 t1 赋值给形参 t，在 output 中对形参 t 的域进行输出，output 函数结束之后形参 t 也随之消失。请读者画出这两个函数执行时实参与形参之间的传递关系。

如果用结构体数组作函数参数，此时传递的是结构体数组的首地址，同结构体指针作函数参数的传递过程相同。

【例 10-3】 读入五个人的姓名和电话号码，按他们姓名的拼音顺序排序，然后输出排序后的姓名和电话号码。

程序如下：

```
#include<stdio.h>
#include<string.h>
#define N 5
struct pertel
{
    char name[9];
    char telephone[14];
};
typedef struct pertel PT;
void input(PT pt[N])    //输入五个人的姓名及电话号码
{
```

```
    int i;
    printf("输入姓名和电话: \n");
    for(i=0;i<N;i++)
    {
        scanf("%s%s",pt[i].name,pt[i].telephone);
    }
}
void sort(PT pt[N])    //对这五个人按姓名拼音顺序排序
{
    int i,j,k;
    PT temp;
    for(i=0;i<N-1;i++)
    {
        k=i;
        for(j=i+1;j<N;j++)
            if (strcmp(pt[k].name,pt[j].name)>0) k=j;
        temp=pt[k];pt[k]=pt[i];pt[i]=temp;
    }
}
void print(PT pt[N])    //输出排序后的人名及电话号码
{
    int i;
    printf("排序之后的结果:\n");
    for(i=0;i<N;i++)
    {
        printf("%s,%s\n",pt[i].name,pt[i].telephone);
    }
}
int main(int argc,char *argv[])
{
    PT p[N];
    input(p);
    sort(p);
    print(p);
    return 0;
}
```

程序执行过程如下：

```
输入姓名和电话:
张三 0431-12345675
李四 0431-12345676
王五 0431-12345677
赵六 0431-12345678
孙七 0431-12345679
排序之后的结果:
李四,0431-12345676
孙七,0431-12345679
王五,0431-12345677
张三,0431-12345675
赵六,0431-12345678
```

在程序中，形参是一个结构体数组，但是实际上它只是一个指向实参数组的指针，此时系统只分配了一个指向结构体变量的指针，该指针指向实参数组的首地址。在函数中，pt[i]实际上是*(pt+i)，就是实参中的 p[i]，所以对形参 pt[i]的操作实际上就是对实参 p[i]的操作。

函数返回值类型也可以是结构体类型，这时通过 return 语句把一个结构体变量返回给主函数中的某个结构体变量，这样的函数称为结构体类型的函数。

10.3 动态存储分配

前面学过对数组的定义，例如：

```
int a[100];
```

此时定义了一个数组 a，并为其分配连续的 400 字节的内存空间。在 a 的生命周期内一直占用这 400 字节的内存空间，而不论是否真正用到了这 100 个整型变量。把这种内存分配方式叫作“静态存储分配”。

在这个例子中，可能只用到其中的 5 个变量 a[0]~a[4]，也就是说只用到其中的 20 字节，其他的 380 字节就被白白浪费了，为了改变这种情况，引入“动态存储分配”的概念。动态存储分配就是根据使用需要动态地开辟或者释放内存单元，从而保证对内存资源的有效利用。

在 C 语言的库函数中有 4 个函数可以用来进行动态存储分配，它们是 malloc、calloc、realloc 和 free，这些函数定义在 stdlib.h 的头文件中，因此在使用这些函数时一定要在程序首部把该头文件包含进来。本节只介绍 malloc、calloc 和 free 三个函数。

1. malloc 函数

malloc 函数原型如下：

```
void *malloc(unsigned size);
```

其作用是分配 size 字节的存储空间，函数形参是一个无符号整数，返回值是一个空指针，但是空指针不指向内存中的任何实际地址单元，因此在使用该命令时，会根据需要将该函数强制转换成所要分配的数据类型的指针类型。

例如：

```
int *p,a=3;
p=&a;
p=(int *)malloc(sizeof(int));
```

在该例中，整型指针 p 原来指向整型变量 a 的首地址，但是经过第二次赋值之后，p 指向新开辟的整型变量的内存单元的首地址，不再指向变量 a，此时可以通过 p 来使用这个整型变量。

2. calloc 函数

calloc 函数原型如下：

```
void *calloc(unsigned n,unsigned size);
```

该函数的作用是分配 n 个长度为 size 字节的连续的存储空间，相当于开辟了一个一维数组，共有 n 个单元，每个单元长度为 size，所以总长度为 n×size 字节。

例如：

```
int *q;
q=(int *)calloc(10,sizeof(int));
```

此时指针 q 引导了一个长度为 10 的一维整型数组（共 40 字节），它指向 a[0]。

3. free 函数

前面两个函数是动态地分配存储单元，如果这些存储单元从某时刻开始不再使用，可以把这些单元释放掉以便重新分配给其他变量使用，这时用 free 函数进行释放。

free 函数的原型如下：

```
void free(void *p);
```

其中 p 是前面讲的指向动态分配的存储单元的指针，该指针类型可以根据实际需要进行强制类型转换。对于上例，若有

```
free(p);
```

则 p 不再指向上次开辟的整型变量的首地址，这 4 字节可以重新分配。

在链表（见 10.4 节）的操作中有对链表进行插入元素和删除元素的操作，此时链表中的元素在不断发生变化，因此要对链表中的元素进行动态存储分配。

10.4 链表

在使用数组时，如果数组中的元素个数是确定的，那么这时对数组采用顺序存储是比较方便的。但是如果数组中的元素不确定，那么往往要开辟一个相对于问题来说稍大一些的数组，以便用来容纳这个数组中可能用到的最多的元素，这时对数组采用顺序存储就不太方便。

此外，对于顺序存储的数组，在进行插入元素或者删除元素操作时要进行大量的移动操作（执行插入操作时要把插入位置后面的元素从后向前顺次后移，执行删除操作时要把待删除元素后面的元素从前向后顺次前移），如果一个数组中要频繁地进行插入或者删除操作，那么这时执行插入或者删除操作的开销就比较大。

对于以上两种情况，可以对数组换一种存储方式，即用链式存储来解决上面遇到的问题。在链式存储结构中，每个数组元素后面要加上一个指针，用来指示该元素后面一个元

素在内存中的物理位置，这样就可以通过这些指针来找到数组当中的各个元素。

例如，将 10、20、30 这三个值连接起来构成一个链表，其存储结构如图 10-3 所示。

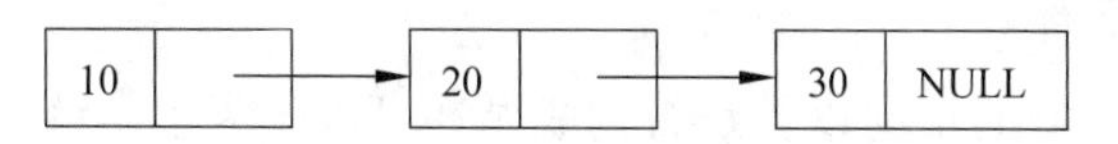

图 10-3　由三个元素构成的链式存储结构

这里，每一个整型变量的后面都加了一个指针变量，把这个整型变量加上指针变量放在一起叫作一个结点，该整型变量叫作该结点的数据域，该指针变量叫作该结点的指针域，用来指向下一个结点。

这种链式存储结构叫做链表，链表中的每个单元叫作链表的结点，每个结点由两部分组成，一部分是数据域（可以是简单数据类型的变量，也可以是一个构造数据类型的变量，如结构体类型变量）；另一部分是指向下一个结点的指针域，用来存储下一个结点的地址。可以把这些结点的指针域看作一个连接到下一个结点的链，所以把这种存储结构形象地称为链表。由于链表中的结点所包含的各个域的数据类型可以不同，因此链表中的结点要定义为结构体数据类型。

如果链表中的结点个数是固定的，那么把这种链表称为静态链表；如果链表中的结点个数随着实际需要而变化，那么就把这种链表称为动态链表。

【例 10-4】 将数组“int a[3]={10,20,30};”存储为一个静态链表。

程序如下：

```
#include<stdio.h>
int main(int argc,char *argv[])
{
    struct listnode              //定义一个结构体类型 struct listnode
    {   int data;                //该类型包括一个数据域 data,是整型变量
        struct listnode *next;   //和一个指向下一个结点的指针域
    }x,y,z,*p;                   //定义三个结构体变量 x、y、z 和一个结构体指针 p
    int a[3]={10,20,30};
    x.data=a[0];  y.data=a[1];  z.data=a[2];
    x.next=&y;    y.next=&z;    z.next=NULL;  //通过指针域将三个结点连接起来
    p=&x;
    while(p)
    {   printf("%d ",p->data);
        p=p->next;
    }
    return 0;
}
```

在该程序中首先定义了一个结构体类型 struct listnode，它包括两个域，一个是整型的数据域，另一个是指向下一个结点的指针域。然后定义了三个 struct listnode 类型的变量 x、y、z，用来建立链表。通过直接为 x、y、z 的数据域和指针域赋值，建立了一个如图 10-3 所示的静态链表。需要注意的是，链表中最后一个结点的指针域一定要设置为空，它代表链表到此结束，不再访问其他的结点。

单纯建立一个静态链表并没有什么实际意义（此时结点个数是固定的，完全可以用数

组来处理)，在使用过程中一般要建立一个动态链表。动态链表就是根据实际需要来动态地插入或者删除结点的一种链表。对于需要的数据，可以动态地插入链表中，对于不需要的数据，可以动态地进行删除。

动态链表根据指针域的指向以及是否构成循环可以分为单向链表、单向循环链表、双向链表和双向循环链表，如图 10-4 所示。

单向链表如图 10-4（a）所示。在单向链表中，如果最后一个结点的指针域指向第一个结点，就变成了单向循环链表，如图 10-4（b）所示。如果结点中除了数据域以外，还包括两个指针域，一个指针（尾指针）指向后一个结点，另一个指针（头指针）指向前一个结点，这样的链表就叫作双向链表，如图 10-4（c）所示。如果在双向链表中，最后一个结点的尾指针又指向第一个结点，而第一个结点的头指针又指向了最后一个结点，这样的链表就叫作双向循环链表，如图 10-4（d）所示。

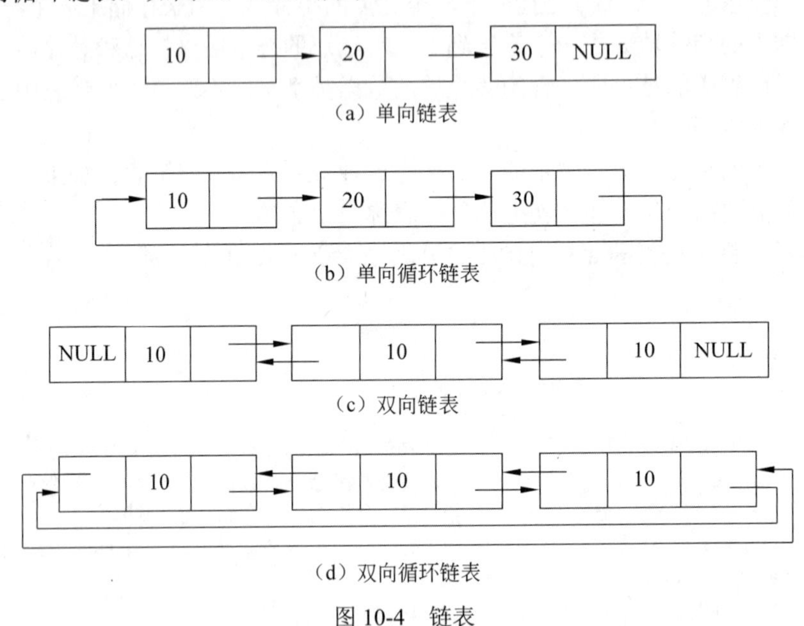

图 10-4　链表

本书着重讨论单向链表。单向链表可以分为带头结点的单向链表和不带头结点的单向链表两种情况。图 10-5（a）所示是带头结点的单向链表，这里的头结点并不是链表中实际使用的结点，而是一个额外的结点，可以用来存放链表的一些相关信息（如链表中结点的个数），然后用一个指针去指向该头结点，称该指针为头指针。这样如果找到了头指针，就可以访问整个链表中的数据了。如果去掉头结点，那么该单向链表就变成了不带头结点的单向链表，如图 10-5（b）所示。

本书只讨论带头结点的单向链表，后面示例中所说的链表都是指带头结点的单向链表（不带头结点时，进行插入或删除操作就会出现在某个结点前面或后面进行插入或删除，不利于代码的统一；而带头结点时，进行插入或删除操作就都变成在某个结点后面进行插入或删除，有利于代码的统一）。

链表的操作主要包括链表的建立、输出、插入和删除等。在例 10-5 中，建立一个简单的单向链表，该链表的结点只包括一个整型的数据域（假设该数据是 0~100 的整数，例如学生的成绩）和一个指针域。然后可以输出链表中的数据，也可以在链表中插入或删除结点。如果链表结点的数据域包括比较多的数据，那么可以设计一个结构体类型的变量作为链表结点的数据域，然后分别对该数据域中的分量进行相应的操作。

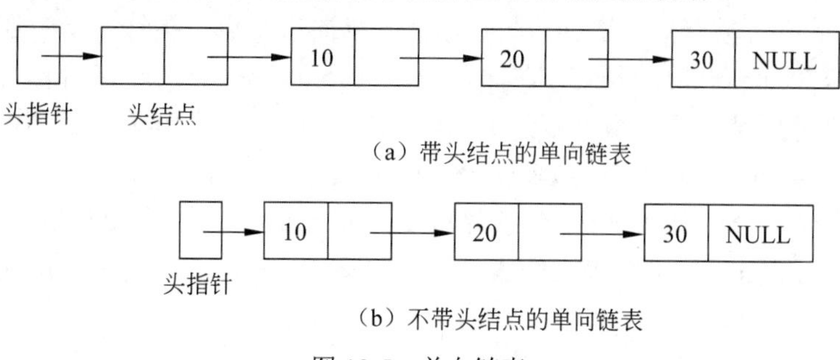

图 10-5　单向链表

【例 10-5】 建立四个函数分别用来建立链表、输出链表结点的值、在链表中插入新结点、删除链表中的某结点，在主函数中对这四个函数进行测试。

分析：先定义结点的类型为 SLIST，具体定义见下面的程序。

（1）建立一个函数 SLIST * creat_list（）来建立链表。在建立链表时，先建立一个头结点，这个结点并不装载链表中的有效数据，它是一个附加结点，而此时头结点也是尾结点。以后每读入一个数据就把它添加到当前链表的表尾，成为新的尾结点，直到读入的数据不在 0~100 时就结束建立链表的过程。在函数 creat_list 中使用了三个指针，分别是头指针 h、尾指针 r 和用来指向新开辟的结点的工作指针 s。h 指向头结点，用来确定链表的起始位置。r 用来指向链表中最后一个结点，最后一次 r 的 next 域为 NULL，表示链表到此结束。每次通过 malloc 函数为新增加的结点开辟存储空间，然后用指针 s 来指向该结点，并将它连接到链尾，最后将 r 指向它。若第一次读入的数据不在 0~100 内，则没有向链表插入任何结点，此时头结点就是尾结点，把这种链表叫作空链表，如图 10-6 所示。最后将头指针 h 返回即可，通过该指针就可以访问整个链表了。

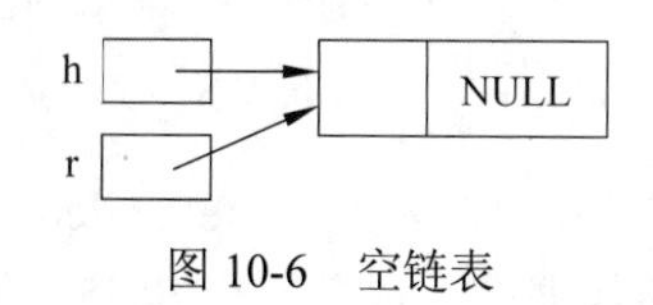

图 10-6　空链表

（2）建立一个输出链表结点数据的函数 void print_list(SLIST *head)。在该函数中，形式参数 head 是链表的头指针，再定义一个 SLIST 类型的指针 p，用来作为访问结点的工作指针，通过该指针输出各个结点的数据域，直到链尾。若链表为空，则不输出任何数据。

（3）建立一个向链表中插入结点的函数 void insert_node(SLIST *head,int x,int y)，在该函数中，head 是头指针。在插入结点时，数据域为 y 的结点可以插入链表中某结点的前面，称为“前插”操作，也可以插入链表中某结点的后面，称为“后插”操作，这里以“前插”操作为例，让数据域为 y 的结点插入数据域为 x 的结点前面。

这里使用三个工作指针 s、p、q，其中 s 用来指向要插入的数据域为 y 的结点，p 用来寻找数据域为 x 的结点，q 用来指向 p 所指结点的前驱结点。在链表中插入结点的过程如图 10-7 所示。在插入结点时有三种可能的情况：第一种情况是链表为空，这时直接将数据域为 y 的结点插在头结点的后面，成为链尾结点，此时不用考虑数据域为 x 的结点，如图 10-7（a）所示；第二种情况是链表不为空，但是并没有找到数据域为 x 的结点，此时只需将数据域为 y 的结点连接到链尾即可，如图 10-7（b）所示；第三种情况是链表不为空，并且找到了数据域为 x 的结点，此时指针 p 指向该结点，指针 q 指向 p 所指结点的前驱结点，指针 s 指向新开辟的结点，在插入新结点时，让 s－＞next 指向 p，再让 q－＞next 指向 s，这样就把新结点插入数据域为 x 的结点之前了，如图 10-7（c）所示。

在函数中，while 语句的条件是((p!=NULL)&&(p－＞data!=x))，这两个条件的顺序不能调换，因为当 p 为空时，第二个条件就不用再判断了；如果交换顺序，则会先判断 p－＞data 域是否为 x，如果链表为空表，则此时访问 p－＞data 会出现访问虚拟地址的运行时错误。

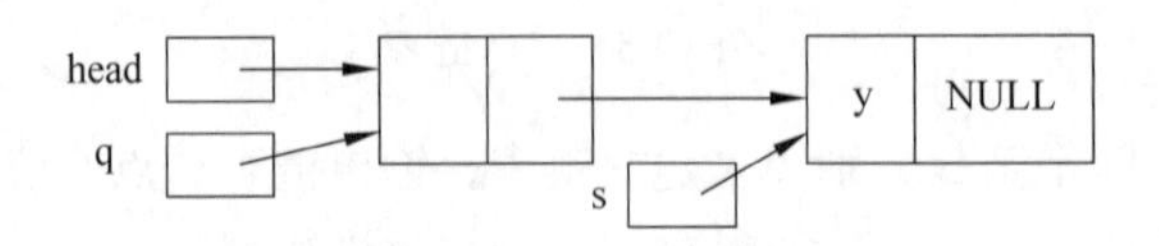

（a）当链表为空时插入新结点的情况

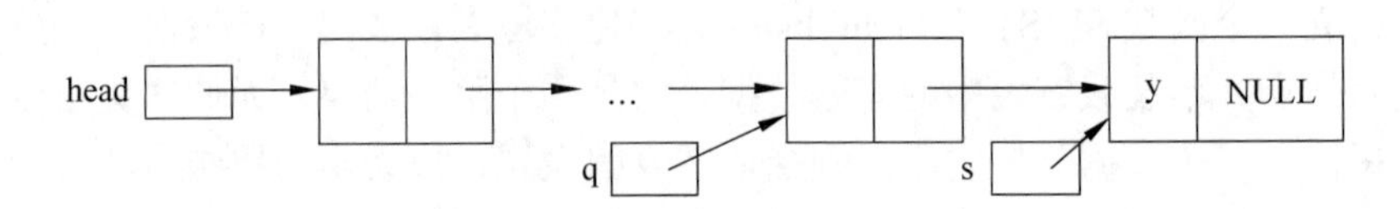

（b）当链表不为空但没找到域为x的结点时插入新结点的情况

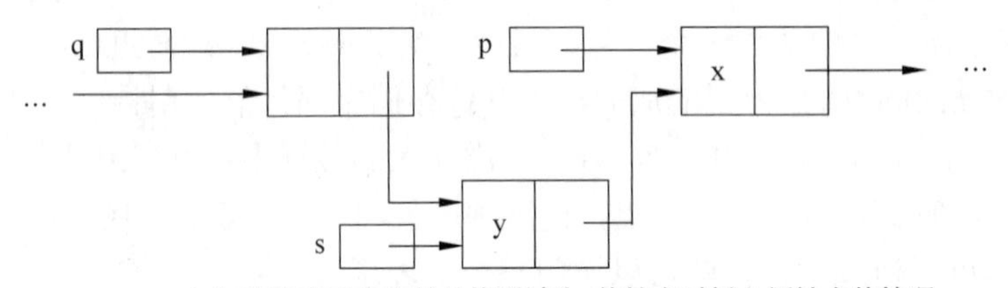

（c）当链表不为空并且找到域为x的结点时插入新结点的情况

图 10-7　在链表中插入结点

（4）建立一个删除链表结点的函数 void delete_node(SLIST *head,int x)。在该函数中，head 是头指针，x 是待删结点的数据域。定义一个 SLIST 类型的指针 p 用来查找 x 所在的结点，q 用来指向 p 所指结点的前驱。在查找数据 x 所在的结点时有两种情况：一种是没找到，此时直接输出提示信息；另一种情况是找到 x 所在的结点，此时 p 指向该结点，q 指向该结点的前驱结点，此时只需执行“q－＞next=p－＞next;”，就可以将 p 所指结点从链表中摘除，如图 10-8 所示。再执行 free(p)就释放掉 p 所指结点的空间，由系统回收重新利用。

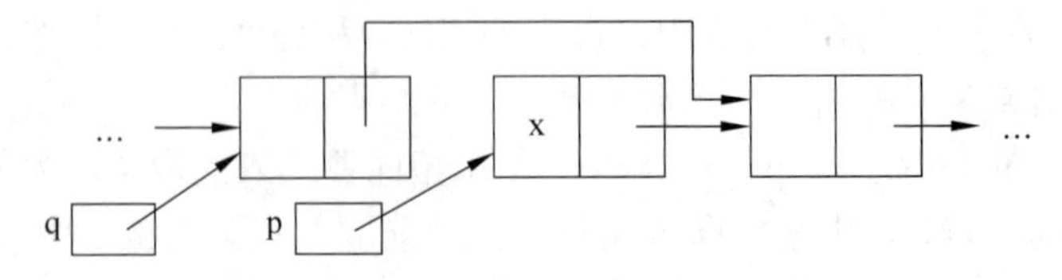

图 10-8　从链表中删除数据域为 x 的结点

完整的程序如下：

```
#include<stdio.h>
#include<stdlib.h>                    //malloc 函数和 free 函数所在的头文件
struct listnode                       //定义一个链表结点的结构体类型
{
   int data;
   struct listnode *next;
};
typedef struct listnode SLIST;                   //给链表结点类型起别名为 SLIST

SLIST *creat_list()                              //创建一个带头结点的单向链表
{
   int c;
   SLIST *h,*s,*r;
   h=(SLIST *) malloc (sizeof(SLIST));           //开辟头结点,用头指针 h 指向头结点
   r=h;                                          //链尾指针 r 先指向头结点
   printf("请输入 0~100 的整数:");
   scanf("%d",&c);                               //读入第一个结点的数据
   while(c>=0 && c<=100)                         //数据范围为 0~100,否则退出循环
   {
      s=(SLIST *)malloc(sizeof(SLIST));          //开辟新结点,并用工作指针 s 指向它
      s->data=c;                                 //为新结点数据域赋值
      r->next=s;                                 //将新结点连接到链尾
      r=s;                                       //将链尾指针 r 指向新加入的结点
      scanf("%d",&c);                            //读入下一个结点的数据
   }
   r->next=NULL;                                 //创建链表结束,链尾结点的指针域置空
   return h;                                     //返回头指针
}

void print_list(SLIST *head)                     //输出链表中的数据
{
   if(head==NULL) {printf("链表为空\n");}
   else
   {
      SLIST *p;
      p=head->next;                              //工作指针 p 指向头结点的后继结点
      if(p==NULL) printf("链表为空!\n");         //若链表为空则输出提示信息
      else                                       //若不为空则输出链表中的数据
      {
         printf("链表是: ");
         do
         {
            printf("%d ",p->data);
            p=p->next;
         }
         while(p!=NULL);
         printf("\n");
      }
   }
```

```
}

//在数据域为 x 的结点前插入一个数据域为 y 的新结点
void insert_node(SLIST *head,int x,int y)
{
    if (head==NULL) {printf("链表为空,不能插入结点\n");}
    else
    {
        SLIST *s,*p,*q;
        s=(SLIST *)malloc(sizeof(SLIST));    //为新结点开辟存储空间
        s->data=y;
        q=head;
        p=head->next;
        /*以下循环用来寻找 x 所在的位置,此时有三种可能的情况：(1)链表为空;
        (2)链表不为空,但 x 并不在链表结点中;(3)链表不为空,x 在链表结点中*/
        while((p!=NULL)&&(p->data!=x))
        {
            q=p;
            p=p->next;
        }
        s->next=p; //对于以上三种情况,都将数据域为 y 的结点插入到链表中
        q->next=s;
    }
}

void delete_node(SLIST *head,int x)  //删除链表中的数据域为 x 的结点
{
    if(head==NULL) {printf("链表为空,没有结点可以删除\n");}  //链表为空
    else                                                    //链表不为空
    {
        SLIST *p,*q;
        q=head;
        p=head->next;
        /*以下循环用来寻找要删除结点,此时有两种情况：(1)找到数据域为 x 的结点;
        (2)没有找到数据域为 x 的结点*/
        while((p!=NULL)&&(p->data!=x))
        {
            q=p;
            p=p->next;
        }
        if (p==NULL) {printf("链表中没有数据域为%d 的结点\n",x);} //情况(2)
        else             //情况(1),找到数据域为 x 的结点并删除
        {
            q->next=p->next;free(p);
        }
    }
}

int main(int argc,char *argv[])
{
    SLIST *head=NULL;
```

```
    int x,y;
    int select;
    do
    {
       //输出将要进行的操作的提示信息
       printf("请选择要进行的操作：\n");
       printf("1.建立链表  2.输出链表数据");
       printf("3.在链表中插入新结点  4.删除链表中的结点  0.退出\n");
       scanf("%d",&select);                   //输入一个操作标识
       switch(select)
       {
          case 1:head=creat_list();           //创建链表
                 break;
          case 2:print_list(head);            //输出此时链表中的值
                 break;
          case 3:printf("请输入两个整数 x 和 y,在 x 的前面插入 y:");
                 scanf("%d%d",&x,&y);
                 insert_node(head,x,y);       //在链表中插入新结点
                 break;
          case 4:printf("请输入要删除结点的数据 x:");
                 scanf("%d",&x);
                 delete_node(head,x);         //删除链表中的结点
                 break;
          case 0:exit(0);
          default:printf("您的输入有误,请重试\n");
       }
    }
    while(1);   //循环执行程序
    return 0;
}
```

从上面的例子可以看出，在链表中查找数据只能从前向后挨个结点进行查找，但是插入或删除数据时却不需要移动数据元素，而在数组中插入或删除数据时需要进行大量的数据移动，因此要根据实际问题的需要来对数据采用顺序存储或链式存储。

10.5　共用体类型

共用体也是一种构造数据类型，即共用体也是由若干元素组成的一种数据类型，而且这些元素本身的数据类型可以各不相同，这一点和结构体相似，但是共用体和结构体实际上是不同的类型，这是因为结构体中的成员在内存中各自占用自己的存储空间，而共用体中的成员在内存中占用一段相同的存储空间。

10.5.1　共用体类型说明和共用体变量定义

共用体类型说明的格式如下：

```
union 共用体名
{
    共用体成员表;
};
```

其中，union 是关键字，表示共用体类型。共用体名必须符合用户自定义标识符的命名规则。共用体成员表包括共用体成员的名称和所属的类型。共用体说明的最后一定要以“;”作为结束标志。例如：

```
union type
{
   char a;
   int b;
   double c;
};
```

这里定义了一个名为 type 的共用体类型，它包括三个不同数据类型的成员 a、b、c。这里只是说明了一个共用体类型 union type，但是并不为该类型分配存储空间，只有定义 union type 类型的变量、数组、指针等数据时才分配存储空间。

定义共用体类型的变量和定义结构体类型的变量相似，都有四种形式，这里不再赘述。

例如：

```
union type x,y[10],*p;
```

这里定义了一个 union type 类型的变量 x、一个长度为 10 基类型为 union type 的数组 y 和一个基类型为 union type 的指针变量 p。

10.5.2 共用体成员的引用

共用体成员的引用方法也和结构体成员的引用方法一样，可以有以下三种形式：

（1）共用体变量名. 成员名。

（2）指针变量名－＞成员名。

（3）(*指针变量名）. 成员名。

如对定义“union type x,y[10],*p;”中的 p 若有定义“p=&x;”，则引用 x 的成员 a 就可以有三种方法：x.a 或 p－＞a 或(*p).a。

变量 x 的成员 a、b、c 的数据类型都不一样，而 a、b、c 却要占用一段相同的存储空间，所以共用体变量要以其最长成员所占字节数来开辟存储空间，因而 x 的长度等于 8。x 的长度也可以通过 sizeof(x)或 sizeof(union type)求得。

x 中成员的地址分配情况如图 10-9 所示。其中 x 的总长度为 8 字节，三个单元 x.a、x.b 和 x.c 的起始地址相同，差别是 x.a 只使用 1 字节，x.b 使用 4 字节，而 x.c 则使用全部 8 字节。

因为结构体变量中的成员使用相同的存储空间，因而对其中某成员的修改会影响其他成员的值，共用体变量中的值总是最后一次修改后的值。

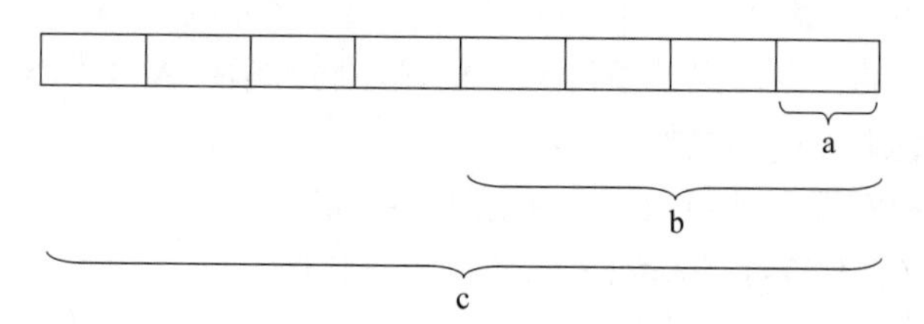

图 10-9　union type 类型变量 x 的成员所占内存分配情况

【例 10-6】　以下程序的运行结果是多少？

```
#include<stdio.h>
int main(int argc,char *argv[])
{
    union type
    {
        char a;
        int b;
    }x;
    x.b=257;
    printf("%d %d\n",x.a,x.b);
    x.a=0;
    printf("%d %d\n",x.a,x.b);
    return 0;
}
```

运行结果如下：

```
1 257
0 256
```

当 x.b=257 时，x 中存储的数据如图 10-10 所示，所以 x.a=1，x.b=257。

若将 x.a 设置为 0，则 x.b 也相应变化为 256。

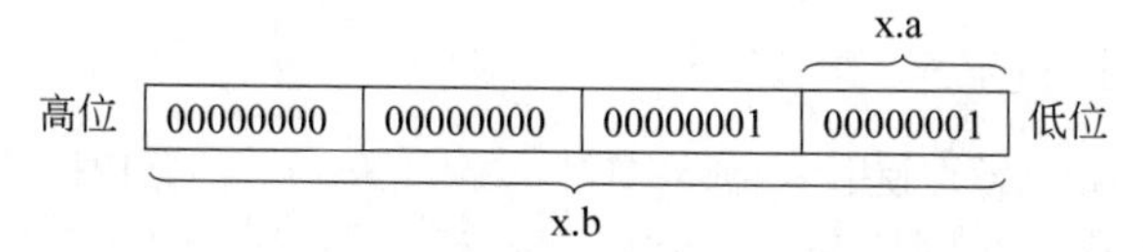

图 10-10　共用体变量 x 中成员的地址分配情况

共用体类型的变量允许整体赋值，此时把共用体变量的值进行整体复制，如例 10-6 中，若再定义“union type y;”，则可以进行“y=x;”的操作。

共用体变量也可以作函数参数，包括共用体变量成员作参数、共用体变量作参数、共用体指针作参数，函数返回值类型也可以是共用体类型，这和结构体中的讨论完全一致，这里不再赘述。

10.6　案例

第 7 章实现了循环打印学生成绩管理系统欢迎界面的功能，在选择相应的角色之后进入相应角色的功能函数去执行对应的功能。本节实现管理员录入学生数据的功能，因为学生信息包含多种类型的数据，因此要用到结构体。同时学生人数不唯一，因此要定义一个学生类型的结构体数组来存储数据。

【例 10-7】 编程实现管理员录入学生数据的功能。

示例程序如下（在例 7-8 的基础上添加了相关代码）：

```
#include<stdio.h>
//以下 5 行是函数声明
void student();                //学生角色函数
void teacher();                //教师角色函数
void administrator();          //管理员角色函数
void alterPassword();          //学生修改密码功能函数
void queryResult();            //学生查询成绩功能函数

/*下面到主函数之前为新增代码*/
void insertStudentData();//录入学生信息
void outputStudentData();//查看已录入的学生信息

struct student                 //定义学生结构体类型
{
    char number[10];           //学号,长度固定为 9 列
    char name[9];              //姓名,最多可以录入 4 个汉字
    char gender[3];            //性别,可录入男或女
    double score[5];      //5 科成绩,教师可以进行录入和修改等操作,学生和管理员可以查询
};
typedef struct student SS;
#define N 30                   //该班级学生人数为 30,建议放在程序的最前面
SS s[N];                       //定义学生结构体数组,最多可容纳 30 人
int n=0;                       //全局变量,用来表示学生数组中的实际人数

//主函数
int main(int argc,char *argv[])
{
    printf("\t\t\t 欢迎使用学生成绩管理系统! \n");  //居中排版
    printf("\t 请选择您的身份: 1.学生  2.老师  3.管理员  0.退出\n");
    int x;
    while(scanf("%d",&x)) //循环输入
    {
        switch(x)
        {
            /*switch 中的 break 语句用来退出 switch 语句*/
            case 1:student();break;
            case 2:teacher();break;
            case 3:administrator();break;
            case 0:printf("\t 欢迎下次使用本系统\n");break;
            default:printf("\t 您的输入有误,请重试!\n");
        }
        /*以下!x 等价于 x!=0*/
        if(!x) break;        //这个 break 语句用来退出所在的 while 循环
        printf("\t\t\t 欢迎使用学生成绩管理系统! \n");  //居中排版
        printf("\t 请选择您的身份: 1.学生  2.老师  3.管理员  0.退出\n");
```

```
    }
    return 0;
}
//学生角色功能函数
void student()
{
    printf("\t\t\t\t 欢迎您,同学\n");
    /*下边按照 5.4 节中的功能分析来选择学生角色要执行的功能*/
    printf("\t 请选择您要执行的操作: 1.修改密码  2.查询自己成绩  0.退出\n");
    int x;
    while(scanf("%d",&x)) //循环输入
    {
        switch(x)
        {
            case 1:alterPassword();break;
            case 2:queryResult();break;
            case 0:printf("\t 同学,再见! \n");break;
            default:printf("\t 您的输入有误,请重试!\n");
        }
        /*以下!x 等价于 x!=0*/
        if(!x) break;      //这个 break 语句用来退出所在的 while 循环
        printf("\t\t\t 欢迎您,同学\n");
        printf("\t 请选择您要执行的操作: 1.修改密码  2.查询自己成绩  0.退出\n");
    }
}
//教师角色功能函数
void teacher()
{
     printf("\t\t\t 欢迎您,老师\n");
}
//管理员角色功能函数
void administrator()
{
    printf("\t\t\t 欢迎您,管理员\n");

    /*下面是新增代码*/
    /*下面只实现录入学生数据和查看学生数据的功能,其他功能请根据实际情况添加*/
    printf("\t 请选择: 1.录入学生数据  2.查看所学生数据  0.退出\n");
    int x;
    while(scanf("%d",&x)) //循环输入
    {
        switch(x)
        {
            case 1:insertStudentData();break;
            case 2:outputStudentData();break;
            case 0:printf("\t 管理员,再见! \n");break;
            default:printf("\t 您的输入有误,请重试!\n");
        }
        /*以下!x 等价于 x!=0*/
        if(!x) break;
        printf("\t 请选择: 1.录入学生数据  2.查看所有学生数据  0.退出\n");
```

```
    }

}
//学生角色修改密码功能函数
void alterPassword()
{
     printf("\t 您可以修改您的密码!\n");
}
//学生角色查询成绩功能函数
void queryResult()
{
     printf("\t 您可以查询您的成绩!\n");
}

/*下面函数为新增代码,用来录入学生信息*/
void insertStudentData() //向结构体数组中录入学生数据,包括学号、姓名和性别
{
    char ch;
    printf("\t 请录入学生的信息,包括学号、姓名、性别: \n");
    while(1)
    {
        fflush(stdin);      //清空键盘缓冲区,防止接收到缓冲区的多余数据
        scanf("%s%s%s",s[n].number,s[n].name,s[n].gender);  //录入相关信息
        n++;
        printf("是否继续录入,y/n?\n");
        fflush(stdin);
        scanf("%c",&ch);   //输入一个字符
        //如果该字符是 y 则继续录入下一个学生信息,否则退出该录入信息程序
        if(ch=='y') printf("\t 请录入学生的信息,包括学号、姓名、性别: \n");
        else break;
    }
}

/*下面函数为新增代码,用来查看学生信息*/
void outputStudentData()
{
    int i;
    for(i=0;i<n;i++)        //n 是学生数组的实际人数,是全局变量
    {
        printf("第%d 个学生: \n",i+1);
        printf("学号:%s  姓名: %s  性别:%s\n",s[i].number,s[i].name,
               s[i].gender);
    }
}
```

运行结果如图 10-11 所示。

在该程序中定义了学生结构体数组（设定该班为 30 人）来存储学生的相关信息，包括学号、姓名、性别和 5 个科目的成绩（教师可以进行录入和修改等操作，学生和管理员只能查询），同时定义了一个全局变量 n 来表示该数组中的实际人数。在管理员函数中通过

```
                          欢迎使用学生成绩管理系统!
            请选择您的身份: 1. 学生   2. 老师   3. 管理员   0. 退出
3
                          欢迎您, 管理员
            请选择您要进行的操作: 1.录入学生数据   2.查看所有学生数据   0.退出
1
            请录入学生的信息, 包括学号、姓名、性别:
072140301 张三 男
是否继续录入,y/n?
y
            请录入学生的信息, 包括学号、姓名、性别:
072140302 李四 女
是否继续录入,y/n?
n
            请选择您要进行的操作: 1.录入学生数据   2.查看所有学生数据   0.退出
2
第1个学生:
学号:072140301   姓名: 张三   性别:男
第2个学生:
学号:072140302   姓名: 李四   性别:女
            请选择您要进行的操作: 1.录入学生数据   2.查看所有学生数据   0.退出
0
            管理员, 再见!
                          欢迎使用学生成绩管理系统!
            请选择您的身份: 1. 学生   2. 老师   3. 管理员   0. 退出
0
            欢迎下次使用本系统
```

图 10-11　例 10-7 的一次运行结果

调用两个子函数分别实现录入学生信息和查看所有学生信息的功能。其他的功能请读者根据实际需求进行扩充。

10.7　小结

（1）可以用 typedef 对已有的数据类型定义一个别名，通过这种方式可以对复杂的数据类型定义一个比较简单而且容易理解的类型名称，这样可以增强程序的可移植性和可维护性。

（2）结构体类型是一种构造数据类型，结构体类型中的数据可以是不同类型的数据，结构体类型变量的存储空间等于该变量中所有成员的长度之和。

（3）动态存储分配就是根据使用需要动态地开辟或释放内存单元，从而保证对内存资源的有效利用。在 C 语言中可以使用 malloc、calloc、realloc 和 free 函数来进行动态分配或回收空间。

（4）使用数组存储数据时，在进行插入元素或删除元素操作时需要进行大量的移动元素的操作，程序开销比较大。若一组数据经常进行插入或删除操作，可以使用链表来存储，此时插入数据和删除数据不需要移动元素，可以减少程序的开销。

链表常见的操作包括创建、插入元素、删除元素、输出链表数据等。

（5）共用体是一种构造数据类型，共用体变量中的成员可以是不同类型的数据，这些数据在内存中共同占用同一段存储空间，因此其存储空间的长度等于共用体变量中所有成员存储空间的最大值。

习题 10

1. 填空题

（1）C 语言的数据类型分为________、________、________和________。

（2）构造数据类型分为________、________和________。

（3）数组中的元素必须是________类型的数据，结构体变量中的元素和共用体变量中的元素可以是________类型的数据。

（4）引用结构体变量成员有以下三种方式：________、________和________。

（5）链表中的每个单元叫作链表的结点，结点一般由两个域构成，一个是________，另一个是________。

（6）链表根据其结点个数是否固定可以分为________和________；根据其指针的指向可以分为________和________等。

（7）结构体类型变量的长度等于其各元素长度的________，共用体类型变量的长度等于其各元素长度的________。

（8）有结构体和共用体的变量定义如下：

```
struct aa{int a; char c; float x;}b1;
union bb{int a; char c; float x;}b2;
```

则 b1 和 b2 所占的字节数分别为________和________。

（9）已有定义如下：

```
struct node
{int data;
 struct node *next;
}*p;
```

以下语句调用 malloc 函数，使指针 p 指向一个具有 struct node 类型的动态存储空间，请填空。p=(struct node *)malloc________。

2. 选择题

（1）以下对结构体类型变量 td 的定义中错误的是（　　）。

A．typedef struct aa
{int n; float m;}AA;
AA td;

B．struct
{int n; float m;}aa;
struct aa td;

C．struct aa
{int n; float m;}td;

D．struct
{int n; float m;}td;

（2）设有如下说明：

```
typedef struct
```

```
{int n; char c; double x;} STD;
```

则以下选项中，能正确定义结构体数组并赋初值的语句是（　　）。

A．STD tt[2]={{1,'A',62},{2,'B',75}};

B．STD tt[2]={a, "A",62,2,"",75}

C．struct tt[2]={{1,'A'},{2,'B'}};

D．struct tt[2]={{1, "A",62.5},{2, "B",75.0}};

（3）有以下结构体说明和变量定义，如图 10-12 所示，指针 p、q、r 分别指向一个链表中的三个连续结点。

```
struct node
{
    int data;
    struct node *next;
}*p,*q,*r;
```

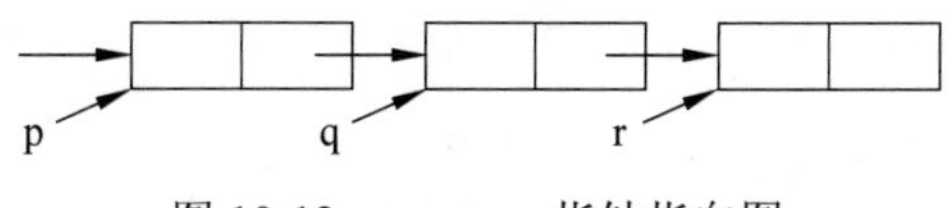

图 10-12　p、q、r 指针指向图

现要将 q 和 r 所指结点的先后位置交换，同时要保持链表的连续，以下错误的程序段是（　　）。

A．r－>next=q; q－>next=r－>next; p－>next=r;

B．q－>next=r－>next; p－>next=r; r－>next=q;

C．p－>next=r; q－>next=r－>next; r－>next=q;

D．q－>next=r－>next; r－>next=q; p－>next=r;

（4）上题中，要将 q 所指结点从链表中删除，同时要保持链表的连续，以下不能完成指定操作的语句是（　　）。

A．p－>next=q－>next;

B．p－>next=p－>next－>next;

C．p－>next=r;

D．p=q－>next;

（5）若有以下说明和定义

```
union dt
{int a; char b; double c;}data;
```

则以下叙述中错误的是（　　）。

A．data 的每个成员起始地址都相同

B．变量 data 所占内存字节数与成员 c 所占字节数相等

C．程序段 data.a=5;printf("%f\n",data.c); 的运行结果为 5.000000

D．data 可以作为函数的实参

（6）以下程序的运行结果是（　　）。

```
#include<stdio.h>
int main(int argc,char *argv[])
```

```
{
   union
   {
      unsigned int n;
      unsigned char c;
   }u1;
   u1.c='A';
   printf("%c\n",u1.n);
   return 0;
}
```

A．产生语法错误　B．随机值　C．A　D．65

3．程序设计题

学生记录由学号和成绩两项组成，N 名学生的数据在主函数中输入。编写一个函数，把高于平均分的学生记录输出，并把高于平均分的学生人数在主函数中输出。

第11章 文 件

11.1 文件概述

在程序设计中，文件是一个非常重要的概念。 文件一般是指存储在外部设备上的数据的集合，例如用 C 语言编写的扩展名为.c 的源文件，它就是 C 语言指令的一个集合。操作系统是以文件为单位对数据进行管理的，也就是说，如果想将数据输出到存储介质上，必须先为该输出数据建立一个输出文件；若想从存储设备上读入数据，必须先找到这些数据所在的文件，然后才能读取。

文件的分类方法有很多，下面简单介绍两种分类方法。

从用户使用的角度来看，文件可分为普通文件和设备文件两种。普通文件是指驻留在磁盘或其他外部介质上的一个有序的数据集合，例如常用的 C 语言的源文件（扩展名是.c）、文本文件（扩展名为.txt）、Word 文档（扩展名为.docx）等。设备文件是指与主机相连的各种外部设备，如显示器、打印机、键盘等。操作系统把这些都作为文件来进行管理。

根据文件的数据组织形式（存储方式），文件可以分为文本文件（也叫 ASCII 码文件）和二进制文件两种。例如，同样存储一个整数 256，若用二进制方式存储，则需要存储 256 所对应的二进制数据，该值是 00000000 00000000 00000001 00000000，它占用 4 字节（在 Dev C++ 5.11 的编译环境下）；若用文本文件方式进行存储，则先把 256 分成三个字符'2'、'5'、'6'，然后依次存储这三个字符的 ASCII 码，该值是 00110010 00110101 00110110（字符'2'、字符'5'和字符'6'的 ASCII 码分别是 50、53 和 54），它占用 3 字节。

在 C 语言中，处理文件时有两种方法，一种是“缓冲文件系统”，另一种是“非缓冲文件系统”。“缓冲文件系统”是指处理文件时系统自动为这类文件分配固定大小的内存缓冲区，在读入数据时，先从外部存储介质读入数据到内存缓冲区，当缓冲区填满后再一次性读入到内存数据区，输出时也一样，先填满内存缓冲区，再一次性输出到外部存储介质，这样可以提高输入输出的效率。“非缓冲文件系统”是指处理文件时系统不自动开辟确定大小的缓冲区，而是由程序为每个文件设定一个缓冲区。目前 ANSI C 不提倡使用“非缓冲文件系统”，因此本书后面的讨论都是针对“缓冲文件系统”进行的。

对文件的输入输出方式也称“存取方式”，在 C 语言中有两种文件存取方式：顺序存取和直接存取。顺序存取时，必须从文件头到文件尾逐字节进行存取，即若想读出第 n 字节，必须先读出前面的 n−1 字节才能读到第 n 字节，写入时也一样。直接存取也叫随机存取，它可以直接定位到想要读写的位置，如若想读取第 n 字节，可以通过 C 语言的库函数直接定位到第 n 字节，而不必先读取前面的 n−1 字节。

11.2 文件指针

在对文件进行处理时，总是通过一个称为“文件指针”的变量来引用文件中的数据。文件指针的定义形式如下：

```
FILE *文件指针变量名;
```

例如：

```
FILE *fp;
```

定义了一个文件指针 fp，但是事实上 fp 并不指向一个具体的文件，而是指向一个 FILE 类型的结构体变量，该结构体变量中存储了一个文件的诸如文件描述符、文件中当前读写位置、文件缓冲区大小等信息，通过这些信息就可以实现对该文件的操作。用户在使用文件指针时可以不用考虑这些信息，如在使用 fp 时可以认为 fp 直接指向了正在操作的文件。

结构体 FILE 定义在 stdio.h 的头文件中，如在 Turbo C 中的定义形式如下：

```
typedef struct  {
       short         level;                /* 缓冲区满或空的程序 */
       unsigned      flags;                /* 文件状态标志    */
       char          fd;                   /* 文件描述符     */
       unsigned char  hold;                /* 如无缓冲区则不读取字符 */
       short         bsize;                /* 缓冲区的大小          */
       unsigned char  *buffer;             /* 数据缓冲区的位置 */
       unsigned char  *curp;               /* 当前活动的指针 */
       unsigned      istemp;               /* 临时文件指示器*/
       short         token;                /* 用于有效性检查 */
} FILE;
```

在不同的编译环境下，该 FILE 类型的定义也各不相同，可以到该编译环境的 stdio.h 的文件中去查询。

每当运行一个 C 程序时，C 语言会自动打开三个标准文件，即标准输入文件、标准输出文件和标准出错文件。C 语言中用三个文件指针常量来指向这些文件，分别是 stdin（标准输入文件指针，一般对应键盘）、stdout（标准输出文件指针，一般对应显示器）和 stderr（标准出错文件指针，一般对应显示器）。这三个文件指针是常量，因此不能重新赋值。

11.3 文件的打开和关闭

对文件的操作一般分为 3 个步骤：

（1）打开文件；

（2）对文件进行读写；

（3）关闭文件。

打开文件是为文件的读写作准备，读写之后一定要关闭文件，以防止其他的操作对该文件进行破坏。

在对一个文件中的内容进行操作之前必须先打开该文件，用 fopen 函数来打开一个文件。fopen 函数的原型是：

```
FILE *fopen(char *filename, char *mode);
```

fopen 函数包含在 stdio.h 头文件中。在该函数中有两个形参，其中 filename 是要打开的文件名，它是一个字符串；mode 是打开该文件之后的使用方式，它也是一个字符串。函数的返回值类型是 FILE 类型的指针，它指向一个结构体变量的首地址，通过这个文件指针可以对该文件进行读写等操作。

例如：

```
FILE *fp;
fp=fopen("c:\\a.txt", "r");
```

这里定义了一个文件指针 fp，用它来打开 C 盘根目录下的名为 a.txt 的文本文件，然后读取文件中的内容。注意这里路径的分隔符为\\，因为在 C 语言中用\\来表示字符'\'。如果不加路径，则表示要打开当前工作路径下的文件。

为了保证在程序中能正确打开一个文件，一般用以下程序段：

```
if((fp=fopen("c:\\a.txt", "r"))==NULL)
{
    printf("Can't open the file\n");
    exit(0);
}
```

此时如果不能打开 a.txt 文件，系统会输出 Can't open the file，并且正常退出程序。exit 是 stdlib.h 中的一个库函数，当其参数为 0 时表示正常退出程序，如果参数非 0 则表示遇到了错误从而导致退出程序。

函数 fopen 的第二个形式参数表示打开文件之后对文件的使用方式，它可能的值及作用如表 11-1 所示。

表 11-1　fopen 函数的 mode 参数的值及其作用

参　数　值	作　　用
r	为读而打开一个文本文件。此时只能对要打开的文件进行读操作，若指定的文件不存在或者企图读一个不允许读的文件都会出错
w	为写而打开一个文本文件。此时如果要打开的文件不存在，则系统建立一个该名称的文件用来写；如果要打开的文件已存在，则将原有文件内容全部删除之后再向该文件中写入新数据
a	为在文件后面追加数据而打开一个文本文件。此时如果要打开的文件不存在，则建立一个该名称的文件然后向其中写入数据；如果要打开的文件已存在，则在原来文件的结尾添加新的数据而并不删除原文件内容

续表

参 数 值	作 用
r+	为读和写而打开一个文本文件，该文件必须存在。无论读和写都是从文件的起始位置开始的，在写入新数据时会覆盖原有的旧数据，若写完以后后面还有旧数据则保留后面这些旧数据
w+	为写和读而打开一个文本文件。其作用和 w 相同，只是写完之后还可以从头开始读该文件
a+	为追加和读而打开一个文本文件。其作用和 a 相同，只是添加新数据之后还可以从头开始读该文件
rb、wb、ab、rb+、wb+、ab+	这些参数的作用同上面对应的参数作用一致，只是要打开的是二进制文件而不是文本文件

在对文件进行相关操作之后一定要对该文件进行关闭，关闭文件用函数 fclose 来实现，它也包含在 stdio.h 头文件中，原型如下：

```
int fclose(FILE *fp);
```

该函数的作用是关闭文件指针 fp 所指的文件，其返回值是一个整数，若正常关闭文件则返回 0，否则返回 EOF（-1）。

如关闭上面已打开的文件：

```
fclose (fp);
```

每次打开一个文件以后一定要在程序结束之前关闭这个文件，这是因为，对于缓冲文件系统，在输入输出时数据要经过缓冲区，例如在输出时，要输出的数据先放在缓冲区中，等缓冲区填满后再一次性输出。若缓冲区还未填满而此时程序结束了（未使用 fclose 关闭文件），则缓冲区中的数据就丢失了。因此，在程序结束之前一定要把打开的文件关闭。fclose 函数会把缓冲区未输出的数据全部输出到要输出的文件中，然后再让 fp 指针脱离该文件，这样会保证文件的安全。

11.4 文件的读写

在打开文件之后就可以对文件进行读写操作了，常用的读写函数包括 fputc、fgetc、fputs、fgets、fscanf、fprintf、fread、fwrite 等。

11.4.1 fputc 函数和 fgetc 函数

1. fputc 函数

fputc 函数的原型是：

```
int fputc(char ch, FILE *fp);
```

该函数的作用是把字符 ch 输出到 fp 所指文件中，若成功则返回该字符，若不成功则返回 EOF。

【例 11-1】 把从键盘输入的文本输出到 C 盘根目录下名为 a.txt 的文本文件中，用字符*作为键盘输入结束标志。

程序如下：

```
#include<stdio.h>
#include<stdlib.h>
int main(int argc,char *argv[])
{
    FILE *fp;
    char ch;
    if((fp=fopen("C:\\a.txt","w"))==NULL)          //判断能否打开文件进行写操作
    {
        printf("Can't open the file\n");
        exit(0);
    }
    while((ch=getchar())!='*')                     //若打开则向文件输出字符
        putc(ch,fp);
    fclose (fp);                                   //关闭打开的文件
    return 0;
}
```

在程序中首先将文件指针 fp 指向要写入的文件 C:\a.txt，然后逐个读入字符 ch 并将 ch 写入 C:\a.txt 中，直到读入的字符是*为止，最后关闭该文件。在实际操作时还要注意所在盘符是否可以进行写操作，如果不能可以将路径换到其他可以执行写操作的盘符下操作。

此时若从键盘输入 abcdefg*，则打开 C 盘根目录下的 a.txt 文件时会发现文件中被写入了 abcdefg。

2. fgetc 函数

fgetc 函数的原型是：

```
int fgetc(FILE *fp);
```

该函数的作用是从 fp 所指文件中读出一个字符，若成功则返回该字符，若不成功则返回 EOF。

【例 11-2】 读出上述 a.txt 文件中的每个字符并输出到屏幕上。

程序如下：

```
#include<stdio.h>
#include<stdlib.h>
int main(int argc,char *argv[])
{
    FILE *fp;
    char ch;
    if((fp=fopen("C:\\a.txt","r"))==NULL)   //判断能否打开文件进行读操作
    {
        printf("Can't open the file\n");
```

```
        exit(0);
    }
    while((ch=fgetc(fp))!=EOF)                    //打开后从文件中逐个读出字符
        putchar(ch);
    fclose (fp);                                  //关闭打开的文件
    return 0;
}
```

在程序中还是建立一个文件指针 fp，让它指向 a.txt，然后从中逐个读出字符并输出到屏幕，直到文件读取结束，最后一定要关闭打开的文件。

11.4.2 fputs 函数和 fgets 函数

1. fputs 函数

fputs 函数的原型是：

```
int fputs(char *str, FILE *fp);
```

该函数的功能是把字符串 str 输出到 fp 所指文件中，若成功则返回 0，若不成功则返回 EOF。

2. fgets 函数

fgets 函数的原型是：

```
char *fgets(char *buf, int n, FILE *fp);
```

该函数的作用是从 fp 所指文件中读取一个长度为 n−1 的字符串并把它存入首地址为 buf 的存储空间中，若成功则返回地址 buf，不成功返回 NULL。若还未读到第 n−1 个字符就读到了一个换行符，则结束本次操作，不再往下读取，但换行符也会作为合法字符读入字符串中。若还未读到第 n−1 个字符就读到了一个文件结束符，则结束本次操作，不再往下读取。因此使用 fgets 函数时最多能读取 n−1 个字符，然后系统自动在最后添加字符'\0'。

【例 11-3】 将字符串"hello\nworld!"写入 C 盘根目录下 a.txt 文件中，然后读出其中长度为 9 的字符串。

程序如下：

```
#include<stdio.h>
#include<stdlib.h>
int main(int argc,char *argv[])
{
    FILE *fp;
    char str[10];
    if((fp=fopen("C:\\a.txt","w"))==NULL)  //打开文件准备向其中写入字符串
    {
        printf("Can't open the file\n");
        exit(0);
    }
```

```
    fputs("hello\nworld!",fp);                    //向文件中输出字符串
    fclose (fp);                                  //关闭打开的文件

    if((fp=fopen("C:\\a.txt","r"))==NULL)         //打开文件准备读出其中的数据
    {
        printf("Can't open the file\n");
        exit(0);
    }
    fgets(str,10,fp);                             //读出文件中长度为 9 的字符串
    puts(str);                                    //在屏幕上输出该字符串
    fclose (fp);                                  //关闭打开的文件
    return 0;
}
```

程序在执行时先打开 a.txt 并向其中写入两行数据，第一行是“hello”，第二行是“world”，然后关闭文件。之后再打开该文件并准备读出其中长度为 9 的字符串，但是当读到第 6 个字符时遇到了'\n'，因此 fgets 函数到此就结束了，但是'\n'会作为一个合法的字符读出到 str 的字符串中，最后在屏幕上输出的是“hello”及一个换行。

若将语句“fputs("hello\nworld!",fp);”改为“fputs("hello",fp);”，则最后屏幕的运行结果是“hello”，而没有换行，具体过程请读者进行分析。

11.4.3 fscanf 函数和 fprintf 函数

1. fscanf 函数

fscanf 函数用来从文件中读入数据到内存中，它的原型是：

```
int fscanf(FILE *fp, char *format, args);
```

其中，fp 指向某一个文件；format 是一个字符串，表示数据输入的格式；args 是一组地址值，表示输入数据存储的地址。fscanf 的作用是从 fp 所指文件中按照 format 的格式读出若干数据然后存储到 args 所指的内存单元中。文件的返回值是从文件中读出的数据个数，若从文件读取时遇到文件结束或者出错了则返回 0。

例如，若 fp 指向上述文件 a.txt，则执行“fscanf(fp, "%c%c",&c,&d);”时会从 a.txt 中读出两个字符然后存储到变量 c、d 中。

这里对于“fscanf(stdin, "%c%c",&c,&d);”就等价于“scanf("%c%c",&c,&d);”，因为 stdin 对应于键盘。

2. fprintf 函数

fprintf 函数的作用是将某些数据项输出到某文件中，它的原型是：

```
int fprintf(FILE *fp, char *format, args);
```

这里的 args 不是地址值，而是一些变量。fprintf 的作用是把变量 args 按照 format 的格式输出到 fp 所指向的文件中，函数的返回值是输出到文件中的变量个数。

例如，若 fp 指向上述文件 a.txt，则执行“fprintf(fp, "%c%c",'c','d');”是要把字符'c'和字符'd'输出到 fp 所指向的文件中。

“fprintf(stdout, "%c%c",c,d);”等价于“printf("%c%c",c,d);”，因为 stdout 对应于显示器。

【例 11-4】 以下程序的运行结果是什么？

```
#include<stdio.h>
#include<stdlib.h>
int main(int argc,char *argv[])
{
   FILE *fp;
   char ch1,ch2;
   if((fp=fopen("C:\\a.txt","w"))==NULL)   //如果文件未成功打开,则提示相应信息
   {
      printf("Can't open the file\n");
      exit(0);
   }
   fprintf(fp,"%c%d",'A','A');             //文件打开后向文件中输出数据
   fclose (fp);                            //关闭打开的文件

   if((fp=fopen("C:\\a.txt","r"))==NULL)   //打开文件准备读出其中的数据
   {
      printf("Can't open the file\n");
      exit(0);
   }
   fscanf(fp,"%c%c",&ch1,&ch2);            //从文件中读出两个字符
   putchar(ch1);                           //在屏幕上输出第一个字符
   putchar(ch2);                           //在屏幕上输出第二个字符
   fclose (fp);                            //关闭打开的文件
   return 0;
}
```

运行结果是“A6”这两个字符，这是因为“fprintf(fp,"%c%d",'A','A');”的运行结果是向 a.txt 文件中输出“A65”的值，而“a.txt”是文本文件，因此其中存储的都是字符，再次打开之后读取前两个字符，因此是“A6”。

11.4.4 fread 函数和 fwrite 函数

fread 函数和 fwrite 函数用来读写一个二进制数据块。

1. fread 函数

fread 函数的原型如下：

```
int fread(char *pt, unsigned size, unsigned n, FILE *fp);
```

它的作用是从 fp 所指文件中读出 n 个长度为 size 的数据块并把这些数据存到首地址为 pt 的 n×size 个连续的存储单元中。其中 size 表示要读取的单个数据块的长度，n 为要读取的数据块的个数，fp 指向一个文件，pt 用来指向 n×size 大小的数据块的首地址。它的返回

值是读取的数据块个数 n。

2. fwrite 函数

fwrite 函数的原型如下：

```
int fwrite(char *pt, unsigned size, unsigned n, FILE *fp);
```

它的作用是把 pt 所指向的 n×size 字节的数据输出到 fp 所指文件中，它的返回值也是输出数据块的个数 n。

【例 11-5】 定义一个学生类型的结构体，包括学号和年龄，然后从键盘读入若干学生的信息并把它们存到 C 盘根目录下名为 a.txt 的文件中，最后再从这个文件中读出每个学生的信息并输出到屏幕。

程序如下：

```
#include<stdio.h>
#include<stdlib.h>
#define N 2
struct student                          //定义学生类型结构体,包括学号和年龄
{
    char num[8];
    int age;
};
int main(int argc,char *argv[])
{
    FILE *fp;
    struct student stu[N],stud[N];
    int i;
    if((fp=fopen("C:\\a.txt","wb"))==NULL)          //打开文件
    {
        printf("Can't open the file\n");
        exit(0);
    }
    printf("请输入两名学生的学号和年龄,用空格分开：\n");
    for(i=0;i<N;i++)                                //从键盘输入学生数据
        scanf("%s%d",stu[i].num,&stu[i].age);
    fwrite(stu,sizeof(struct student),2,fp);        //将数据写入文件 a.txt 中
    fclose(fp);                                     //关闭文件

    if((fp=fopen("C:\\a.txt","rb"))==NULL)          //打开文件
    {
        printf("Can't open the file\n");
        exit(0);
    }
    fread(stud,sizeof(struct student),2,fp);   //从该文件中读出数据存入 stud 中
    printf("从文件中读出的两名学生的学号和年龄分别是：\n");
    for(i=0;i<N;i++)
        //将 stud 中数据输出到屏幕
        printf("学号:%s  年龄:%d\n",stud[i].num,stud[i].age);
    fclose(fp);                                     //关闭文件
```

```
    return 0;
}
```

程序的一次运行结果如下：

```
请输入两名学生的学号和年龄,用空格分开:
001 19
002 20
从文件中读出的两名学生的学号和年龄分别是:
学号:001  年龄:18
学号:002  年龄:19
```

该程序先向 stu 数组中输入数据，然后将该数组中的数据输出到文件 a.txt 中，再从 a.txt 中读出数据赋值给数组 stud，这样就可以在内存和外存之间传递数据。

11.5 文件状态检查函数

常用的文件状态检查函数包括 feof、ferror、clearerr 等，这里只介绍 feof 函数。

前面在读写文件时是通过 EOF 来判断一个文件是否已经结束，这种情况只适用于文本文件，这是因为 EOF 的值等于−1，而文本文件中存储的都是字符值的 ASCII 码，ASCII 码的范围是 0~255，这样文本文件中不可能出现−1，因此可以用 EOF 来表示文本文件结束。

但是在二进制文件中可能出现−1，因此就不能再用 EOF 来判断二进制文件是否结束，所以在 stdio.h 中用 feof 函数来判断文件是否结束，它不仅可以用来判断二进制文件，也可以用来判断文本文件，它的原型是：

```
int feof(FILE *fp);
```

其中 fp 指向一个文件，若文件没有结束则返回 0，若文件已结束则返回非 0 值。

例如，若 fp 指向 a.txt，则可以通过以下语句输出其中的全部字符：

```
while(!feof(fp))
    printf("%c",fgetc(fp));
```

11.6 文件定位函数

这里先介绍文件位置指针的概念。文件位置指针和文件指针不是同一个概念，文件指针是一个 FILE 类型的指针，它指向一个 FILE 类型的结构体变量，通过该结构体变量对一个文件进行操作；而文件位置指针是 FILE 中的一个指针，它指向文件当前的读写位置。例如，对于文本文件 a.txt，每次读出一个字符之后，文件位置指针会自动指向下一个字符。

11.6.1　fseek 函数

fseek 函数的原型是：

```
int fseek(FILE *fp, long offset, int base);
```

fseek 用来对文件进行随机读取，它会将文件位置指针直接置于 fp 所指文件中的以 base 所指地址为基准、以 offset 为偏移量的位置。

base 的取值有三种，每种又对应一个标识符，其值及其作用如表 11-2 所示。

当 base 为 0 时，文件位置指针指向文件的第一字节；当 base 为 1 时，文件位置指针指向当前正在读写的位置；当 base 为 2 时，文件位置指针指向文件中有效数据的下一字节。

表 11-2　fseek 函数中 base 参数的取值及其含义

base 可取值	对应的标识符	代表的位置
0	SEEK_SET	文件开始
1	SEEK_CUR	文件当前位置
2	SEEK_END	文件结束

offset 表示对 base 的偏移量，它是一个长整型数据。如果 offset 大于或等于 0，表示文件位置指针从 base 开始向文件尾的方向移动 offset 字节；如果 offset 小于 0，表示文件位置指针从 base 开始向文件头的方向移动－offset 字节。

当函数成功运行时返回 0，否则返回非 0 值。

下面举几个例子说明 fseek 调用时文件位置指针的运动情况：

```
fseek(fp,10L,0);     //文件位置指针从文件头开始向文件尾方向移动 10 字节
fseek(fp,10L,1);     //文件位置指针从当前读写位置向文件尾方向移动 10 字节
fseek(fp,-10L,2);    //文件位置指针从文件尾开始向文件头方向移动 10 字节
```

11.6.2　rewind 函数

rewind 函数的原型是：

```
void rewind(FILE *fp);
```

它的作用是不管当前文件位置指针在哪里，一律将它重新指向文件的起始位置。

11.6.3　ftell 函数

ftell 函数的原型是：

```
long ftell(FILE *fp);
```

它的作用是返回 fp 所指文件中的当前读写位置，其返回值是文件位置指针所指位置在整个文件中的字节序号。因此可以通过下面的程序段求当前文件的长度：

```
fseek(fp,0,2);
printf("%d",ftell(fp));
```

11.7 案例

第 10 章实现了对结构体数组数据的读写操作，从而实现对相关角色数据的增删改查等功能。但是这些数据都存储在结构体数组（内存）中，当程序结束后这些数据也随着程序消失了。下次重新使用该系统时，上一次操作的数据都找不到了，需要重新录入。因此需要将相关角色的数据存储在外存中，以便长期使用，这就要用到本章讲的文件。可以在主函数结束之前将相关角色数据存储到外部设备的文件中，下次执行主函数之前将这些数据再从外部设备当中读取出来使用，这样就可以使数据长期存储，重复使用。

【例 11-6】 将例 10-7 中的学生数据存储到外存中，下一次执行时从外存读取进内存使用。

在例 10-7 的基础上添加如下代码：

```
/*以下两行函数声明放在 struct student 的定义上方即可*/
void outputStudentDataToFile();        //将学生数据输出到文件保存
void inputStudentDataFromFile();       //从文件中读取学生数据使用

/*主函数的修改如下*/
int main(int argc,char *argv[])
{
    //新增下行代码放在 main 函数的第一行即可
    inputStudentDataFromFile();        //从文件中读取学生数据使用
    ……     //此处是 main 函数中原来的代码
    //新增下行代码放在 main 函数的 return 前即可
    outputStudentDataToFile();         //将学生数据输出到文件保存
    return 0;
}

/*以下两个函数放在程序的最后即可*/
void outputStudentDataToFile()         //将学生数据输出到文件保存
{
    FILE *fp;
    int i;
    if((fp=fopen("E:\\student.txt","w"))==NULL)    //打开文件写
    {
        printf("写入文件打不开\n");      //磁盘不可写时会出现该提示
        return;
    }
    fprintf(fp,"%d\n",n);              //将数组元素个数写入到文件中
    for(i=0;i<n;i++)                   //将学生数组中的数据写入到该文件中
    {
        fprintf(fp,"%s %s %s %lf %lf %lf %lf %lf\n",s[i].number,
               s[i].name,s[i].gender,s[i].score[0],s[i].score[1],
               s[i].score[2],s[i].score[3],s[i].score[4]);
    }
```

```
    fclose(fp);                                   //关闭文件
}

void inputStudentDataFromFile()                   //从文件中读取学生数据使用
{
    FILE *fp;
    int i;
    if((fp=fopen("E:\\student.txt","r"))==NULL)  //打开文件读
    {
        printf("读取学生数据文件不存在\n");        //第一次执行时会显示该提示信息
        return;
    }
    fscanf(fp,"%d",&n);                           //读取学生个数
    for(i=0;i<n;i++)                              //从文件中读取学生数据到学生数组中
    {
        fscanf(fp,"%s%s%s%lf%lf%lf%lf%lf",s[i].number,
                s[i].name,s[i].gender,&s[i].score[0],&s[i].score[1],
                &s[i].score[2],&s[i].score[3],&s[i].score[4]);
    }
    fclose(fp);                                   //关闭文件
}
```

修改之后，在 main 函数执行时会调用 inputStudentDataFromFile 函数从 student.txt 文件中读取学生数据到全局变量数组 s 中给程序使用。程序结束时会调用 outputStudentDataToFile 函数将学生数组 s 中的数据写入文件 student.txt 中，这样下次就可以从该文件中读出上次保存的学生数据继续使用，从而实现内存和外存数据的交互。

到目前为止，该程序可以实现管理员对学生数据的录入和显示，并且可以将学生数据保存到外存供程序下次继续使用。管理员的其他功能、教师的相关功能和学生的相关功能读者可以仿照上述程序自己编写，从而达到举一反三的目的。

11.8　小结

（1）“文件”一般指存储在外部设备上的数据的集合，可以将内存中的数据存储到文件中，达到长期存储的目的。

从用户使用的角度来看，文件可分为普通文件和设备文件两种。根据文件的数据组织形式（存储方式），文件可以分为文本文件和二进制文件两种。

（2）文件指针并不指向一个文件，而是指向一个 FILE 类型的结构体变量。FILE 类型变量用来存储一个文件的描述符、文件中当前读写位置、文件缓冲区大小等信息，通过这些信息就可以实现对该文件的操作。

C 语言用 stdin、stdout 和 stderr 这三个指针常量分别用来指向标准输入文件、标准输出文件和标准出错文件，从而实现从键盘输入和向显示器输出的功能。

（3）对文件的操作一般分为 3 个步骤：打开文件、对文件进行读写、关闭文件。

① 用 fopen 函数打开文件，成功打开文件之后才可以进行读写等操作。

② 用 fgetc、fputc、fgets、fputs、fscanf、fprintf、fread、fwrite 等函数对文件进行读写操作。

③ 用 fclose 函数关闭文件，打开的文件一定要进行关闭操作，防止出现对该文件的误操作。

（4）可以用 feof 函数来判断文件是否结束，它不仅可以用来判断二进制文件，也可以用来判断文本文件。

（5）常用的文件定位函数有 fseek、rewind、ftell 等，即通过文件位置指针直接定位到文件中的某位置，再进行相关的读写操作。

习题 11

1. 填空题

（1）从用户使用的角度来看，文件可分为________和________；根据文件的数据组织形式，文件可以分为________（也叫 ASCII 码文件）和________。

（2）C 语言中有两种文件存取方式，分别是________和________。

（3）“FILE *fp;”定义了一个文件指针 fp，这里 fp 并不指向一个具体的文件，而是指向一个________变量。

（4）每当运行一个 C 程序时，C 语言会自动打开三个标准文件，分别是________、________和________。

（5）每次打开一个文件以后一定要在程序结束之前________这个文件。

（6）feof 的作用是用来________，它不仅适用于________文件，也适用于________文件，若已读到文件末尾则 feof 函数返回________。

（7）

```
#include<stdio.h>
int main(int argc,char *argv[])
{
    _______*fp;
    char a[5]={'1','2','3','4','5'},i;
    fp=fopen("f.txt","w");
    for(i=0;i<5;i++) fputc(a[i],fp);
    fclose(fp);
    return 0;
}
```

（8）已有文本文件 test.txt，其中的内容为 hello,everyone!。以下程序中，文件 test.txt 已经为“读”操作而打开，并且由文件指针 fr 指向它，则程序的运行结果是________。

```
#include<stdio.h>
int main(int argc,char *argv[])
{
   FILE *fr; char str[40];
```

```
    ......
    fgets(str,5,fr);
    printf("%s\n",str);
    fclose(fp);
    return 0;
}
```

2. 选择题

（1）以下与函数 fseek(fp,0L,SEEK_SET)有相同作用的是（　　）。

A．feof(fp)　　B．ftell(fp)　　C．fgetc(fp)　　D．rewind(fp)

（2）以下叙述中正确的是（　　）。

A．C 语言中的文件是流文件，因此只能顺序存储数据

B．打开一个已经存在的文件进行了追加操作后，原有文件中的全部数据必定被覆盖

C．当对文件进行了写操作后，必须先关闭该文件再打开，才能读到第 1 个数据

D．当对文件读（写）操作完成后必须关闭它，否则可能导致数据丢失

（3）下列关于 C 语言文件正确的是（　　）。

A．文件由一系列数据依次排列组成，只能构成二进制文件

B．文件由结构序列组成，可以构成二进制文件或文本文件

C．文件由数据序列组成，可以构成二进制文件或文本文件

D．文件由字符序列组成，其类型只能是文本文件

（4）对以下程序：

```
#include<stdio.h>
int main(int argc,char *argv[])
{
    FILE *f;
    f=fopen("filea.txt","w");
    fprintf(f,"abc");
    fclose(f);
    return 0;
}
```

若文本文件 filea.txt 中原有内容为 hello，则运行以上程序后，文件 filea.txt 中的内容为（　　）。

A．helloabc　　B．abclo　　C．abc　　D．abchello

（5）以下程序企图把从终端输入的字符输出到名为 abc.txt 的文件中，直到从终端读入字符#时结束输入和输出操作，但程序有错，出错的原因是（　　）。

```
#include<stdio.h>
#include<stdlib.h>
int main(int argc,char *argv[])
{
    FILE *fout; char ch;
    fout=fopen('b.txt','w');
```

```
    ch=fgetc(stdin);
    while(ch!='#')
    { fputc(ch,fout); ch=fgetc(stdin); }
    fclose(fout);
    return 0;
}
```

A．函数 fopen 调用形式有误　　B．输入文件没有关闭

C．函数 fgetc 调用形式有误　　D．文件指针 stdin 没有定义

（6）以下程序的运行结果是（　　）。

```
#include<stdio.h>
int main(int argc,char *argv[])
{
    FILE *fp; int i,a[4]={1,2,3,4},b;
    fp=fopen("data.dat", "wb");
    for(i=0;i<4;i++) fwrite(&a[i],sizeof(int),1,fp);
    fclose(fp);
    fp=fopen("data.dat", "rb");
    fseek(fp,-2L*sizeof(int),SEEK_END);
    fread(&b,sizeof(int),1,fp);
    fclose(fp);
    printf("%d\n",b);
    return 0;
}
```

A．2　　B．1　　C．4　　D．3

（7）以下程序的运行结果是（　　）。

```
#include<stdio.h>
int main(int argc,char *argv[])
{
    FILE *fp;
    char str[10];
    fp=fopen("myfile.dat","w");
    fputs("abc",fp);fclose(fp);
    fp=fopen("myfile.dat","a+");
    fprintf(fp,"%d",28);
    rewind(fp);
    fscanf(fp,"%s",str);puts(str);fclose(fp);
    return 0;
}
```

A．abc　　B．28c

C．abc28　　D．因类型不一致而出错

3．程序设计题

在 C 盘根目录下有两个文本文件 a.txt 和 b.txt 分别存放了一行字母，现要求把 b.txt 中的字母读出再添加到 a.txt 已有字母后。

附录A 标准ASCII码表

美国信息交换标准代码（American Standard Code for Information Interchange，ASCII）是由美国国家标准学会(ANSI)制定的标准的单字节字符编码方案，用于基于文本的数据。该标准起始于20世纪50年代后期，在1967年定案。它最初是美国国家标准，供不同计算机在相互通信时用作共同遵守的西文字符编码标准，后来被国际标准化组织（ISO）定为国际标准，称为ISO 646标准。

ASCII码使用指定的7位或8位二进制数组合来表示128或256种可能的字符。标准ASCII码也叫基础ASCII码，使用7位二进制数来表示所有的大写和小写字母、数字0～9、标点符号以及在美式英语中使用的特殊控制字符（这里需要特别注意，ASCII 码与标准ASCII码的位数上的区分，标准ASCII码用7位二进制表示）。

表A-1列出了标准ASCII码表（7位）中128个整数和相应字符的对应关系，其中第一列和第一行都使用十六进制数，由行数和列数放在一起表示一个整数，该整数对应一个字符，如41H对应字母A，61H对应字母a等。

表A-1　ASCII码表中128个整数和相应字符的对应关系

	0	1	2	3	4	5	6	7	8	9	A	B	C	D	E	F
0	NUL	SOH	STX	ETX	EOT	ENQ	ACK	BEL	BS	HT	LF	VT	FF	CR	SO	SI
1	DLE	DC1	DC2	DC3	DC4	NAK	SYN	ETB	CAN	EM	SUB	ESC	FS	GS	RS	US
2	(space)	!	"	#	$	%	&	'	(	)	*	+	,	—	.	/
3	0	1	2	3	4	5	6	7	8	9	:	;	<	=	>	?
4	@	A	B	C	D	E	F	G	H	I	J	K	L	M	N	O
5	P	Q	R	S	T	U	V	W	X	Y	Z	[	\	]	^	_
6	`	a	b	c	d	e	f	g	h	i	j	k	l	m	n	o
7	p	q	r	s	t	u	v	w	x	y	z	{	|	}	~	DEL

附录B C语言常用库函数

1. 数学函数

调用数学函数时，要求在源文件中包含以下头文件：

```
#include<math.h>
```

常用数学函数及其说明如表 B-1 所示。

表 B-1 常用数学函数及说明

函数原型说明	功　　能	返回值	说　　明
int abs(int x)	求整数 x 的绝对值	计算结果	
double fabs(double x)	求双精度实数 x 的绝对值	计算结果	
double sin(double x)	计算 sin(x)的值	计算结果	x 的单位为弧度
double cos(double x)	计算 cos(x)的值	计算结果	x 的单位为弧度
double tan(double x)	计算 tan(x)的值	计算结果	x 的单位为弧度
double exp(double x)	求 e^x 的值	计算结果	
double floor(double x)	求不大于双精度实数 x 的最大整数	计算结果	
double fmod(double x,double y)	求 x/y 整除后的双精度余数	计算结果	
double log(double x)	求 lnx	计算结果	x>0
double log10(double x)	求 lgx	计算结果	x>0
double pow(double x,double y)	计算 x^y 的值	计算结果	
double sqrt(double x)	计算 x 的开方	计算结果	x≥0

2. 字符函数

调用字符函数时，要求在源文件中包含以下头文件：

```
#include<ctype.h>
```

常用字符函数及其说明如表 B-2 所示。

表 B-2 常用字符函数及说明

函数原型说明	功　　能	返　回　值
int isalnum(int ch)	检查 ch 是否为字母或数字	是返回 1，否则返回 0

续表

函数原型说明	功　　能	返　回　值
int isalpha(int ch)	检查 ch 是否为字母	是返回 1，否则返回 0
int iscntrl(int ch)	检查 ch 是否为控制字符	是返回 1，否则返回 0
int isdigit(int ch)	检查 ch 是否为数字	是返回 1，否则返回 0
int isgraph(int ch)	检查 ch 是否为 ASCII 码值在 ox21 到 ox7e 的可打印字符（即不包含空格字符）	是返回 1，否则返回 0
int islower(int ch)	检查 ch 是否为小写字母	是返回 1，否则返回 0
int isprint(int ch)	检查 ch 是否为包含空格符在内的可打印字符	是返回 1，否则返回 0
int ispunct(int ch)	检查 ch 是否为除了空格、字母、数字之外的可打印字符	是返回 1，否则返回 0
int isspace(int ch)	检查 ch 是否为空格、制表或换行符	是返回 1，否则返回 0
int isupper(int ch)	检查 ch 是否为大写字母	是返回 1，否则返回 0
int isxdigit(int ch)	检查 ch 是否为十六进制数	是返回 1，否则返回 0
int tolower(int ch)	把 ch 中的字母转换成小写字母	返回对应的小写字母
int toupper(int ch)	把 ch 中的字母转换成大写字母	返回对应的大写字母

3. 字符串函数

调用字符函数时，要求在源文件中包含以下命令行：

```
#include<string.h>
```

常用字符串函数及其说明如表 B-3 所示。

表 B-3　常用字符串函数及说明

函数原型说明	功　　能	返　回　值
char *strcat(char *s1,char *s2)	把字符串 s2 接到 s1 后面	s1 所指地址
char *strchr(char *s,int ch)	在 s 所指字符串中，找出第一次出现字符 ch 的位置	返回找到的字符的地址，找不到返回 NULL
int strcmp(char *s1,char *s2)	对 s1 和 s2 所指字符串进行比较	s1<s2，返回负数；s1= =s2，返回 0；s1>s2，返回正数
char *strcpy(char *s1,char *s2)	把 s2 指向的串复制到 s1 指向的空间	s1 所指地址
unsigned strlen(char *s)	求字符串 s 的长度	返回串中字符（不计最后的'\0'）个数
char *strstr(char *s1,char *s2)	在 s1 所指字符串中，找出字符串 s2 第一次出现的位置	返回找到的字符串的地址，找不到返回 NULL

4. 输入输出函数

调用字符函数时，要求在源文件中包含以下头文件：

```
#include<stdio.h>
```

常用输入输出函数及其说明如表 B-4 所示。

表 B-4　常用输入输出函数及说明

函数原型说明	功　能	返　回　值
void clearer(FILE *fp)	清除与文件指针 fp 有关的所有出错信息	无
int fclose(FILE *fp)	关闭 fp 所指的文件，释放文件缓冲区	出错返回−1，否则返回 0
int feof (FILE *fp)	检查文件是否结束	遇文件结束返回非 0，否则返回 0
int fgetc (FILE *fp)	从 fp 所指的文件中取得下一个字符	出错返回 EOF，否则返回所读字符
char *fgets(char *buf,int n, FILE *fp)	从 fp 所指的文件中读取一个长度为 n−1 的字符串，将其存入 buf 所指存储区	返回 buf 所指地址，若遇文件结束或出错返回 NULL
FILE *fopen(char *filename, char *mode)	以 mode 指定的方式打开名为 filename 的文件	成功，返回文件指针（文件信息区的起始地址），否则返回 NULL
int fprintf(FILE *fp, char *format, args…)	把 args…的值以 format 指定的格式输出到 fp 指定的文件中	实际输出的字符数
int fputc(char ch, FILE *fp)	把 ch 中字符输出到 fp 指定的文件中	成功返回该字符，否则返回 EOF
int fputs(char *str, FILE *fp)	把 str 所指字符串输出到 fp 所指文件	成功返回非负整数，否则返回−1（EOF）
int fread(char *pt,unsigned size, unsigned n, FILE *fp)	从 fp 所指文件中读取长度为 size 的 n 个数据项存到 pt 所指文件	读取的数据项个数
int fscanf (FILE *fp, char *format, args…)	从 fp 所指的文件中按 format 指定的格式把输入数据存入到 args…所指的内存中	已输入的数据个数，遇文件结束或出错返回 0
int fseek (FILE *fp,long offer, int base)	移动 fp 所指文件的位置指针	成功返回 0 值，否则返回−1
long ftell (FILE *fp)	求出 fp 所指文件当前的读写位置	读写位置，出错返回−1L
int fwrite(char *pt, unsigned size, unsigned n, FILE *fp)	把 pt 所指向的 n*size 字节输入到 fp 所指文件	输出的数据项个数
int getc (FILE *fp)	从 fp 所指文件中读取一个字符	返回所读字符，若出错或文件结束返回 EOF
int getchar(void)	从标准输入设备读取下一个字符	返回所读字符，若出错或文件结束返回−1
char *gets(char *s)	从标准设备读取一行字符串放入 s 所指存储区，用'\0'替换读入的换行符	返回 s，出错返回 NULL
int printf(char *format,args…)	把 args…的值以 format 指定的格式输出到标准输出设备	输出字符的个数
int putc (int ch, FILE *fp)	同 fputc	同 fputc
int putchar(char ch)	把 ch 输出到标准输出设备	返回输出的字符，若出错则返回 EOF
int puts(char *str)	把 str 所指字符串输出到标准设备，将'\0'转成回车换行符	返回换行符，若出错，返回 EOF
int rename(char *oldname, char *newname)	把 oldname 所指文件名改为 newname 所指文件名	成功返回 0，出错返回−1

续表

函数原型说明	功　　能	返　回　值
void rewind(FILE *fp)	将文件位置指针置于文件开头	无
int scanf(char *format,args…)	从标准输入设备按 format 指定的格式把输入数据存入 args…所指的内存中	已输入的数据的个数

5. 动态分配函数和随机函数

调用字符函数时，要求在源文件中包含以下头文件：

```
#include<stdlib.h>
```

常用动态分配函数及其说明如表 B-5 所示。

表 B-5　常用动态分配函数及说明

函数原型说明	功　　能	返　回　值
void *calloc(unsigned n, unsigned size)	分配 n 个数据项的内存空间，每个数据项的大小为 size 字节	分配内存单元的起始地址；如不成功，返回 0
void *free(void *p)	释放 p 所指的内存区	无
void *malloc(unsigned size)	分配 size 字节的存储空间	分配内存空间的地址；如不成功，返回 0
void *realloc(void *p, unsigned size)	把 p 所指内存区的大小改为 size 字节	新分配内存空间的地址；如不成功，返回 0
int rand(void)	产生 0～32767 的随机整数	返回一个随机整数
void exit(int state)	程序终止执行，返回调用过程，state 为 0 正常终止，非 0 非正常终止	无

图书资源支持

感谢您一直以来对清华版图书的支持和爱护。为了配合本书的使用，本书提供配套的资源，有需求的读者请扫描下方的“书圈”微信公众号二维码，在图书专区下载，也可以拨打电话或发送电子邮件咨询。

如果您在使用本书的过程中遇到了什么问题，或者有相关图书出版计划，也请您发邮件告诉我们，以便我们更好地为您服务。

我们的联系方式：

地　　址：北京市海淀区双清路学研大厦 A 座 714

邮　　编：100084

电　　话：010-83470236　010-83470237

客服邮箱：2301891038@qq.com

QQ：2301891038（请写明您的单位和姓名）

资源下载：关注公众号“书圈”下载配套资源。

资源下载、样书申请

书圈

图书案例

清华计算机学堂

观看课程直播